Eva Koch · Ulrich Schneider (Hrsg.)

Flächenrecycling durch kontrollierten Rückbau

Springer
Berlin
Heidelberg
New York
Barcelona
Budapest
Hongkong
London
Mailand
Paris
Santa Clara
Singapur
Tokio

Eva Koch · Ulrich Schneider (Hrsg.)

Flächenrecycling durch kontrollierten Rückbau

Ressourcenschonender Abbruch von Gebäuden und Industrieanlagen

Mit 47 Abbildungen

Springer

Dipl.-Ing. Eva Koch
Eschebergstraße 8
34128 Kassel

Dipl.-Ing. Ulrich Schneider
PGBU Planungsgesellschaft Boden & Umwelt mbH
Friedrich-Ebert-Straße 33
34117 Kassel

ISBN 3-540-62080-x Springer-Verlag Berlin Heidelberg New York

Die Deutsche Bibliothek - CIP-Einheitsaufnahme

Flächenrecycling durch kontrollierten Rückbau: Ressourcenschonender Abbruch von Gebäuden und Industrieanlagen; mit 39 Tabellen / Eva Koch; Ulrich Schneider (Hrsg.). - Berlin; Heidelberg; New York; Barcelona; Budapest; Hongkong; London; Mailand; Paris; Santa Clara; Singapur; Tokio: Springer, 1997
ISBN 3-540-62080-x
NE: Koch, Eva (Hrsg.)

Einbandentwurf: de'blik, Berlin
Satz: Camera ready Vorlage durch Autoren
SPIN: 10507698 30/3020 - 5 4 3 2 1 0 - Gedruckt auf säurefreiem Papier

Vorwort

Der kontrollierte Rückbau ist ein Arbeitsfeld der Zukunft. Ziel der vorliegenden Veröffentlichung ist eine erste umfassende Darstellung dieser Methode, der damit zusammenhängenden Aufgaben und der bislang vorliegenden Praxiserfahrungen. Die Anwender der Methode des kontrollierten Rückbaus sollen eine Arbeitshilfe in Form eines Handbuches erhalten. Gleichzeitig bieten die unterschiedlichen Beiträge Diskussionsgrundlagen für eine Auseinandersetzung mit diesem neuen Arbeitsgebiet und damit Grundlagen für eine Weiterentwicklung.

Um einen Überblick über das Arbeitsfeld des kontrollierten Rückbaus zu vermitteln, werden neben der technischen Planung und Ausführung die rechtlichen, ökologischen und ökonomischen Zusammenhänge dargestellt. Der Blick geht über den „Tellerrand“ hinaus: Mit Hilfe der Erfahrungen aus dem Rückbau der in der Vergangenheit errichteten Gebäude und Industrieanlagen werden mögliche Konsequenzen für das zukünftige Bauen sichtbar. Der moderne Begriff der Nachhaltigkeit wird im Zusammenhang mit der Kreislaufwirtschaft im Bauwesen und – noch weiter in die Zukunft geblickt – dem recyclinggerechten Planen und Bauen durchaus konkret.

Die Idee zur Herausgabe dieses Buches entstand vor dem Hintergrund der Praxiserfahrungen beim Rückbau des ehemaligen Eisenwerkes in Homberg/Efze und natürlich dank des Interesses des Springer-Verlages, vertreten durch Herrn Christian Witschel, an einer ersten umfassenden Veröffentlichung zum kontrollierten Rückbau.

Die Entstehung dieses Buches ist von vielen Personen unterstützt worden. Neben den Autoren, die mit ihrem spezifischen Fachwissen und ihren Erfahrungen den breiten Überblick über das neue Arbeitsfeld erst ermöglichen, sei allen Mitarbeiterinnen und Mitarbeitern der PGBU Planungsgesellschaft Boden & Umwelt mbH, die an der Herstellung des Manuskriptes beteiligt waren, herzlich gedankt. Besonderer Dank gilt Jan Goeman für die konzeptionelle Mitarbeit, Ellen Leuchter für das Textlayout, Susanne Städtler für das Lektorat und Achim Manche für die EDV-technische Unterstützung.

Kassel, im Januar 1997

Ulrich Schneider

Inhaltsverzeichnis

1 Einführung
(Eva Koch) ... 1
1.1 Begriffsdefinitionen ... 2
1.1.1 Konventioneller Abbruch ... 2
1.1.2 Kontrollierter Rückbau ... 2
1.1.3 Selektiver Rückbau ... 3
1.1.4 Bauabfälle ... 4
1.2 Ressourcenschonung durch Kreislaufwirtschaft im Bauwesen ... 4
1.3 Sachstand und Entwicklungsbedarf ... 5
1.4 Literatur ... 7

2 Rechtliche Rahmenbedingungen für den kontrollierten Rückbau
(Annette Bleidiesel) ... 9
2.1 Der Rückbau im Vorschriftendschungel ... 10
2.1.1 Gebot zur Getrennthaltung ... 11
2.1.2 Kreislaufwirtschafts- und Abfallgesetz ... 13
2.1.3 Zielfestlegungen der Bundesregierung ... 16
2.1.4 Der Entsorgungsfachbetrieb ... 18
2.1.5 Nachweisverordnung ... 19
2.2 Abfallvermeidungs- und -verwertungsforum Berlin ... 22

3 Kommunale Strategien zur Umsetzung des kontrollierten Rückbaus
(Karin Ferner, Thomas Loosen, Dr. Inge Bantz) ... 25
3.1 Einleitung ... 25
3.2 Rechtliche Grundlagen ... 26
3.3 Das Düsseldorfer Rückbaukonzept ... 27
3.3.1 Der Anwendungsbereich ... 28
3.3.2 Die Vorbereitung des Rückbaukonzeptes ... 30
3.3.3 Die Erstellung des Rückbaukonzeptes ... 30
3.3.4 Entsorgungs- und Verwertungshinweise ... 31
3.4 Erfahrungen/Vollzugsprobleme ... 32
3.5 Ausblick ... 32
3.6 Literatur ... 33

4 **Planung von Rückbauprojekten: Grundlagenermittlung/ Bestandsaufnahme, Variantenprüfung, Entwurfsplanung (Frank Biegansky)** ... 35
4.1 Einleitung ... 35
4.2 Standortrecherche und Bestandsaufnahme (Grundlagenermittlung) ... 37
4.2.1 Historisch-deskriptive Untersuchung ... 37
4.2.2 Gefährdungsabschätzung ... 38
4.2.3 Bewertung der Gebäude- und Anlagensubstanz ... 39
4.2.4 Gefahrstoffe ... 41
4.3 Rückbaukonzeption ... 42
4.3.1 Planungsvarianten (Vorplanung) ... 42
4.3.2 Ausführungsvariante (Entwurfsplanung) ... 43
4.3.3 Verwertungs- und Entsorgungskonzept ... 45
4.3.4 Arbeitssicherheit ... 48
4.4 Ausführungsplanung, Ausschreibung etc. ... 49
4.5 Schlußbemerkung ... 50
4.6 Literatur ... 51

5 **EDV-gestützte Planung des selektiven Gebäuderückbaus (Frank Schultmann, Dr. Otto Rentz, Dr. Marc Ruch, Valérie Sindt)** ... 53
5.1 Ausgangslage und Problemstellung ... 53
5.2 Demontageplanung ... 55
5.2.1 Gebäudeerfassung ... 55
5.2.2 Demontagestruktur- und Ressourcenplanung ... 57
5.2.3 Demontagezeitplanung ... 60
5.3 Verwertungsplanung ... 62
5.4 Termin- und Kostenplanung der Demontage und Verwertung ... 63
5.5 Literatur ... 67

6 **Typische Schadstoffe und problematische Baustoffe (Kai Wilbert-Götz)** ... 69
6.1 Einführung ... 69
6.2 Herkunft von Kontaminationen der Bausubstanz ... 70
6.2.1 Produktionsspezifische Schadstoffe ... 70
6.2.2 Schadstoffhaltige Baumaterialien ... 70
6.3 Halogenfreie Kohlenwasserstoffverbindungen ... 71
6.3.1 Mineralölkohlenwasserstoffe ... 71
6.3.2 Aromatische Kohlenwasserstoffverbindungen ... 73
6.4 Halogenkohlenwasserstoffe ... 76
6.4.1 Polychlorierte Biphenyle (PCB) ... 77
6.4.2 Pentachlorphenol (PCP) ... 80
6.4.3 Dioxine und Furane ... 81
6.4.4 Sonstige Chlorkohlenwasserstoffe ... 82
6.5 Schwermetalle ... 84

6.6 Asbest und künstliche Mineralfasern ... 86
6.6.1 Asbest ... 86
6.6.2 Künstliche Mineralfasern ... 89
6.7 Schlußbemerkung ... 90
6.8 Literatur ... 90

7 Beschreibung der typischen Rückbauverfahren: Demontage, Dekontamination, Abbruch (Hubert Schramm, Ulrich Lieser) ... 95
7.1 Arbeitsschritte beim Rückbau ... 95
7.1.1 Ausbau von sortenreinen Stoffen ... 95
7.1.2 Ausbau von kontaminierten Materialien ... 96
7.1.3 Restabbruch nach dem Ausbau kontaminierter Materialien ... 97
7.2 Rückbauverfahren bei kontaminierten Materialien ... 99
7.2.1 Reinigungsverfahren ... 99
7.2.2 Abtragsverfahren ... 100
7.2.3 Ausbauverfahren (Teilabbruch) ... 102
7.2.4 Sonderverfahren ... 104
7.3 Verfahrensauswahl ... 105
7.4 Literatur ... 107

8 Rückbau der ehemaligen Halberger Hütte in Ludwigshafen (Dr. Wolfgang Kolb, Dr. Philippe Rohou) ... 109
8.1 Standort und Rahmenbedingungen ... 109
8.2 Vorbereitung und Planung, die Rückbaukonzeption ... 112
8.3 Der Rückbau ... 115
8.4 Entsorgungswege ... 120
8.5 Verwertung und Entsorgung: Massenbilanz ... 121
8.6 Kostenaufstellung ... 122
8.7 Schlußbemerkungen ... 122
8.8 Literatur ... 124

9 Rückbau des Eisenwerkes Homberg (Efze)-Holzhausen (Jan Goeman) ... 125
9.1 Standortbeschreibung ... 125
9.1.1 Allgemeines ... 125
9.1.2 Maßnahmen im Vorfeld der Sanierung ... 127
9.2 Beschreibung der Rückbaukonzeption, Rückbauplanung ... 127
9.2.1 Randbedingungen – Sanierungszielkriterien ... 127
9.2.2 Sanierungsvarianten ... 129
9.2.3 Variantenauswahl ... 130
9.2.4 Rückbauplanung ... 131
9.3 Darstellung der Projektstruktur ... 132
9.3.1 Beteiligte Behörden ... 132

9.3.2 Beteiligte Firmen 133
9.4 Ausschreibung und Vergabeverfahren 134
9.5 Durchführung der Rückbauarbeiten 134
9.5.1 Arbeitssicherheit und Arbeitsschutz 134
9.5.2 Entrümpelung, Demontage, Aufnahme von Rest- und Wertstoffen 135
9.5.3 Sanierungsuntersuchungen 135
9.5.4 Abbrucharbeiten 139
9.6 Bodensanierung 139
9.7 Beschreibung der Entsorgungs- und Verwertungswege 140
9.7.1 Wiederverwertung 140
9.7.2 Entsorgung über die Kreisrestmülldeponie (TA-Siedlungsabfall Deponieklasse I und II) 142
9.7.3 Entsorgung über die Hessische Industriemüll GmbH 143
9.8 Massenbilanz zur Verwertung und Entsorgung 144
9.9 Wirtschaftlichkeitsbetrachtung 146
9.10 Fazit 148
9.11 Literatur 149

10 Arbeitsschutz und Sicherheitstechnik im Rahmen von Rückbauprojekten (Christoph Benning) 151
10.1 Einleitung 151
10.2 Rechtliche Grundlagen 151
10.3 Gesundheitsgefahren 153
10.4 Sicherheitsplanung 154
10.5 Schutzmaßnahmen 160
10.5.1 Technische Schutzmaßnahmen 160
10.5.2 Organisatorische Schutzmaßnahmen 161
10.5.3 Persönliche Schutzausrüstung 163
10.6 Schlußbemerkungen 164
10.7 Literatur 165

11 Erfahrungen aus Pilotprojekten zum selektiven Rückbau: Hotel Post, Dobel – Reihenhauskomplex, Mulhouse (Dr. Marc Ruch, Dr. Otto Rentz, Frank Schultmann, Valérie Sindt) 167
11.1 Hotel Post, Dobel 167
11.1.1 Allgemeine Daten zum Abbruchobjekt 167
11.1.2 Ergebnisse der Durchführung des selektiven Rückbaus 168
11.1.3 Verwertung der anfallenden Materialien 171
11.2 Reihenhauskomplex Mulhouse 172
11.2.1 Allgemeine Daten zum Abbruchobjekt 173
11.2.2 Analyse des selektiven Rückbaus 175
11.2.3 Analyse der Abbrucharbeiten 176
11.2.4 Verwertung der anfallenden Materialien 177

11.3 Kostenvergleich 179
11.4 Literatur 180

12 Verwertung von Bauabfällen
(Ralf Nießen, Eva Koch) 181
12.1 Einleitung 181
12.2 Rechtliche Rahmenbedingungen 182
12.3 Verwertung und Vermarktung 183
12.3.1 Mineralische Stofffraktion 184
12.3.2 Einsatzmöglichkeiten im Tiefbau 184
12.3.3 Einsatzmöglichkeiten im Hochbau 193
12.4 Verwertung von Holzabfällen 194
12.5 Sonstige Abfälle 197
12.5.1 Kunststoffabfälle 197
12.5.2 Metallabfälle 198
12.5.3 Glasabfälle 198
12.5.4 Sonstige Materialien 199
12.6 Marketing/Vermarktung 199
12.7 Baustellen- und Abfallmanagement 200
12.8 Ausblick 202
12.9 Literatur 203

13 Produktrecycling im Bauwesen – Bauteilorientierter Rückbau von Gebäuden
(Jochen Holzkamp) 205
13.1 Einführung 205
13.2 Strategien zur Abfallvermeidung im Bauwesen 207
13.3 Produktrecycling im Bauwesen 209
13.4 Bergung von Bauelementen durch bauteilorientierten Gebäuderückbau 213
13.5 Instrumente 216
13.6 Aufbau von logistischen, insbesondere informatorischen Netzwerken 219
13.7 Produktrecycling im Bauwesen: Praxisbeispiele 223
13.8 Ausblick 225
13.9 Literatur 227

14 Nutzwertanalytische Betrachtung von Rückbauverfahren
(Klaus Appel, Michael Müller, Martin Thiel) 229
14.1 Einleitung 229
14.2 Einführung in die Nutzwertanalyse (NWA) am Beispiel von Rückbauvorhaben 230
14.3 Kriterienkatalog 232
14.4 Zielbaum und Rechenmodell 233

14.5 Bewertung der Kriterien 234
14.5.1 Entsorgung/Verwertung 234
14.5.2 Ökologie 240
14.5.3 Kosten für Planung, Bauleitung, Abbruch und Entsorgung/Verwertung 241
14.6 Berechnung des Gesamtnutzens 245
14.7 Diskussion der Ergebnisse 246
14.8 Zusammenfassung und Ausblick 247
14.9 Literatur 248

15 Ausblick: Perspektiven des kontrollierten Rückbaus (Dr. Heinz Spittank) 249
15.1 Einleitung und Begriffsbestimmung 249
15.2 Randbedingungen und Einflußgrößen 251
15.2.1 Einflußgröße Ökonomie 251
15.2.2 Einflußgröße Ökologie 252
15.2.3 Flächenmanagement 253
15.2.4 Einflußgröße Arbeitsmarktsituation 254
15.2.5 Einflußgröße Abfall-/Kreislaufwirtschaft 255
15.2.6 Konzept einer nachhaltigen Bauwirtschaft 255

Sachverzeichnis 257

Abkürzungsverzeichnis

AbfG	Abfallgesetz
ASN	Abfallschlüsselnummer
BaP	Benz(a)pyren
BauGB	Baugesetzbuch
BG	Berufsgenossenschaft
BImSchG	Bundesimmissionsschutzgesetz
BTEX	Benzol, Toluol, Ethylbenzol, Xylole
CKW	Chlorkohlenwasserstoffe
DFIU	Deutsch-Französisches Institut für Umweltforschung
EOX	Extrahierbare organische Halogenverbindungen
EPA	Environmental Protection Agency (Umweltbehörde der USA)
ESN	Entsorgungsnachweis
Fe	Eisen
GefStoffVO	Gefahrstoffverordnung
GGVS	Gefahrgutverordnung Straße
HCH	Hexachlorcyclohexan
HOAI	Honorarordnung für Architekten und Ingenieure
KrW-/AbfG	Kreislaufwirtschafts-/Abfallgesetz
KWTB	Kreislaufwirtschaftsträger Bau
LAbfG	Landesabfallgesetz
LAGA	Länderarbeitsgemeinschaft Abfall
MKW	Mineralölkohlenwasserstoffe
NE-Metalle	Nichteisen-Metalle
NWA	Nutzwertanalyse
PAK	Polyzyklische Aromatische Kohlenwasserstoffe
PCB	Polychlorierte Biphenyle
PCP	Pentachlorphenol

PE	Polyethylen
PP	Polypropylen
PS	Polystyrol
PUR	Polyurethan
PVC	Polyvinylchlorid
RAL	Reichs-Ausschuß für Lieferbedingungen
RC	Recycling
RG Min-StB	Richtlinien für die Güteüberwachung von Mineralstoffen im Straßenbau
RVO	Rechtsverordnung
TA	Technische Anleitung
TL Min-StB	Technische Lieferbedingungen für Mineralstoffe im Straßenbau
TP Min-StB	Technische Prüfvorschriften für Mineralstoffe im Straßenbau
TR	Trockenrückstand
TRgA	Technische Regeln für gefährliche Arbeitsstoffe
TRGS	Technische Regeln für Gefahrstoffe
TV	Technische Vorschrift
UVV	Unfallverhütungsvorschrift
VDI	Verein Deutscher Ingenieure
VGB	Verwaltungs-Berufsgenossenschaft
VOB	Verdingungsordnung für Bauleistungen
VO	Verordnung
VwV	Verwaltungsvorschrift
ZTV	Zusätzliche Technische Vorschrift

1 Einführung

Dipl.-Ing. Eva Koch
PGBU – Planungsgesellschaft Boden & Umwelt mbH, Friedrich-Ebert-Straße 33, 34117 Kassel

Der Begriff kontrollierter Rückbau erscheint seit wenigen Jahren in Veröffentlichungen zu den Themen Baustoffrecycling, Gebäudeabbruch und Altlastensanierung. In den entsprechenden Fachzeitschriften wie Baustoff Recycling[1.1] oder BrachFlächen-Recycling[1.2] finden sich einzelne Beiträge, die sich ausschließlich mit dem kontrollierten Rückbau befassen. Über das Pilotprojekt „Rückbau des Hotel Post in Dobel" liegt eine Buchveröffentlichung vor (Rentz et al. 1994). Bisher fehlte jedoch ein *Gesamtüberblick* über das Arbeitsfeld kontrollierter Rückbau, der sowohl den Rückbau industrieller Altstandorte als auch die Erfahrungen aus dem Rückbau von Wohngebäuden umfaßt. Das vorliegende Buch soll diese Lücke schließen. Sachgebiete und Themen, die mit dem kontrollierten Rückbau verknüpft sind, werden in den einzelnen Kapiteln des Buches im Überblick dargestellt.

Die Buchveröffentlichung richtet sich an alle Personen und Institutionen, die sich mit diesem neuen Arbeitsfeld befassen, insbesondere an

- Ingenieurinnen und Ingenieure,
- Bau- und Umweltbehörden,
- Baufirmen,
- Planerinnen und Planer,
- Bauherren/Bauträger,
- Firmen, die Bauabfälle verwerten.

Sie alle sollen in diesem Buch eine Arbeitsgrundlage finden, die gewährleistet, daß keiner der mit der Aufgabenstellung verknüpften Aspekte übersehen wird.

Thema dieses Buches ist der kontrollierte Rückbau von *Hochbauten*. Ein Schwerpunkt liegt beim *Rückbau industrieller oder gewerblich genutzter Altstandorte*. Deren Bausubstanz ist in der Regel mit nutzungsspezifischen Schadstoffen kontaminiert. Damit kommt dem geordneten Vorgehen beim Abbruch besondere Bedeutung zu (vgl. Kap. 8 und 9). Auch für den Rückbau von Wohngebäuden ist ein planmäßiges Vorgehen sinnvoll (vgl. Kap. 5). Der Rückbau von Verkehrsflächen und von Deponien wird in diesem Buch nicht behandelt.

[1.1] Baustoff Recycling + Deponietechnik (BR), Stein-Verlag, Baden-Baden.
[1.2] BrachFlächenRecycling, Verlag Glückauf GmbH, Essen.

1.1 Begriffsdefinitionen

1.1.1 Konventioneller Abbruch

Der konventionelle Abbruch oder klassische Abriß läßt sich plastisch als „Abbruch mit der Abrißbirne“ beschreiben. Korth (1996) beschreibt ihn als „Methode des Abbruchs zumeist durch Zertrümmern ohne zwingende Anforderungen hinsichtlich Entrümpelung, Entkernung oder Entsorgung“.

Auch beim konventionellen Abbruch müssen die Mindestanforderungen bestehender Umwelt- und Sicherheitsvorschriften eingehalten werden. So ist z.B. asbestbelastete Bausubstanz immer unter Berücksichtigung der entsprechenden Sicherheits- und Arbeitsschutzvorschriften abzubrechen (vgl. Kap. 6).

Der konventionelle Abbruch weist folgende Vorteile auf:

- Der Planungsaufwand ist gering.
- Der Zeitbedarf für den Abbruch ist gering. Emissionen sind dementsprechend zeitlich begrenzt – ein wesentlicher Vorteil z.B. in dichtbebauten städtischen Gebieten.
- Die Nachnutzung kann schnell erfolgen. Dies ist bei einem hohen Nutzungsdruck auf die freiwerdende Fläche ein wichtiger Aspekt.

Nachteilig wirken sich folgende Gesichtspunkte aus:

- Das anfallende Abbruchmaterial muß entweder mit entsprechenden Techniken nachsortiert oder zu hohen Kosten als Mischabfall entsorgt werden. Die bei der Planung und Durchführung eingesparten Kosten fallen deshalb bei der Abfallsortierung und -entsorgung an. Diese Kosten sind im Vorfeld nur schwer abzuschätzen, da sie von der Belastungssituation der einzelnen Gebäude abhängen. Ein wesentlicher Nachteil des konventionellen Abbruches ist deshalb die *Kostenunsicherheit* bei den Entsorgungskosten.
- Für Industriebauten oder Gebäude mit Schadstoffbelastungen entspricht der konventionelle Abbruch nicht dem Stand der Technik, da er gegen das Vermischungsverbot der TA-Abfall verstößt und hochbelastete mit gering belasteten Stoffen vermischt werden.

1.1.2 Kontrollierter Rückbau

Folgende Merkmale zeichnen das Vorgehen beim kontrollierten Rückbau aus:

- Vor dem eigentlichen Abbruch erfolgt eine *Abtrennung schadstoffhaltiger Materialien* wie Asbest, Dichtungsmassen oder kontaminierter Bausubstanz. Ziel ist es, kritische Materialien aus dem Abbruchmaterial zu entfernen und damit einen möglichst hohen Anteil der Bauabfälle verwerten zu können. Besondere Bedeutung kommt diesem Vorgehen beim Abbruch industrieller Altstandorte zu, die in der Regel Verunreinigungen der Bausubstanz aufweisen. Auch bei Wohn- oder Bürogebäuden sollte schadstoffhaltige Bausubstanz nicht unterschätzt werden – hingewiesen sei nur auf Asbestbelastungen, auf den Einsatz von Schlackematerial in Deckenfüllungen von Altbauten oder auf die Behandlung mit Holzschutzmitteln oder Anstrichen (vgl. Kap. 6).

- Die verwendeten *Baumaterialien werden mit höchstmöglicher Sortenreinheit getrennt erfaßt* (Holz, Ziegel, Beton etc.). Ziel ist es, die Materialien möglichst hochwertig zu verwerten und damit ein Downcycling zu vermeiden. Statt eine vermischte Abfallfraktion aufzubereiten und aufgrund der Störstoffe nur zu minderwertigen Zwecken, z.B. als Deponieabdeckung einsetzen zu können, ermöglicht die getrennte Erfassung, hochwertige Fraktionen auch wieder hochwertigen Zwecken zuzuführen (z.B. durch den Einsatz von Betonsplitt im Hochbau).

Synonym zum Begriff kontrollierter Rückbau werden in der Literatur u.a. die Bezeichnungen *geordneter Rückbau*, *systematischer Rückbau*, *selektiver Rückbau*[1.3], *recyclinggerechter Abbruch* u.a. verwendet. Auch wenn Korth (1996) darauf hinweist, daß diese Begriffe unglücklich gewählt sind, weil es einen unkontrollierten Rückbau im strengen Sinne nicht gibt, hat sich die Bezeichnung „kontrollierter Rückbau" inzwischen weitgehend durchgesetzt und sollte aus diesem Grund beibehalten werden, um die Begriffsverwirrung nicht zu vermehren.

Folgende Anforderungen sollten erfüllt sein, damit ein Abbruch oder Rückbau von Gebäuden als kontrollierter Rückbau bezeichnet werden kann:

- Der eigentlichen Bauphase geht eine Planungsphase voraus, in der ein Rückbaukonzept erstellt wird und die wichtigsten Rückbauphasen festgelegt werden (vgl. Kap. 4).
- Vor dem eigentlichen Abbruch erfolgt eine Entrümpelung der Gebäude und eine Dekontamination schadstoffhaltiger Bausubstanz, sofern erforderlich, technisch machbar und wirtschaftlich vertretbar.
- Verwertbare und wiederverwendbare Bau- und Ausrüstungsteile werden demontiert.
- Die verschiedenen Baumaterialien werden beim Abbruch getrennt gehalten.

1.1.3 Selektiver Rückbau

Der Begriff „selektieren" bedeutet im strengen Wortsinne aussuchen oder auswählen. Deshalb sollte die Bezeichnung selektiver Rückbau dann verwendet werden, wenn Teile eines Gebäudes oder Materialgruppen für den kontrollierten Rückbau ausgewählt werden, während der restliche Teil konventionell abgebrochen wird (vgl. dazu

[1.3] Die Autoren der Kap. 5 und 11 verwenden den Begriff selektiver Rückbau in ihren bisherigen Veröffentlichungen im Sinne eines Synonyms für den kontrollierten Rückbau. Deshalb wurde er in diesen beiden Kapiteln beibehalten.

Fußnote 1.3). In der Literatur wird diese Bezeichnung jedoch überwiegend als Synonym zum kontrollierten Rückbau verwendet. Einzelne Autoren verwenden ihn auch als Synonym für die Entkernung von Gebäuden.

1.1.4 Bauabfälle

Das Kreislaufwirtschafts- und Abfallgesetz unterscheidet zwischen Abfällen zur Verwertung und Abfällen zur Beseitigung. Bisher wurden Materialien aus dem Abbruch von Gebäuden meist mit den Begriffen *Baureststoffe* oder *Baurestmasse* bezeichnet. Zukünftig sollte der korrekte Begriff *Bauabfälle* verwendet werden. Es ist zu beachten, daß der Begriff Bauabfälle nicht mit dem der Baustellenabfälle gleichgesetzt werden darf. Da die Buchbeiträge in dem Zeitraum entstanden, in dem auch die neue Begriffsdefinition des Kreislaufwirtschaftsgesetzes umgesetzt wurde, werden in diesem Buch die Begriffe *Bauabfälle*, *Baurestmassen* und *Baureststoffe* als Synonyme verwendet.

1.2 Ressourcenschonung durch Kreislaufwirtschaft im Bauwesen

Abfälle aus Abbruchmaßnahmen stellen einen erheblichen Anteil am Gesamtabfallaufkommen dar. Da bisher keine differenzierte Erfassung der Abfallmengen aus dem Abbruch erfolgt, können diese nur überschläglich angegeben werden. Von Roos und Walker (1995) werden z.B. Zahlen von 30 bis 35 Mio. t/Jahr für Bauschutt (ohne Straßenaufbruch, Erdaushub und Baustellenabfälle) genannt. Hinzu kommen ca. 10 Mio. t/Jahr Baustellenabfälle, von denen ebenfalls ein erheblicher Teil aus Abbruch- oder Instandsetzungsmaßnahmen stammen dürfte.

Um Deponieraum einzusparen und damit den *Flächen- bzw. Landschaftsverbrauch zu verringern*, sind Maßnahmen zur Abfallvermeidung und Abfallverminderung erforderlich. Die Handlungshierarchie Vermeiden – Verwerten – Beseitigen ist im Kreislaufwirtschaftsgesetz entsprechend verankert.

Weiterhin ist anzustreben, durch den Einsatz von Sekundärbaustoffen den Verbrauch von Primärbaustoffen für Neubauten zu verringern. Damit werden natürliche Ressourcen, z.B. Kieslagerstätten, geschont und die damit verbundenen Landschaftsschäden vermieden. Gleichzeitig reduzieren sich die erforderlichen Transporte, z.B. wenn im Zuge eines Flächenrecyclings Recyclingbaustoffe aus einem Abbruchvorhaben für Neubauten an gleicher Stelle verwendet werden.

Zukunftsweisend ist in diesem Zusammenhang ein Verständnis der bestehenden Gebäudesubstanz als „*Baumassenlager*" (Binz 1996; Görg und Jager 1995).

> „Wenn das herbstliche Laub in erster Linie zukünftiger Waldhumus ist, stört nicht, daß es auch überflüssiger, toter Rest des Baumes ist. Wenn Bauabfälle als wertvolle Rohstoffe geerntet werden können, werden sie das Stigma des Unerwünschten los.“
> (Binz 1996).

Die im Bausektor eingesetzten Stoffe verfügen zum Teil über eine Lebensdauer, die über die der Gebäude weit hinausgeht und sind damit für eine Kreislaufführung prädestiniert.

Folgende Unterziele lassen sich daraus für den Abbruch von Gebäuden ableiten:

- die sortenreine Trennung der anfallenden Materialien,
- die Abtrennung schadstoffhaltiger Materialien durch Dekontaminationsmaßnahmen und damit
- das Erzielen einer möglichst hohen Verwertungsquote.

Diese Ziele können in der Regel nur durch den kontrollierten Rückbau erreicht werden.

1.3 Sachstand und Entwicklungsbedarf

Bei den Beteiligten im Arbeitsfeld Rückbau- und Abbruchmaßnahmen besteht weitgehend Einigkeit hinsichtlich der übergeordneten Ziele wie Kreislaufwirtschaft, Einsparung von Ressourcen und von Deponieraum. Zur Erreichung dieser Ziele wird zur Zeit jedoch meist nur die getrennte Erfassung von Materialien *nach* dem Abbruch berücksichtigt. Die Einbindung dieser Zielsetzung in den Ablauf des Abbruchvorhabens an sich ist demgegenüber untergeordnet. Dies spiegelt sich auch in der Fachliteratur zum Baustoffrecycling wider, in der Vor- und Nachteile verschiedener Anlagen zur Bauabfallsortierung ausführlich erörtert werden, jedoch kaum Angaben zur Wahl geeigneter Techniken für den recyclinggerechten Abbruch zu finden sind (vgl. Kap. 7).

Zur Zeit werden die Bauabfälle in der Regel *nach* dem Gebäudeabbruch getrennt erfaßt und ggf. aufbereitet. Mineralische Reststoffe werden aufbereitet und in Form eines Downcycling z.B. im Straßenbau wieder eingesetzt. Die Wiederverwendung von Bauteilen wird nur in Ausnahmefällen durchgeführt und betrifft meist historisch wertvolle Materialien wie Eichenbalken oder Natursteine. Die Durchführung von Gebäudeabbrüchen nach der Methode des kontrollierten Rückbaus beschränkt sich bislang auf einzelne Projekte, die in der Regel Pilotcharakter haben (vgl. Kap. 8, 9 und 11).

Zukünftig sollte durch den kontrollierten Rückbau bereits beim Abbruch eine sortenreine Erfassung mit einem geringen Stör- und Schadstoffanteil erfolgen, so daß hohe Verwertungsquoten gewährleistet sind und ein möglichst hochwertiger Einsatz in Form von Sekundärbaustoffen erreicht werden kann. Alle Bauteile sollten auf ihre

Wiederverwendbarkeit geprüft werden. Aufgrund der Schadstoffbelastungen der bestehenden Gebäudesubstanz, die aus sorglosem Umgang mit den entsprechenden Substanzen in der Vergangenheit und aus der Unkenntnis über die Stoffeigenschaften herrühren, werden der Kreislaufführung der anfallenden Materialien auch in den nächsten Jahrzehnten noch Grenzen gesetzt sein. Besondere Bedeutung kommt daher der Abtrennung von problematischen Baustoffen oder schadstoffbelasteter Gebäudesubstanz zu.

Die schnelle Umsetzung des kontrollierten Rückbaus wird besonders durch die fehlende Verankerung des Rückbaugedankens in entsprechenden untergesetzlichen Regelungen wie Landesbauordnungen und Trennverordnungen behindert (Kohler 1995, vgl. auch Kap. 2 und 3).

Weiterhin bedarf es dringend einer Förderung des möglichst hochwertigen Einsatzes von Recyclingbaustoffen, um die Vermarktung von Baureststoffen aus dem kontrollierten Rückbau sicherzustellen (vgl. Kap. 12).

Langfristig kann nur die recyclinggerechte Konstruktion von Neubauten (vgl. Bredenbals 1995, Willkomm 1990) und der Verzicht auf schadstoffhaltige Baumaterialien zu einer echten Kreislaufwirtschaft führen. Der Einsatz „ökologischer" Baustoffe, die keine Problemstoffe enthalten, und die Minimierung des Einsatzes von Bauchemikalien (Schutzanstriche, Imprägnierungen) können gewährleisten, daß zukünftig der Aspekt der Schadstoffabtrennung an Bedeutung verliert. Der Verzicht auf Verbundbaustoffe und die Wahl leicht demontierbarer Konstruktionen kann zukünftig die getrennte Erfassung der einzelnen Baumaterialien erleichtern und die direkte Wiederverwendung von Bauteilen vereinfachen (vgl. Kap. 13). Hilfreich wäre eine Ökobilanzierung von Bauvorhaben, bei der auch die mögliche Verwertbarkeit der anfallenden Materialien nach Ablauf der Nutzungsdauer Berücksichtigung findet.

Aufgrund der langen Lebensdauer von Gebäuden wird es noch mehrere Jahrzehnte dauern, bis diese langfristigen Zielsetzungen zu Erfolgen führen. Um so wichtiger ist es, in der Übergangszeit den richtigen Weg einzuschlagen und den Gedanken des kontrollierten Rückbau in die Praxis umzusetzen.

1.4 Literatur

BINZ, A. (1996): Ansätze zur Ökologisierung des Bauwesens. In: Baustoff Recycling, Heft 3/96.

BREDENBALS, B. (1995): Abfallvermeidung durch recyclingorientiertes Konstruieren. In: 3. Weimarer Fachtagung über Abfall- und Sekundärstoffwirtschaft an der Hochschule für Architektur und Bauwesen Weimar.

GÖRG, H., JAGER, J. (1995): Prognosemodell zum Aufkommen und zur Zusammensetzung von Bauschutt. In: Bauabfallentsorgung - Von der Deponierung zur Verwertung und Vermarktung. Tagungsband des 8. Aachener Kolloquiums Abfallwirtschaft im Dezember 1995. Institut für Siedlungswasserwirtschaft der RWTH Aachen.

KOHLER, G. (1995): Kreislaufwirtschaft im Bauwesen. In: Baustoff Recycling, Jahrbuch 95, Stein-Verlag, Baden-Baden.

KORTH, D. (1996): „Abbruch" oder „Rückbau"? In: Baustoff Recycling, Heft 5/96.

RENTZ, O. et al. (1994): Selektiver Rückbau und Recycling von Gebäuden. Dargestellt am Beispiel des Hotel Post in Dobel, Landkreis Calw. Ecomed, Landsberg.

ROOS, H.-J., WALKER, I. (1995): Aufkommen, Zusammensetzung und Stand der Entsorgung von Bauabfällen in der Bundesrepublik Deutschland. In: Bauabfallentsorgung – Von der Deponierung zur Verwertung und Vermarktung. Tagungsband des 8. Aachener Kolloquiums Abfallwirtschaft im Dezember 1995. Institut für Siedlungswasserwirtschaft der RWTH Aachen.

WILLKOMM, W. (1990): Recyclinggerechtes Konstruieren im Hochbau. RKW-Verlag, Verlag TÜV Rheinland.

2 Rechtliche Rahmenbedingungen für den kontrollierten Rückbau

Dipl.-Ing. Annette Bleidiesel
Senatsverwaltung für Bau- und Wohnungswesen, Hauptstraße 98-99, 10827 Berlin

Vorgeschichte. Die hervorragende Architektur des Neubaus überzeugte den Bauherrn, die Idee des Umbaus aufzugeben, nachdem die intensive Recherche nach preiswerten Baustoffen und harte Verhandlungen den Preisunterschied hatten schmelzen lassen.

Der Durchbruch bei der Kalkulation war dem Angebot eines Abrißunternehmers zu verdanken, der vorschlug, Bauelemente, -teile und -stoffe so zu trennen, daß sie anderweitig wieder eingesetzt werden können. Die detaillierte Kalkulation blieb erstaunlicherweise im üblichen Rahmen, da die Deponiekosten erheblich gesenkt werden sollten. Beunruhigend war der hohe Zeitbedarf und die vielen zitierten Vorschriften im Angebot. Das verbleibende Risiko war die Vermarktung der Sekundärbaustoffe.

Der Zeitverzug für das Projekt, die Bau- und Abrißgenehmigung ließ wenig Raum für weitere Überlegungen, so daß ein kurzfristig eingereichtes Dumpingangebot eines Kiesgrubenbesitzers überzeugte: geringe Bauzeiten durch Abrißbirne, preiswerte Hilfskräfte zum Aufladen, freie Verwendung der Abfälle und keine gesonderten Deponiegebühren. Durch dieses Komplettangebot wähnte der Architekt die Verantwortung für die Bauabfallbeseitigung bei dem Abrißunternehmer, was sehr praktisch war.

Die Abräumung des Gebäudes wurde ohne aufwendige Bestandsaufnahme und Beprobungen – eine überzogene Bürokratenauflage, so die Erfahrung des Abrißunternehmers – begonnen. Für den Bauherrn überzeugend war die Tatsache, daß die alten, teils funktionsfähigen Nachtspeicheröfen für einen Verkauf ins Ausland ausgebaut wurden, was dem angedachten Konzept des Rückbaus entsprach. Die besonders überwachungsbedürftigen Abfälle wurden, nach neugierigen Fragen eines Konkurrenten, vorsorglich durch einen zugelassenen, aber teuren Unternehmer abgefahren.

Letztendlich führte der unsachgemäße Ausbau des belasteten Mauerwerks zu einer Stillegung der Baustelle. Das Landesamt für Arbeitsschutz wurde eingeschaltet. Die Abfallbehörde verlangte Einsicht in das – nicht erstellte – betriebliche Abfallwirtschaftskonzept. Umfangreiche Anordnungen folgten.

Hierdurch kam es zu einer erheblichen zeitlichen Verzögerung des Neubaus sowie Mehrkosten für die Beauftragung von Fachbetrieben, da nunmehr durch die Vermischung der kontaminierten Abfälle mit dem durchaus aufbereitungsfähigen Bauschutt eine aufwendige Trennung erfolgen mußte. Regreßforderungen an den Kiesgrubenbesitzer blieben erfolglos, da sich dieser auf die Kanarischen Inseln abgesetzt hatte.

Der Abfallkrimi stellt die Bestrebungen der entsorgungsunkundigen Bauherren dar, preiswert arbeiten zu lassen. Dabei veranlassen die steigenden Kosten eines Abrisses die Verantwortlichen, Ausschau nach preiswerteren Alternativen zu halten. Ein bewußtes ordnungswidriges Handeln der Bauherren liegt in den wenigsten Fällen vor.

Der Abriß als Vorleistung eines Neubaus, die erst seit einigen Jahren zunehmende Bedeutung der Abfallentsorgung im Bauwesen, verbunden mit den nicht vorhandenen Kenntnissen im Abfallrecht, ermöglichen unseriösen Anbietern eine existenzbedrohende Konkurrenz für ordnungsgemäß arbeitende Fachbetriebe.

2.1 Der Rückbau im Vorschriftendschungel

Neben dem Abfallrecht ist für den kontrollierten Rückbau das gesamte Spektrum des Umweltrechts (u.a. Bundes-Immissionsschutzgesetz, Investitionserleichterungsgesetz, Bodenschutzgesetz, Naturschutzgesetz, Wasserrecht), des Baurechtes (BauGB, Landesbauordnungen, Arbeitsstättenverordnung) und des Strafgesetzbuches relevant. Im folgenden werden die für den kontrollierten Rückbau relevanten Regelungen des Kreislaufwirtschafts- und Abfallgesetzes (KrW-/AbfG) dargestellt. Im Vorgriff auf eine Bundesverordnung wird der Entwurf der Berliner Trennverordnung erläutert. Auch wenn der Entwurf der Berliner Trennverordnung nicht der noch ausstehenden Bundesverordnung entsprechen wird, so zeigt er jedoch die einzuschlagende Richtung auf.

Für den kontrollierten Rückbau sind zehn Verordnungsentwürfe relevant.[2.1]

[2.1] Trenn-VO gemäß Landesabfallgesetz Berlin vom 21.12.1993, §7 (1) Nr. 2, §8 (2) und § 12 (1) Nr. 1.

Richtlinie für die Tätigkeit und die Anerkennung von Entsorgergemeinschaften, Entwurf (Kabinettvorlage) vom 23.02.1996.

Verordnung über Entsorgungsfachbetriebe (Entsorgungsfachbetriebe-Verordnung – EfbV), Entwurf (Kabinettvorlage) 02.02.1996.

Verordnung über Verwertungs- und Beseitigungsnachweise (Nachweisverordnung – NachwV), Entwurf (Kabinettvorlage) vom 23.02.1996.

Verordnung über Abfallwirtschaftskonzepte (Abfallwirtschaftskonzept-Verordnung – AbfWKoV), Entwurf (Kabinettvorlage) vom 23.03.1996.

Verordnung über Abfallbilanzen (Abfallbilanz-Verordnung – AbfBiV), Entwurf (Kabinettvorlage) vom 23.02.1996.

Verordnung zur Transportgenehmigung (Transportgenehmigungsverordnung – TgV), Entwurf (Kabinettvorlage) vom 23.02.1996.

Verordnung zur Einführung des Europäischen Abfallkataloges (EAK – Verordnung – EAKV), Entwurf (Kabinettvorlage) vom 31.01.1996.

Im Abfallrecht wurde die Zielhierarchie *Vermeiden, Vermindern, Verwerten vor Deponieren* im Zeitablauf immer weiter spezifiziert. Die Möglichkeit der Bundesregierung zur Regelung der Verwertung enthält erstmals das Abfallgesetz vom 27. August 1986 mit den Ermächtigungen zum Erlaß von Rechtsvorschriften. Unverbindlich für die Bauwirtschaft, da als Verwaltungsvorschrift angelegt, sind die TA-Abfall und TA-Siedlungsabfall.

Dreh- und Angelpunkt für alle den Bauabfall betreffenden Verordnungen des Abfallgesetzes, und somit Bezugspunkt bzw. Grundlage, auf die verwiesen wird, sollte die Baurestabfallverordnung (§14 AbfG; §7 (1) Nr.1 KrW-/AbfG) sein, die allerdings nie in Kraft getreten ist und für das KrW-/AbfG nunmehr in einem weiteren Entwurf vorgelegt werden muß.

2.1.1 Gebot zur Getrennthaltung

Der Entwurf der Rechtsverordnung über die Entsorgung von Baurestabfällen gemäß §14 (1) KrW-/AbfG wurde mehrfach geändert und dabei immer weiter abgeschwächt. Trotzdem ist er nie in Kraft getreten. Zur Überbrückung der Regelungslükke haben einige Behörden entsprechende Satzungen (s. Kap. 3), meist auf Grundlage der Landesbauordnung, erlassen. In Berlin eröffnet das Landesabfallgesetz (LAbfG vom 21.12.1993, §8 (2)) die Möglichkeit, eine Verordnung über die Getrenntsammlung von Bauabfällen (Getrenntsammlungs-Verordnung – Trenn-VO) zu erlassen. In Anlehnung an den Entwurf der Bundesverordnung werden hierin für Bauabfälle aus Bauarbeiten jeglicher Art die Getrenntsammlung, das Vermischungsverbot und die Nachweispflicht geregelt. Der Entwurf definiert schadstoffhaltige und störende Baurestabfälle. Vorgesehen ist ein

- Gebot zur getrennten Entsorgung (getrennt halten, einsammeln und einer umweltverträglichen Entsorgung zuführen),
- Vermischungs- und Ablagerungsverbot,
- Übergang der Nachweispflicht auf den Bauunternehmer, sofern nicht mehr als 500 kg schadstoffhaltiger Baurestabfälle anfallen und
- Ordnungswidrigkeitstatbestand.

Die Trenn-VO soll mit dem betrieblichen Abfallwirtschaftskonzept und in Zusammenarbeit mit den Bauordnungsbehörden zu einem höheren Verwertungsgrad beitragen. Als Hemmnis stellt sich der hohe Kontrollaufwand dar, der den Bestrebungen zur Freistellung von Bauvorhaben entgegensteht, so daß der Weg der stichprobenartigen Kontrolle gewählt werden muß. In Verbindung mit den Regelungen aus dem

---

Verordnung zur Bestimmung von besonders überwachungsbedürftigen Abfällen (Bestimmungsverordnung besonders überwachungsbedürftiger Abfälle – BestVAbfbü), Entwurf (Kabinettvorlage) vom 31.01.1996.

Zielfestlegungen der Bundesregierung zur Vermeidung, Verringerung oder Verwertung von Bauschutt, Baustellenabfällen, Bodenaushub und Straßenaufbruch; Entwurf 1996.

KrW-/AbfG ist dies ein gangbarer Weg, der allerdings eine Anpassung der Berliner Trenn-VO erfordert, so daß mit einer Inkraftsetzung erst zu rechnen ist, wenn der Regelungsgehalt der Verordnungen zum KrW-/AbfG feststeht.

Das Landesabfallgesetz Berlin beinhaltet keine Verordnungsermächtigung, den Rückbau vor Ort konkret vorzuschreiben und somit Verfahren verbindlich zu machen, so daß die Trenn-VO die Möglichkeit eröffnen muß, auch außerhalb der Baustelle zu sortieren und zu trennen, wenn vergleichbare Ergebnisse erzielt werden.

Der Bauherr muß entscheiden, welche Variante für sein Bauvorhaben angewandt wird. Insbesondere in innerstädtischen Bereichen (reine Wohngebiete, geschlossene Bebauung), in unmittelbarer Umgebung von schutzwürdigen Bereichen, wie z.B. Krankenhäusern, ist in Zusammenarbeit mit der Behörde ein geeignetes Verfahren zu finden, das allen Ansprüchen genügt. Der Bauherr wird allerdings eine gute Begründung liefern müssen, sofern er nur die Abrißbirne einsetzen will, da mit diesem Verfahren auch in einer hochtechnisierten Aufbereitungsanlage eine Trennung der Abfälle nicht mehr im Nachhinein vorgenommen werden kann. Die Verwaltungen erstellen als Hilfestellung Leitfäden und Ausschreibungstexte, die eine Orientierung geben sollen.

Prüf- und Entscheidungsgrundlagen, insbesondere für Anlagen, beinhalten die TA-Abfall und TA-Siedlungsabfall. Da hier der Stand der Technik beschrieben ist, können allgemeine Hinweise für den Rückbau auf Baustellen entnommen werden.

Der Vorrang der Verwertung wird in der TA-Abfall zwingender als im bestehenden Abfallgesetz und auch dem KrW-/AbfG dargestellt. Die Abhängigkeit von diversen Kriterien ist allerdings wieder dem Abfallgesetz entnommen. So ist eine Verwertung vorzunehmen, „...wenn dies technisch möglich ist...“ und „...die hierbei entstehenden Mehrkosten im Vergleich zu anderen Verfahren der Entsorgung nicht unzumutbar sind“.

Eine technische Möglichkeit besteht, „...wenn ein praktisch geeignetes Verfahren zur Verfügung steht. Das Merkmal der technischen Möglichkeit bedeutet im Rahmen des Verwertungsgebotes, daß grundsätzlich die Ausschöpfung aller in Betracht kommenden Verwertungstechniken verlangt werden kann...“[2.2]. Hierzu zählt auch ein Vermischungsverbot bereits auf der Baustelle. Bei der Feststellung der Zumutbarkeit werden die Kriterien

- Auswirkungen auf die Umwelt,
- Vorhandensein einer entsprechenden Anlage andernorts und
- gebietsübergreifende Nutzung von Anlagen

aufgeführt.

Für die Verwaltung besteht die Notwendigkeit einer Einzelfallprüfung, die aufgrund der Anzahl der Vorhaben nicht sehr effektiv sein kann.

[2.2] TA-Abfall.

Das Trennungsgebot wird an unterschiedlichen Stellen in der TA-Abfall aufgenommen, wobei die konkreten Handlungsanweisungen lediglich als Sollbestimmungen formuliert sind, so für

- die getrennte Erfassung an der Anfallstelle,
- der erneute Einsatz von Straßenaufbruch im Straßenbau,
- die Aufarbeitung von Bauschutt für den Einsatz im Straßen- und Wegebau oder als Zuschlagstoff.

Lediglich Boden soll verwertet werden, wobei die Verwertung durch die Schaffung von Bodenbörsen unterstützt werden kann.

In einigen Ländern ist konsequenterweise ein Deponieverbot für Boden erlassen und/oder eine Boden- und Bauschuttbörse eingerichtet worden. Ein weiterer Weg ist die deutliche Anhebung der Deponiepreise für verwertbare Bauabfälle.

2.1.2 Kreislaufwirtschafts- und Abfallgesetz

Erstmals wird in einem Abfallgesetz konsequent die Kreislaufwirtschaft zur Pflicht gemacht. Der Geltungsbereich umfaßt die Vermeidung, Verwertung und Beseitigung von Abfällen, wie dies im alten Abfallgesetz auch enthalten war. Neue Regelungen betreffen die

- Berücksichtigung der Regelungen des EU-Rechts,
- durchgängige Einteilung der Abfälle in „Abfälle zur Verwertung und Beseitigung", die den Begriff Wert- und Reststoff nicht mehr kennt,
- durch mögliche Verbote, Beschränkungen und Rücknahmeverpflichtungen untermauerte Produktverantwortung für Erzeugnisse sowie
- Übertragung der Verantwortung auf die Wirtschaft, deren qualifizierten Fachbetriebe, Entsorgungsgemeinschaft oder Entsorgungsträger.

Die Wirkung des Gesetzes kommt allerdings erst durch die Wahrnehmung der Verordnungsermächtigung zustande. In den Rechtsverordnungen werden bundeseinheitliche Verfahrensweisen festgelegt.

Grundsätze und -pflichten. Während die Abfallvermeidung als Grundsätze und Pflichten der Kreislaufwirtschaft in den §§ 4 und 5 behandelt wird, wird die Abfallbeseitigung in § 11 und folgenden behandelt.

Für beide Abfallarten wird eine getrennte Haltung – also der Rückbau – und Behandlung bestimmt, soweit dies für die Erfüllung der Anforderungen erforderlich ist.

Die Ermächtigung, Anforderungen an die Getrennthaltung und die Behandlung[2.3] festzulegen, ist die Grundlage für eine weitere Neuauflage der Baurestabfallverordnung (BauRestAbfV). Darüber hinaus kann die Festlegung von Hinweispflichten des

---

[2.3] KrW-/AbfG, § 7 (1) Nr. 2 und §12 (1) Nr. 1.

jeweiligen Besitzers erfolgen (§7 (1) Nr. 5), die sich aus den Anforderungen an die Verwertung ergeben. Die Rechtsverordnungen würden im Baubereich insbesondere für den Bauherren zu mehr Klarheit bei dem zu erfüllenden Mindeststandard führen.

Die Festlegung des Rückbaus wird vorerst nur in der Überarbeitung der Zielfestlegungen der Bundesregierung zur Vermeidung, Verringerung oder Verwertung von Bauschutt, Baustellenabfällen, Bodenaushub und Straßenaufbruch[2.4] festgeschrieben.

Soweit der Erzeuger oder Besitzer (ohne Rückbauverordnung) zur Verwertung nicht in der Lage ist oder dies nicht beabsichtigt, besteht für Abfälle die Überlassungspflicht (§ 13).

Als Träger der Verwertung und Beseitigung von Abfällen stehen öffentlich-rechtliche Entsorgungsträger, beauftragte Dritte (private Entsorgungsträger), Verbände und Selbstverwaltungskörperschaften der Wirtschaft zur Verfügung. Als Voraussetzung der Zulassung von nicht öffentlichen Entsorgungsträgern gibt die Entsorgungsfachbetriebs-Verordnung Kriterien zur Prüfung der Zuverlässigkeit vor.

Dem Abfallerzeuger kommt die Pflicht zu, die bekannten Abfallwirtschaftskonzepte und -bilanzen zu erstellen. Hierzu gibt die Bundesregierung in der Abfallwirtschaftskonzept-Verordnung[2.5] und der Abfallbilanz-Verordnung[2.6] Formblätter vor, die hauptsächlich als internes Instrument zur Abfallkontrolle dienen sollen, darüber hinaus aber auch der Nachweispflicht genüge tun müssen, die aus der Nachweisverordnung entsteht.

Produktverantwortung. Die Produktverantwortung besteht für ein Erzeugnis von der Entwicklung über die Rücknahme und nachfolgende Verwertung oder Beseitigung bis zum vorrangigen Einsatz verwertbarer Abfälle (Sekundärrohstoffe) bei der Herstellung von Erzeugnissen. Im Kreislaufwirtschafts- und Abfallgesetz wird die Produktverantwortung textlich nur in kurzer Form behandelt. Dies darf aber nicht darüber hinwegtäuschen, daß sie die eigentliche Grundlage darstellt, aus der sich die Zielhierachie vermeiden, verwerten und erst als letzter Ausweg die Beseitigung ableiten läßt. Schließlich wird die Produktverantwortung in den Verordnungen aufgegriffen und prägt deren inhaltliche Ausgestaltung.

Für den Baubereich soll die Produktverantwortung der Erzeuger über eine Zielvereinbarung erreicht werden. Sofern diese nicht erreicht wird, ist mit Verordnungen zu rechnen, die für einzelne Produktgruppen gelten. Bemühungen, die dem Verwertungsgedanken der Produktverantwortung durch die Herabsetzung technischer Standards (Brandschutz, Wärmedämmung) Rechnung tragen, sollten erst nach der Ausschöpfung der vorhandenen Potentiale in Angriff genommen werden. Vorrangig bietet sich der durchgängige Einsatz von – im Gegensatz zu Primärbaustoffen – auf Schadstoffe geprüfte Recyclingprodukte im Straßen- und Hochbau an. Das Hemmnis

---

[2.4] Zielfestlegungen der Bundesregierung zur Vermeidung, Verringerung oder Verwertung von Bauschutt, Baustellenabfällen, Bodenaushub und Straßenaufbruch, Entwurf 1992.

[2.5] AbfWkoV.

[2.6] AbfiV.

liegt vorrangig in der Akzeptanz der Recyclingbaustoffe aufgrund der niedrigen Preise für Primärbaustoffe. Gleichzeitig ist von einer grundsätzlichen Abneigung gegen „Abfall zur Verwertung" auszugehen, die zudem durch teils vorhandene Lieferschwierigkeiten noch unterstützt wird.

Für die verbauten Erzeugnisse besteht weiterhin die Schwierigkeit, aufgrund der abfallwirtschaftlich gewünschten Langlebigkeit von Gebäuden einen Produktverantwortlichen zur Rücknahme zu benennen. Die Verantwortung wird zwangsläufig stärker auf die Bereiche Baubetrieb und den vermehrten Einbau von verwertbaren Abfällen in Erzeugnissen zu verlagern sein.

Überwachung. Für die Art der Überwachung ist die Zuordnung der Abfälle (RVO zu § 41) zu den Kategorien *Beseitigung* oder *Verwertung* mit den Untergliederungen *besonders, nicht* oder *einfach überwachungsbedürftig* notwendig. Während die Bundesregierung keine überwachungsintensive Einstufung z.B. als besonders überwachungsbedürftigen Bauabfall anstrebt, sieht ein Teil der Länder ohne eine solche Einstufung keine Möglichkeit, die ordnungsgemäße Behandlung des Bauabfalls zu gewährleisten.

Das Nachweisverfahren wird für besonders überwachungsbedürftige Abfälle obligatorisch eingeführt. Weitere Regelungen sind der Landesbehörde vorbehalten (fakultatives Nachweisverfahren). Die notwendigen Nachweisverfahren für Erzeuger und Besitzer sind in Tabelle 2.1 dargestellt.

Für den Transport von Abfällen zur Beseitigung ist auch weiterhin eine Transportgenehmigung zum Einsammeln und Befördern notwendig. Von der Genehmigungspflicht ausgenommen sind

- Entsorgungsträger,
- die Einsammlung und der Transport von nicht kontaminiertem Erdaushub, Straßenaufbruch und Bauschutt sowie
- die Beförderung von Kleinstmengen nach einer Freistellung.

Die Transportgenehmigung wird von der Behörde ausgestellt, in der das Unternehmen seinen Hauptsitz hat. Die Genehmigung gilt für alle Bundesländer.

Tabelle 2.1. Nachweisverfahren des Abfall-/Kreislaufwirtschaftsgesetzes

	Beseitigung		Verwertung		
	allgemein	besonders überw.-bedürftig	allgemein	besonders überw.-bedürftig	Nicht überw.-bedürftig
Erzeuger oder Besitzer a					
Nachweis über Art, Menge und Beseitigung oder Verwertung	F	O	F	O	
vor Beginn der Beseitigung sowie nach Durchführung der Beseitigung oder Verwertung	F	O	F	O	
Art, Menge und beabsichtigte Verwertung oder Nachweis der durchgeführten Verwertung oder Nachweis des Verbleibs					F
Entsorgungspflichtige a					
Betreiber einer Anlage, in der Abfälle anfallen	F	O, A, N, E	F	O, A, N, E	
Sammler und Beförderer	F	O, A, N, E	F	O, A, N, E	
Betreiber von Verwertungs- und Beseitigungsanlagen	F	O, A, N, E	F	O, A	
Eigenbeseitigung im räumlichen und betrieblichen Zusammenhang		AWK, AB		AWK, AB	
Vereinfachter Nachweis auf Antrag, Kleinmengenregelung		✓		✓	

O	Obligatorisch	N	Nachweisbuch
F	Fakultativ	A	Anzeigepflicht
AWK	Abfallwirtschaftskonzept	E	Freistellung möglich
AB	Abfallbilanz	a	auskunftspflichtig

2.1.3 Zielfestlegungen der Bundesregierung

Der Entwurf der Zielfestlegungen von 1992 wurde nicht verabschiedet. Er stellt jedoch die Grundlage für die abfallwirtschaftlichen Handlungsweisen dar und soll somit nicht unerwähnt bleiben. Nach den abfallwirtschaftlichen Grundsätzen und Zielen setzt die Abfallvermeidung bereits bei der Entwicklung neuer Baustoffe und -produkte sowie Bauweisen ein. Durch den Ablauf von Abbruchmaßnahmen soll Einfluß auf den Anfall und die Qualität der Sekundärbaustoffe genommen werden. Die getrennte Erfassung von verwertbaren Bauabfällen untereinander und die Aufbereitung von behindernden Stoffen bereits auf der Baustelle ist die Voraussetzung für die Verwertung, die Vorrang vor der Deponierung hat.

Zur Erreichung der Verwertungsziele soll Bodenaushub zwischengelagert werden, bis eine Verwendung möglich ist. Um die Aufbereitung von Bauschutt, Baustellenabfällen und Straßenaufbruch zu ermöglichen, soll vor den Abbrucharbeiten ein Konzept erstellt werden, das eine getrennte Erfassung ermöglicht. Die Körperschaften des öffentlichen Rechts sollen Sorge dafür tragen, daß dem Vorrang der Verwertung in vollem Umfang Rechnung getragen wird.

Nachdem der Entwurf von 1992 vielzitierte Verwertungsquoten nannte, legt der Entwurf von 1996 neben einer Verminderung von 50% der nicht verwertbaren Bauabfälle die Adressaten und deren Aufgaben fest (vgl. Abb. 2.1) und erwartet eine kooperative Zusammenarbeit zur Erreichung der angegebenen Ziele. Einzelmaßnahmen werden nicht mehr genannt, der Rückbau wird als bereits eingeführter Begriff nicht weiter erläutert. Erwartet wird ein Bericht über

- die angefallenen, verwerteten sowie beseitigten Mengen an Bauabfällen, aufgegliedert nach Abfallschlüsseln,
- die über Bauschutt- und Bodenbörsen umgeschlagenen Abfallmengen,
- die Entwicklung des Einsatzes von sekundären Rohstoffen in Bauprodukten sowie deren Einsatz in Baumaßnahmen,
- die Entwicklung recyclinggerechter Bauausführungen sowie die Entwicklung recyclinggerechter Rückbautechniken.

Die Berichtspflicht soll den Verbänden des Baugewerbes obliegen.

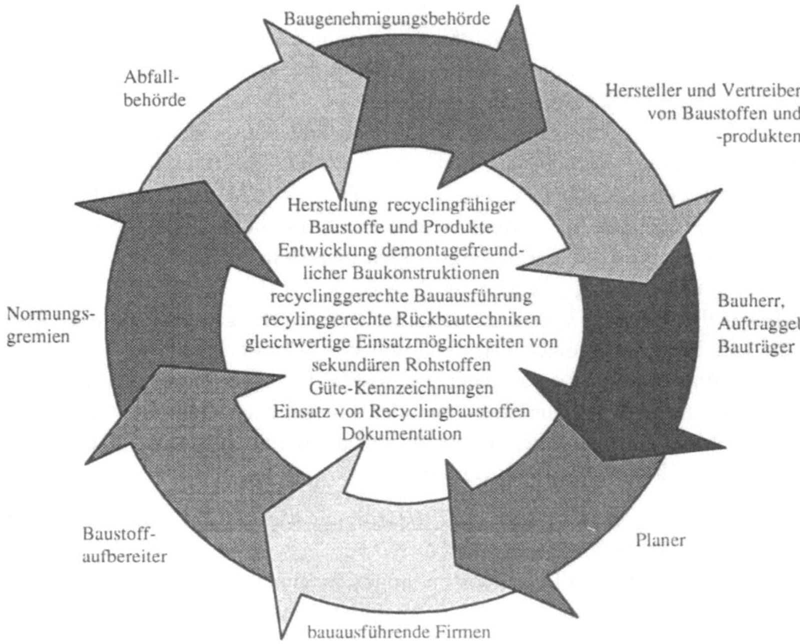

Abb. 2.1. Adressaten und Ziele der Zielvereinbarung zur Vermeidung, Verwertung und Beseitigung von Bauabfällen

2.1.4 Der Entsorgungsfachbetrieb

Der Entsorgungsfachbetrieb ist der Garant für eine der Zielsetzung des KrW-/ AbfG entsprechenden Entsorgung. Das hohe Qualifikationsniveau in Anlehnung an die Vorschrift der DIN ISO 9000 und der Öko-Audit-Verordnung wird durch den Verzicht auf diverse Nachweise belohnt.

Für die Abfallwirtschaft ist der Entsorgungsfachbetrieb entgegen Regelungen in anderen Fachgesetzen nicht vorgeschrieben. Es ist aber zu erwarten und kann nur empfohlen werden, daß der Abfallerzeuger auf die mit einem Überwachungszeichen ausgestatteten Betriebe zurückgreifen wird, um neben den ihn betreffenden Erleichterungen seiner Verantwortung bei der Auswahl eines geeigneten Entsorgungsbetriebes nachzukommen. Bereits im Vorfeld der Entsorgungsfachbetriebs-Verordnung wurden beispielsweise in Hamburg und Berlin Überwachungsgemeinschaften mit dieser Zielsetzung gegründet.

Die Sicherstellung gleichbleibender Qualifikationen wird durch von der Behörde anerkannte Organisationen (vgl. Abb. 2.2) gewährleistet, die aus Entsorgergemeinschaften oder Überwachungsorganisationen bestehen. Die Freistellung von Nachweisverfahren für nicht zertifizierte Betriebe wird sich in der Einzelfallprüfung der

Behörde an den Anforderungen für Fachbetriebe orientieren (Betriebsorganisation, personelle Ausstattung, Betriebstagebuch, Versicherungsschutz, ordnungsgemäße Tätigkeit, Ausstattung, Qualifikation von Inhaber, Leiter und Personal).

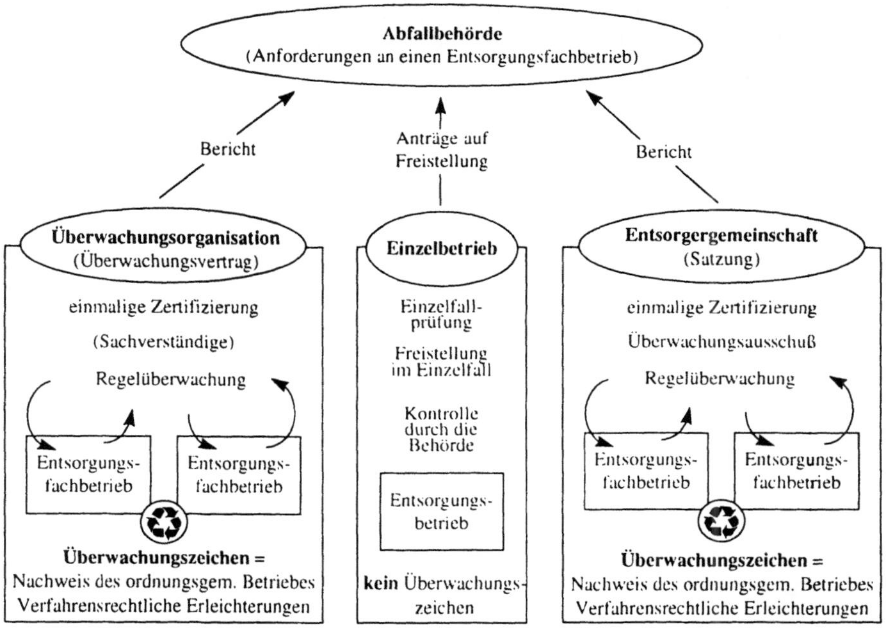

Abb. 2.2. Zulassungsverfahren für Entsorgungsfachbetriebe

2.1.5 Nachweisverordnung

Die neue Nachweisverordnung soll im Gegensatz zu den vorhandenen Regelungen deregulieren, ohne die Kontrollmöglichkeiten einzuschränken und gleichzeitig Beschleunigungselemente (30-Tage-Frist, privilegiertes Verfahren mit Listennachweis) einführen. Die Verordnung trennt in

- Nachweis der Zuverlässigkeit der Anlage und
- Verbleibskontrolle.

Der Zuverlässigkeitsnachweis wird an den Kriterien Ordnungsmäßigkeit, Schadlosigkeit und Gemeinwohlverträglichkeit orientiert und ermöglicht somit der prüfenden Behörde eine grundsätzliche, nicht am Einzelfall orientierte Beurteilung des möglichen Entsorgungsweges. Die Instrumente Entsorgungsnachweis, vereinfachter Entsorgungsnachweis, Sammelentsorgungsnachweis und Übernahmeschein werden in vereinfachter Form angewandt, wenn die Voraussetzungen für die Freistellung erfüllt sind.

Der Nachweis des Verbleibs entspricht von der Zielsetzung her den vorhandenen Regelungen (Begleitscheinverfahren und Nachweisbücher), wobei Erleichterungen der Handhabung eingeführt werden sollen (vgl. Abb. 2.3).

Die Regelungen des bisherigen Entsorgungsnachweises werden aufgegriffen und um die genannten Verfahren zur Beschleunigung ergänzt. Für weniger als 2.000 kg besonders überwachungsbedürftige Abfälle geht die Nachweispflicht der Erzeuger und Besitzer auf den Einsammler über.

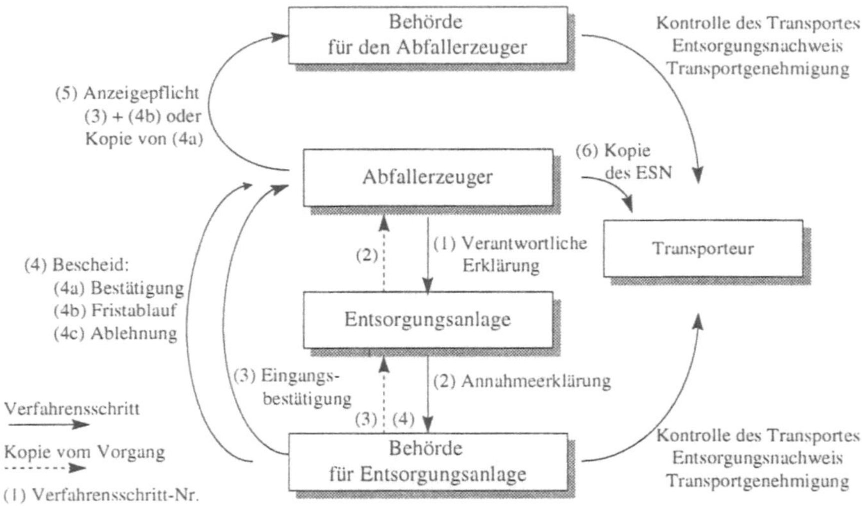

Abb. 2.3. Handhabung des Entsorgungsnachweises (ESN) – Grundverfahren

Im privilegierten Verfahren wird der Verwaltungsaufwand für das Grundverfahren durch die Freistellung einer Anlage verringert. Durch eine Rahmenbestätigung, die den Zuverlässigkeitsnachweis grundsätzlich zu Beginn der Arbeitsaufnahme erbringt, wird der Abfallerzeuger von dem zeit- und arbeitsintensiven Einzelnachweis befreit. Eine Freistellung kann auf Antrag des Betreibers erfolgen, wenn keine ausschließliche Lagerung von Abfällen erfolgt, die Entsorgung oder Behandlung ordnungsgemäß, schadlos und gemeinverträglich durchgeführt wird oder der Behörde keine Anhaltspunkte oder Tatsachen vorliegen, die die Zuverlässigkeit des Betriebes in Frage stellen.

Ein Entsorgungsfachbetrieb gilt durch die erfolgte Anerkennung als freigestellt. Das Nachweisverfahren wird vereinfacht in Anlehnung an das Bestätigungsverfahren (Grundverfahren) gestaltet: Der Abfallerzeuger übersendet der für die Entsorgung zuständigen Behörde eine Kopie der Annahmeerklärung und kommt gegenüber der für den Abfallerzeuger zuständigen Anlage seiner Anzeigepflicht durch die Übersendung der verantwortlichen Erklärung nach.

Die Möglichkeit der zuständigen Behörden, eine Bestätigung für den Einzelfall anzuordnen, bleibt unberührt.

Für das privilegierte Verfahren wird der Schriftverkehr deutlich gesenkt. Es bleibt zu hoffen, daß für den Abfallerzeuger insbesondere der Zeitaufwand entscheidend sein wird, sich für eine freigestellte Anlage zu entscheiden.

Eine grundsätzliche Erleichterung stellt die Nachweisverordnung in Aussicht, wenn die zuständige Behörde die Nachweisführung, die Übertragung von Erzeuger- und Besitzerpflichten auf beauftragte Dritte (§16), Verbände (§17) oder Selbstverwaltungskörperschaften (§18) zuläßt (vgl. Abb. 2.4).

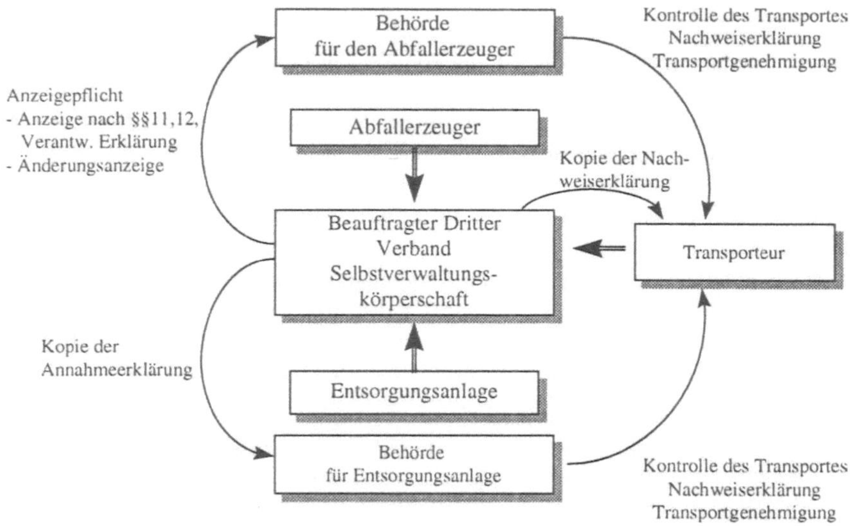

Abb. 2.4. Wahrnehmung der Nachweispflicht durch Dritte

Die bisherigen Regelungen der Abfall- und Reststoffüberwachungs-Verordnung zum Begleitscheinverfahren (Durchschreibesatz mit 6 Ausfertigungen) wurden im wesentlichen übernommen. Das neue Aussehen des Begleitscheins läßt komprimiertere Angaben zu, indem die Möglichkeiten der Übernahme des Sammelscheins und die elektronische Datenverarbeitung bei der Gestaltung berücksichtigt wurden. Für die Sammelentsorgung ist neben dem Begleitschein ein Übernahmeschein zu führen.

Neu ist der Listennachweis, der eine Zusammenfassung der Begleitscheindaten durch den Betreiber der Abfallentsorgungsanlage ermöglicht und deren Übergabe an die Behörde ersetzt. Es obliegt der Behörde, Fristen, Form und Inhalt zu formulieren.

Die Nachweisverordnung spezifiziert den Deregulierungsdrang des KrW-/AbfG und setzt dabei auf den ordnungsgemäß arbeitenden Entsorgungsfachbetrieb, ohne dies jedoch verpflichtend vorzuschreiben, sowie auf die Wahrnehmung der Verantwortung des Abfallerzeugers, nur qualifizierte Betriebe auszuwählen. Für die Behörde soll mit dieser Regelung eine Entlastung eintreten, da nur qualifizierte Betriebe, die einer ständigen Weiterbildung unterliegen, in der Abfallwirtschaft tätig sein sollen. Für „schwarze Schafe" besteht die Möglichkeit, Einzelanordnungen zu treffen. Es bleibt zu hoffen, daß die beteiligten Bauherren, Betriebe und Organisationen sich der Verantwortung bewußt sind, die ihnen das Kreislaufwirtschaftsgesetz gibt.

2.2 Abfallvermeidungs- und -verwertungsforum Berlin

Die Entscheidung über die Einführung von Vorschriften zum kontrollierten Rückbau obliegt der für die Abfallwirtschaft zuständigen Behörde, sofern die Wirtschaft über ihre Eigenverantwortung hinaus behördlicher Unterstützung bedarf. Darüber hinaus sind die Belange der Bau- und Raumordnung sowie die Regionalwirtschaft zu berücksichtigen. In den Zeiten der knappen Kassen regiert zusätzlich der spitze Bleistift, der den Verwaltungen wie der Privatwirtschaft keine kostenintensiven Unternehmungen erlaubt.

Zur Erkundung der Interessen und Möglichkeiten diente das Abfallvermeidungs- und -verwertungsforum Berlin, in dem für die Arbeitsgruppe „Abfallarme Baustelle"[2.7] durch die unterschiedlichen öffentlichen und privaten Interessensvertreter die notwendigen Bausteine für einen kontrollierten Rückbau festgelegt wurden:

Änderung bestehender Vorschriften.

- Kontaktvermittlung für Verwertungsmöglichkeiten (Börse),
- Erstellung einer Trennverordnung,
- Zulassung von Recyclingbaustoffen in Wasserschutzgebieten,
- Änderung der Bauordnung, der Förderrichtlinien,
- Entsorgungskosten von Bauabfall gestalten.

Information zur Nutzung vorhandener Möglichkeiten.

- Aus- und Fortbildung der am Bau Beteiligten,
- Demonstration der Umsetzbarkeit (Begleitung ausgewählter Abbruchvorhaben, Wettbewerb „ressourcenschonendes Bauen"),
- Leitfaden für einen geordneten Rückbau, Musterleistungsverzeichnis,
- Fachgespräche zur Erarbeitung von Vorschlägen zur Verwendung von Sekundärbaustoffen.

Auffallend war der Ruf nach Vorschriften insbesonders von der beteiligten Bauwirtschaft, die erkannt hat, daß Rückbau kein unerreichbarer Traum von Umweltverbänden ist, sondern eine Chance für den am ordnungsgemäßen Handeln interessierten Fachbetrieb darstellt.

[2.7] Senatsverwaltung für Stadtentwicklung und Umweltschutz: Senatsverwaltung für Bau- und Wohnungswesen: Abfall- und Vermeidungsforum. Berlin 1994/1995.

Als Fazit aus dem Forum und darüber hinaus durchgeführter Pilotprojekte zum kontrollierten Rückbau läßt sich festhalten:

- Die ausschließliche Einhaltung der gesetzlichen Mindestanforderungen führt weder zu einem befriedigenden wirtschaftlichen Ergebnis noch zu einer wünschenswerten Trennung von wiederverwendbaren Baustoffen.
- Der unkontrollierte Abriß ist nur dann für die Bauausführenden wirtschaftlich tragfähig, wenn die erheblichen Mehrkosten von dem unwissenden Bauherrn übernommen werden oder die Aufbereitung der Bauabfälle und Deponierung der Reststoffe nicht im Rahmen der gesetzlichen Anforderungen vorgenommen wird.
- Schon heute nutzen Fachunternehmen den Vorteil einer abfallwirtschaftlichen Bauablaufplanung ohne Verwendung des Begriffes Rückbau, wobei die Planung ausschließlich an wirtschaftlichen Gesichtspunkten orientiert ist.
- Der meist fachlich nicht versierte Bauherr ist bei der Auswahl des Abbruchunternehmens über dessen abfallwirtschaftliche Kenntnisse und Techniken nicht informiert und kann als Auswahlkriterium lediglich das Submissionsergebnis zugrunde legen, so daß der Fachbetrieb ein allgemeingültiges Regelwerk zur Umsetzung des kontrollierten Rückbaus benötigt.

Die Planung eines Rückbaus beruht fast ausschließlich auf den Erfahrungen der Bauunternehmen, die für ihre Angebote ein firmeninternes System anwenden. In der Angebotsphase wird für die Kalkulation eine überschlägige Berechnung angewandt, die Besonderheiten des Objektes nicht berücksichtigen kann. Erst bei der Auftragserteilung wird eine detaillierte Planung erstellt, sofern die Planung der Gesamtmaßnahme die zeitliche Möglichkeit hierzu eröffnet, was selten der Fall ist. Richtigerweise müßte die Planung des Rückbaus vor der Ausschreibung eines Abrißobjektes vorgenommen werden.

Mit dem Kreislaufwirtschafts- und Abfallgesetz besteht die Voraussetzung für die Umsetzung eines kontrollierten Rückbaus. Die Ausgestaltung kann und soll aber nicht allein von der Verwaltung übernommen werden. Ihre Aufgabe besteht hauptsächlich in der zur Verfügungstellung des notwendigen Rüstzeuges für die Wirtschaft durch die Erstellung der Verordnungen. Aber bereits bei der Erstellung und Weiterentwicklung der rechtlichen Rahmenbedingungen müssen sich die Produktverantwortlichen beteiligen. Als qualifizierte Träger der Entsorgung obliegt der Wirtschaft nicht nur die Durchführung der Entsorgung, sondern auch die Initiative zur phantasievollen Ausfüllung des durch das Kreislaufwirtschafts- und Abfallgesetz vorgegebenen sehr weiten Gestaltungsrahmens.

Von behördlicher Seite wird die Eigenverantwortung und Qualitätssicherung der Wirtschaft insoweit aktiv unterstützt werden müssen, als daß durch geeignete Kontrollmechanismen die „schwarzen Schafe" der Branche vom Markt genommen werden können.

3 Kommunale Strategien zur Umsetzung des kontrollierten Rückbaus

Dipl.-Geol. Karin Ferner, Dipl.-VwW. Thomas Loosen, Dr.-Ing. Inge Bantz
Landeshauptstadt Düsseldorf, Umweltamt, Brinckmannstraße 7, 40225 Düsseldorf

3.1 Einleitung

Fehlende Flächenreserven in dicht besiedelten Gebieten, wie beispielsweise Düsseldorf, zwingen die Kommunen, den Schwerpunkt der städtebaulichen Planung auf die Innenentwicklung zu legen. Dabei handelt es sich in der Regel um bereits bebaute Grundstücke, die nicht selten gewerblich-industriell genutzt wurden (Görtz, Bantz 1995).

Zudem befinden sich zahlreiche Industriegrundstücke, die ursprünglich am Stadtrand angelegt wurden, aufgrund der Expansion der Stadt nun in attraktiver Nähe zur Innenstadt und werden so für andere Nutzungen interessant.

Hierbei fallen im Rahmen der Freimachung immense Mengen Abbruchmaterialien an, für die gemäß Abfallrecht unter Einhaltung der wasserwirtschaftlichen Anforderungen der Vorrang der Verwertung gilt.

Gerade durch eine gezielte Verwertung dieser Massenabfälle kann wertvoller Deponieraum eingespart, können natürliche Ressourcen geschont werden.

Da die Qualität eines marktfähigen Recyclingmaterials entscheidend davon abhängt, den Aufbereitungsanlagen sortenreine und schadstoffarme Materialien zur Verfügung zu stellen, tritt die Notwendigkeit eines geordneten Rückbaus anstelle eines Abbruches mittels „Abrißbirne“ immer mehr in den Vordergrund.

Unter Berücksichtigung dieser Problematik hat das Umweltamt der Stadt Düsseldorf zur Systematisierung der verwaltungstechnischen Bearbeitung bereits 1993 ein *Konzept zum geordneten Rückbau und Abbruch von baulichen Anlagen* erarbeitet, in dem die abfallrechtlichen Anforderungen an Abbruchvorhaben transparent dargelegt werden (Landeshauptstadt Düsseldorf, Umweltamt 1993).

Initiierend war u.a. auch eine Novellierung des Landesabfallgesetzes Nordrhein Westfalen (LAbfG NW) im Jahre 1992, in der die Getrennthaltungspflicht des Abfallgesetzes (AbfG) für Abfälle aus Baumaßnahmen konkretisiert wurde.

Mit Inkrafttreten des Kreislaufwirtschafts- und Abfallgesetzes (KrW-/AbfG) tritt der Vermeidungs- und Verwertungsgedanke noch mehr in den Vordergrund. Insbesondere die stoffliche Verwertung gewinnt dadurch zunehmend an Bedeutung. Im Hinblick auf den hohen Anteil der Bauabfälle am Gesamtabfallaufkommen wird der geordnete und kontrollierte Rückbau baulicher Anlagen ein wichtiger Bestandteil der Kreislaufwirtschaft werden.

3.2 Rechtliche Grundlagen

Das Rückbaukonzept der Landeshauptstadt Düsseldorf wurde 1993 aufgrund des seinerzeit gültigen Abfallgesetzes (AbfG) und Landesabfallgesetzes Nordrhein-Westfalen (LAbfG NW) entwickelt.

Abbruchmaterialien wurden danach regelmäßig dem Abfallbegriff § 1 Abs. 1 AbfG zugeordnet, wobei auch unbelastete Materialien nicht selten dem subjektiven Abfallbegriff zuzurechnen waren. Verunreinigte oder mit Schadstoffen belastete Materialien entsprachen neben dem subjektiven in der Regel auch dem objektiven Abfallbegriff (vgl. Urteil des Bundesverwaltungsgerichtes vom 24. Juni 1993, Az.: 7 C 11/92, Bauschutturteil).

Die Abfalleigenschaft der Stoffe schloß eine Verwertung nicht aus – schließlich umfaßte der Begriff der Abfallentsorgung gem. § 1 Abs. 2 AbfG die Verwertung von Abfällen sowie deren endgültige Beseitigung.

Weitergehend wurde der Abfallverwertung gem. § 1 a Abs. 2 und § 3 Abs. 2 AbfG Vorrang vor der sonstigen Entsorgung eingeräumt, soweit sie technisch möglich war und die hierbei entstehenden Mehrkosten im Vergleich zu anderen Verfahren der Entsorgung nicht unzumutbar waren.

§ 3 Abs. 2 Satz 4 AbfG enthielt darüber hinaus die Anforderung, Abfälle so einzusammeln, zu behandeln und zu lagern, daß die Möglichkeiten zur Verwertung genutzt werden konnten. § 5 Abs. 4 LAbfG NW griff diesen Gedanken auf und legte für Abfälle aus Baumaßnahmen (Bodenaushub, Bauschutt, Baustellenabfälle) ausdrücklich fest, diese vom Zeitpunkt ihrer Entstehung an voneinander getrennt zu halten, soweit dies für ihre ordnungsgemäße Verwertung erforderlich ist.

Aufgrund fehlender oder nicht ausreichender untergesetzlicher Regelwerke sind hierfür Einzelfallentscheidungen notwendig.

Um diese Einzelfallentscheidungen zu vereinheitlichen und insbesondere für die Betroffenen transparent zu machen, wurde das *Konzept zum geordneten Rückbau und Abbruch von baulichen Anlagen* entwickelt.

Dieses sogenannte Rückbaukonzept hat keinen Verordnungs- oder Satzungscharakter im rechtsdogmatischen Sinne. Unmittelbare Konsequenzen für den Abfallerzeuger ergeben sich bei Nichtbeachtung der Anforderungen aus abfallrechtlichen Anordnungen nach § 35 Abs. 2 LAbfG NW und Ordnungsverfügungen nach § 14 Abs. 1 Ordnungsbehördengesetz (OBG).

Hinsichtlich der Zulässigkeit des Wiedereinbaus des bei diesen Maßnahmen anfallenden Aushubmaterials wurde in Düsseldorf ein sogenanntes *Verwertungskonzept* entwickelt, auf das bei dieser Betrachtung jedoch nicht näher eingegangen werden soll (Landeshauptstadt Düsseldorf, Umweltamt 1991; Görtz 1993).

Das im Oktober 1996 in Kraft getretene KrW-/AbfG regelt weite Teile der Abfallwirtschaft neu. Obwohl noch vieles im unklaren liegt, da die zum Vollzug erforderlichen Rechtsverordnungen bei Redaktionsschluß noch nicht vorlagen sowie auch die Landesgesetze angepaßt werden müssen, zeichnet sich ab, daß sich der Bereich, in dem sich das Rückbaukonzept bewegt, nicht grundsätzlich verändert wurde.

So tritt der Verwertungsgedanke im Rahmen der festgelegten Zielhierarchie Vermeiden – Verwerten – Entsorgen noch mehr in den Vordergrund.

In § 4 Abs. 3 Satz 2 KrW-/AbfG wird jedoch ausdrücklich festgelegt, daß eine stoffliche Verwertung weiterhin nur in Betracht kommt, wenn der Hauptzweck der Maßnahme in der Nutzung des Abfalls und nicht in der Beseitigung des Schadstoffpotentials liegt – gerade dieser Gedanke liegt dem vorgenannten Konzept zugrunde.

Bisherige Unstimmigkeiten über die Abfalleigenschaft von Abbruchmaterialien im Falle der Wiederverwertung dürften durch den umfassenderen Abfallbegriff des § 3 KrW-/AbfG weitgehend gegenstandslos werden.

Die im Rückbaukonzept konkretisierten Anforderungen an Getrennthaltung und Separation von Stoffen werden ebenfalls nicht berührt, sondern durch § 5 Abs. 2 KrW-/ AbfG eher noch untermauert.

Im übrigen bleibt abzuwarten, welche Detailregelungen insbesondere für Abfälle, die im Zusammenhang mit Bau- und Abbruchmaßnahmen entstehen, getroffen werden und so eine Anpassung des Rückbaukonzeptes an die dann geltende Rechtslage erforderlich machen.

3.3 Das Düsseldorfer Rückbaukonzept

Das Rückbaukonzept richtet sich vornehmlich an Bauherren, Gutachter und Unternehmen und formuliert konkrete abfallrechtliche Anforderungen der Behörde an die Durchführung eines Rückbaus oder Abbruchs, die dem Adressatenkreis somit bereits im Vorfeld der Maßnahme bekannt gemacht werden.

Das Rückbaukonzept beinhaltet Informationen und Anforderungen an eine rückbauspezifische Nutzungsrecherche, eine gutachterliche Gebäudebegehung, das erforderliche Untersuchungsprogramm, eine Auflistung der Abfälle, die grundsätzlich separat auszubauen sind, Angaben zum Mindestinhalt des Rückbau- und Entsorgungskonzeptes sowie Verwertungs- und Beseitigungswege für die verschiedenen Abfallarten.

Die Beteiligung der Unteren Wasser- und Abfallwirtschaftsbehörde an einem Rückbauvorhaben erfolgt über das Baugenehmigungsverfahren durch die Untere Bauaufsichtsbehörde im Rahmen des Ämterumlaufes. Liegen dem Abbruchantrag keine den Anforderungen des Rückbaukonzeptes entsprechenden Unterlagen bei, werden diese separat beim Bauherrn nachgefordert. Häufig setzen sich jedoch die Bauherren bereits frühzeitig vor Stellung des Abbruchantrages mit dem Umweltamt in Verbindung und geben die nötigen Untersuchungen in Auftrag, so daß sich diese Nachforderungen erübrigen.

Offene Punkte werden schließlich über Nebenbestimmungen in der Abbruchgenehmigung geregelt. Der Vollzug wird in der Regel durch stichprobenartige Kontrollen und die Überprüfung des Abschlußberichtes, welcher sämtliche Belege der ordnungsgemäßen Entsorgung beinhalten soll, sichergestellt.

In Abb. 3.1 ist die Vorgehensweise beim geordneten Rückbau als Ablaufdiagramm dargestellt.

Zusätzlich ist – unabhängig von der Nutzung des aktuell abzubrechenden Gebäudes – zu überprüfen, ob durch die Abbruchmaßnahme Bereiche entsiegelt werden, für die ein Bodenbelastungsverdacht besteht. Dies geschieht in der Regel durch eine Auskunft aus dem städtischen Altstandort- und Altablagerungskataster. Ergibt sich aus der Katasterauskunft ein Bodenbelastungsverdacht, muß der Untergrund in den Bereichen, in denen eine Entsiegelung vorgesehen ist, untersucht werden. Bei der Bewertung der Untersuchungsergebnisse ist den Belangen des Grundwasserschutzes Rechnung zu tragen.

3.3.1 Der Anwendungsbereich

Schon bei den ersten Überlegungen zum Rückbaukonzept erschien es sinnvoll, eine Art „Bagatellgrenze" festzulegen. So sollte bei einfacher Wohnbebauung aus wirtschaftlichen und praxisgerechten Erwägungen auf die Erstellung eines individuellen Rückbaukonzeptes verzichtet werden. Sollte bei solchen Kleinabbrüchen die Baustoffseparierung unverhältnismäßig sein, kann das Verwertungsgebot trotzdem weitgehend durch die Inanspruchnahme von Baumischabfallsortieranlagen sichergestellt werden. Jedoch kann auch in diesen Fällen das Konzept eine wertvolle Orientierungshilfe für einen ökonomischen und ökologischen Gebäudeabbruch sein.

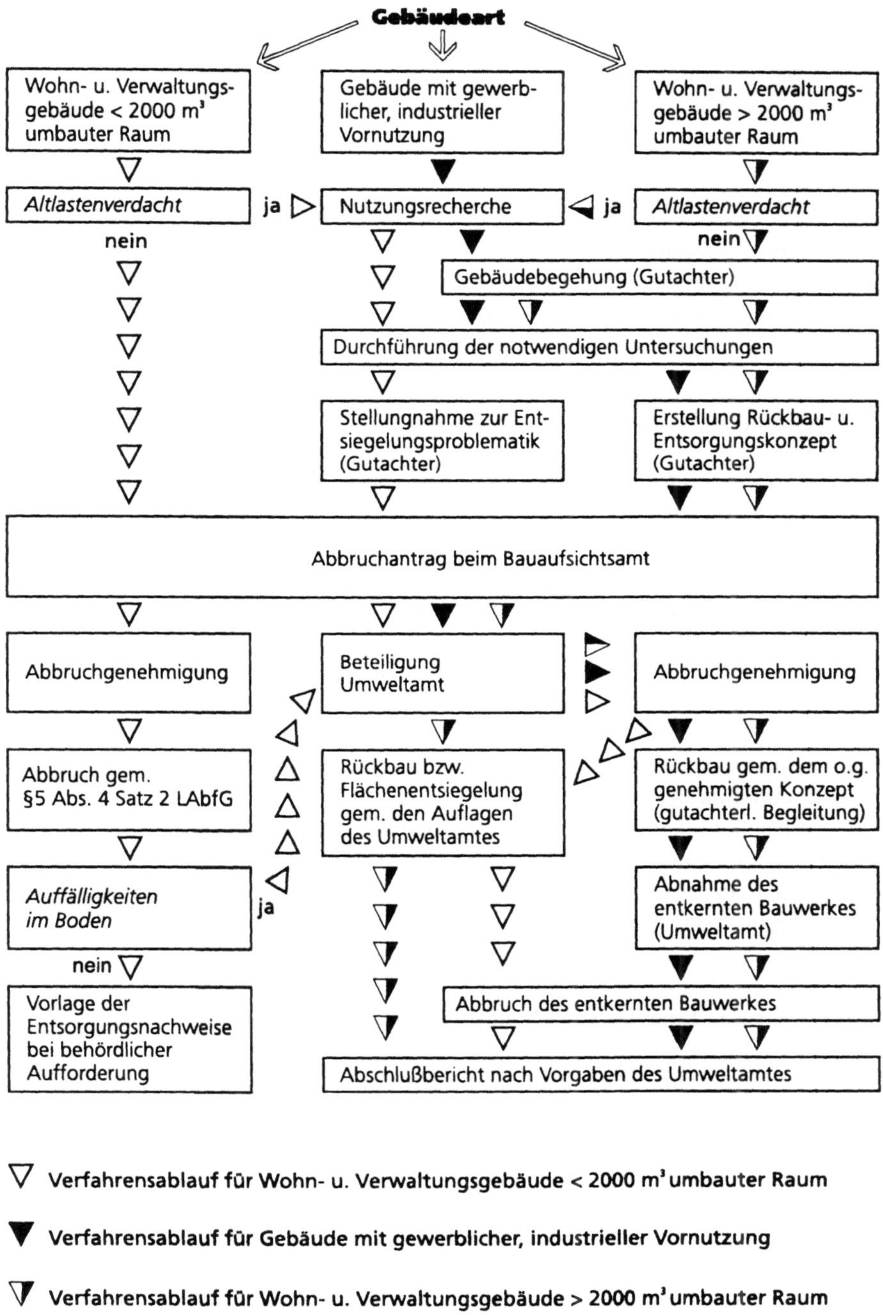

Abb. 3.1. Vorgehensweise beim geordneten Rückbau

Der Anwendungsbereich wurde zunächst auf

- gewerblich-industriell vorgenutzte Gebäude und
- Wohn- und Verwaltungsgebäude mit mehr als drei Vollgeschossen und einer überbauten Grundfläche größer 200 m² festgelegt.

Zukünftig wird der Anwendungsbereich mit

- gewerblich-industriell vorgenutzten Gebäude und
- Wohn- und Verwaltungsgebäude mit mehr als 2.000 m³ umbautem Raum aus Gründen der Klarstellung neu definiert.

3.3.2 Die Vorbereitung des Rückbaukonzeptes

Zunächst sollen im Rahmen einer rückbauspezifischen Nutzungsrecherche die vorangegangenen und aktuellen Nutzungen des Grundstückes und Gebäudes ermittelt werden. Hierzu bieten sich u.a. firmeneigene Archivunterlagen, Verwaltungsakten und -karten sowie das kommunale Altstandortekataster an.

Darauf aufbauend erfolgt eine gutachterliche Begehung der Gebäude mit dem Ziel, schadstoffhaltige Bausubstanzen und nutzungsbedingte Verunreinigungen zu erfassen. Im Einzelfall kann bereits jetzt die Einbindung der Unteren Abfallwirtschaftsbehörde sinnvoll sein, um gemeinsam den Untersuchungsumfang festzulegen.

Die anschließenden Untersuchungen sind verwertungs- bzw. beseitigungsorientiert durchzuführen (s. hierzu auch Kap. 3.4) und sollten alle separierbaren und organoleptisch auffälligen Fraktionen beinhalten.

Die erlangten Erkenntnisse und Untersuchungsergebnisse sind auszuwerten und im Hinblick auf einen geordneten Rückbau und eine ordnungsgemäße Abfallverwertung oder -beseitigung zu bewerten. Hierbei ist im Hinblick auf zu entsiegelnde Bereiche den Belangen des Grundwasserschutzes Rechnung zu tragen.

3.3.3 Die Erstellung des Rückbaukonzeptes

Aus den Untersuchungsergebnissen und deren Bewertung ist ein Rückbau- und Entsorgungskonzept zu entwickeln, das dem baurechtlichen Abbruchantrag beizufügen ist.

Den Anforderungen der Verordnung über bautechnische Prüfungen Nordrhein-Westfalen (BauPrüfVO), einem Bauantrag alle zur Beurteilung erforderlichen Unterlagen beizufügen (§ 1) und in einem Abbruchantrag die bauliche Anlage nach ihrer wesentlichen Konstruktion sowie den vorgesehenen Abbruchvorgängen zu beschreiben (§ 8), wird damit ausführlich Rechnung getragen. Die Anlage I/3 der Verwaltungsvorschrift zur BauPrüfVO (Formblatt für einen Abbruchantrag) sieht zudem Angaben zur Darstellung des Abbruchvorganges und zu Art und Verbleib des Abbruchmaterials vor.

Die Forderung nach einem Rückbaukonzept könnte auch allein auf § 35 Abs. 2 LAbfG NW (Ermächtigung zum Treffen von Anordnungen zur Erfüllung abfallrechtlicher Pflichten) gestützt werden. Die unmittelbare Verknüpfung mit dem baurechtlichen Verfahren ist jedoch erfahrungsgemäß für alle Beteiligten die sinnvollere Alternative.

Das Rückbau- und Entsorgungskonzept soll eine detaillierte Aufstellung der rückzubauenden Gebäudeteile bzw. zu separierenden Abfallstoffe enthalten und aufgrund der durchgeführten Untersuchungen Verwertungs- und Beseitigungswege aufzeigen, wobei wiederum zwischen nutzungsbedingten Verunreinigungen und schadstoffhaltigen Bausubstanzen zu unterscheiden ist. Hierbei sind insbesondere folgende Stoffe zu berücksichtigen:

- Dachpappen
- Holz – behandelt
- Holz – unbehandelt
- Türen und Zargen
- Fenster und Rahmen
- Glas
- Bodenbeläge: PVC, Teppiche, Platten usw.
- Kunststoffe
- Lampen
- Aufzugsanlagen
- Heizungsanlage: Brenner, Lagerbehälter, Heizkörper
- Klimaanlagen
- Transformatoren
- Isolationsmaterial: Styropor, Mineralwolle, Glaswolle
- auf Putz liegende Installationsleitungen
- Schutz- und Isolieranstriche
- mineralische Bausubstanz

3.3.4 Entsorgungs- und Verwertungshinweise

Das Düsseldorfer Rückbaukonzept beinhaltet schließlich ein Verzeichnis von Entsorgungs- und Verwertungsfirmen aus dem Großraum Düsseldorf. Dieses Register soll bei der Auswahl des Entsorgungsweges unterstützend wirken, erhebt jedoch keinen Anspruch auf Vollständigkeit.

Ist eine endgültige Beseitigung von – insbesondere schadstoffhaltigen – Abfällen unumgänglich, müssen Abfallbesitzer aus dem Stadtgebiet zunächst die in Düsseldorf sehr weitgehende Überlassungspflicht für Abfälle zu den durch Satzung ausgewiesenen Abfallentsorgungsanlagen beachten. Wegen des starken kommunalen Bezuges dieser Fragestellung soll hierauf nicht weiter eingegangen werden.

3.4 Erfahrungen/Vollzugsprobleme

Die Resonanz auf das Rückbaukonzept von seiten der Anwender ist überwiegend positiv, da es von vornherein Klarheit über Art und Umfang der behördlichen Anforderungen schafft. Neben dieser Verfahrenssicherheit zeigt sich das Rückbaukonzept auch hinsichtlich der zeitlichen und wirtschaftlichen Komponenten eines Abbruchvorhabens als Fortschritt.

Anläßlich eines Fachgespräches im Zuge einer Überarbeitung und Aktualisierung des Rückbaukonzeptes mit Gutachtern, Abbruchunternehmern und Architekten wurde dies nochmals bestätigt. Insbesondere wurde herausgestellt, daß ein geordneter Rückbau aufgrund gestiegener und weiter steigender Entsorgungspreise inzwischen eine hohe Akzeptanz bei den Bauherren erfährt.

Schwierigkeiten gibt es nicht selten bei der Festlegung des geeigneten Verwertungs-/Entsorgungsweges in bezug auf die unterschiedlichen Anforderungen, die je nach Verbringungsort an den Untersuchungsumfang und die Beschaffenheit der Materialien gestellt werden.

Für die *Beseitigung* sind fast ausschließlich Eluatuntersuchungen nach TA-Siedlungsabfall oder dem Richtlinienentwurf des Landesamtes für Wasser und Abfall Nordrhein-Westfalen „Untersuchung und Beurteilung von Abfällen, Teil 2 (1987)“ erforderlich. Für eine *Verwertung* hingegen sind u.a. die Feststoffgehalte von Bedeutung, wobei jede Anlage ihre eigenen Anforderungen hat. Dieser „Regelungsdschungel“ kann den am Abbruch Beteiligten nur schwer verständlich gemacht werden. Eine Folge kann sein, daß ein und dasselbe Material mehrfach auf unterschiedliche Parameter hin untersucht werden muß. Dem kann man sicher nur entgehen, indem man von Anfang an ein maximales Untersuchungsprogramm durchführt, was aber den Bestrebungen nach einer wirtschaftlichen Vorgehensweise zuwiderläuft.

Hinzu kommt, daß die Abfallschlüsselnummern die Beschaffenheit der beim kontrollierten Rückbau anfallenden Materialien in vielen Fällen nur unzureichend wiedergeben. Dadurch ergibt sich ein großer Spielraum bei der Auswahl der Abfallschlüsselnummer, von der letztendlich maßgeblich die Zulassung zu einer Anlage abhängt.

Unter Umständen ist es dem Abfallerzeuger oder -entsorger möglich, den Abfall durch die Wahl der Abfallschlüsselnummer dem obligatorischen behördlichen Nachweisverfahren zu entziehen.

3.5 Ausblick

Die weitere Entwicklung des kontrollierten Rückbaus wird zu einem nicht unwesentlichen Teil davon abhängen, wie sich das KrW-/AbfG zukünftig entwickelt und bewährt (s. Kap. 3.2). Insbesondere bleibt abzuwarten, inwieweit sich die durch

Rechtsverordnung zu konkretisierende Produktverantwortung gemäß § 22 ff KrW-/AbfG hinsichtlich der Baurestmassen entwickelt.

Entscheidend für eine positive Entwicklung wird daneben sein, das Bewußtsein der Beteiligten für die abfallwirtschaftlichen und -rechtlichen Probleme im Zusammenhang mit Bauvorhaben weiter zu schärfen. Möglicherweise wäre die Zertifizierung von Abbruchunternehmern als Entsorgungsfachbetrieb gemäß § 52 KrW-/AbfG ein Schritt in die richtige Richtung. Auch den Betriebsbeauftragten für Abfall kommt in diesem Zusammenhang große Bedeutung zu.

Besondere Aufmerksamkeit ist dabei – neben dem fachtechnischen Bereich – auf eine ausreichende Information von Bauherren, Architekten und planenden Ingenieurbüros über die abfallrechtlichen Pflichten zu legen. Die Pflichten des Abfallbesitzers, konkret des Bauherrn, der trotz Beauftragung Dritter letztlich für die ordnungsgemäße Verwertung oder Beseitigung der anfallenden Abfälle verantwortlich bleibt, sind diesem oftmals nicht im notwendigen Umfang bekannt.

Für die Stadt Düsseldorf wird angestrebt, auf der Grundlage des Rückbaukonzeptes die ökologisch sinnvolle Verwertung von Abfällen, die im Zusammenhang mit Bauvorhaben anfallen, weiter zu optimieren.

Die bereits in den zurückliegenden Jahren im Einzelfall erreichten hohen Verwertungsquoten lassen sich bei sorgfältiger Voruntersuchung, Separation und Vorplanung der Verwertung sicherlich noch steigern.

3.6 Literatur

GÖRTZ, W.; BANTZ, I. (1995): Altlasten in der Bauleitplanung und im Baugenehmigungsverfahren, In: Symposium Altlasten-Perspektiven der Altlastensanierung, Hrsg: IWU, Gerhardt-Hauptmann-Straße 30, 39108 Magdeburg und ITVA, Pestalozzistraße 5–8, 13187 Berlin, S. 67–82

GÖRTZ, W. (1993): Flächenrecycling und Entsorgung belasteter Böden – Erfahrungen mit einem kommunalen Verwertungskonzept, In: Altlasten und kontaminierte Böden'93, Hrsg: R. Kompa, K.-P. Fehlau, B. Schreiber, Forum Umweltschutz, Verlag TÜV Rheinland, S. 185–199

LANDESHAUPTSTADT DÜSSELDORF, UMWELTAMT (1993): Konzept für den geordneten Rückbau von baulichen Anlagen, Umweltamt Düsseldorf, Brinckmannstraße 7, 40225 Düsseldorf

LANDESHAUPTSTADT DÜSSELDORF, UMWELTAMT (1991): Verwertungskonzept; Anforderungen an die Verwertung von Aushubmaterialien, industriellen Nebenprodukten und aufbereiteten Reststoffen im Stadtgebiet Düsseldorf, Umweltamt Düsseldorf, Brinckmannstraße 7, 40225 Düsseldorf

4 Planung von Rückbauprojekten: Grundlagenermittlung/Bestandsaufnahme, Variantenprüfung, Entwurfsplanung

Dipl.-Geophys. Frank Bieganskyy
WCI Umwelttechnik GmbH, Hauptstraße 45 a, 30974 Wennigsen

4.1 Einleitung

Die Anforderungen an eine dem Stand der Technik entsprechende Demontage und an den Rückbau von kontaminierten Anlagen und Gebäuden unterscheiden sich wesentlich von denen für den konventionellen Rückbau von Anlagen und Bausubstanzen. Dies führt häufig bereits in der Planungsphase zu einer Unterschätzung der notwendigen Maßnahmen. Im allgemeinen assoziiert man z. B. Abbrucharbeiten mit dem Sprengen kompletter Bauwerke oder Bauwerksteile oder dem Einsatz von Großgeräten, z. B. Seilbaggern mit Fallbirnen, die Gebäudeteile oder komplette Gebäude zertrümmern. Obwohl diese Art der Zerstörung meist einen schnellen Arbeitsfortschritt gewährleistet, sind mit dieser Methode andererseits untrennbar Belästigungen durch Staubentwicklung, Lärm, Erschütterungen und/oder ähnliches für die auf dem Gelände tätigen Personen und für die Nachbarschaft verbunden. Vor dem Hintergrund des steigenden Bewußtseins für die Aspekte des Arbeits- und Umweltschutzes, sowohl bei den Betroffenen als auch bei den für den Bauablauf Verantwortlichen, ist die Abstimmung der Vorgehensweise und Auswahl der Demontage- und Rückbaustrategie im Vorfeld der eigentlichen Baumaßnahme von besonderer Bedeutung.

Die planerische Leistung bei der Demontage und dem Rückbau kontaminierter Anlagen und Gebäude entscheidet maßgeblich über den Erfolg der Bauausführung. Dieser Aspekt ist aber nicht nur zur Abschätzung des Emissionspotentials von Belang, sondern unter Berücksichtigung der häufig komplexen Industrieanlagen auch für das Ziel des Vorhabens, nämlich den Rückbau von baulichen Anlagen an sich. So gestaltet sich dieser meistens schwieriger als der Aufbau solcher Anlagen, da erfahrungsgemäß häufig aktuelle zeichnerische und rechnerische Unterlagen fehlen und beispielsweise eine zuverlässige Einschätzung der statischen Verhältnisse erschwert ist. Bedenkt man darüber hinaus, daß die Nutzung der Anlagen sehr häufig mit einer produktionsbedingten Kontamination ihrer Bausubstanz und der direkten Umgebung verbunden ist, so wird deutlich, daß die Problembereiche der Demontage und des Rückbaus durch kontaminationsbedingte Gefährdungspotentiale noch erheblich verstärkt werden. Die große Bedeutung des Arbeits- und Emissionsschutzes bei diesen Tätigkeiten ist leicht nachvollziehbar und unbestritten.

Den Rückbau von baulichen Anlagen allein als „die Teilung eines vorherigen Ganzen durch trennende Verfahren in zwei oder mehrere Teile" (s. auch Kap. 10) zu betrachten, wird dem Ziel, das hinter diesen Arbeiten steht, nicht gerecht. Parallel zu den Arbeiten oder unmittelbar nach ihrer Beendigung ist das Material zu beseitigen, um eine weitere Nutzung des Geländes zu ermöglichen. Diese Beseitigung von Baurestmassen erfolgte noch bis vor wenigen Jahren zumeist durch die bloße Aufnahme und Deponierung des Materials. Vor dem Hintergrund gestiegener Auflagen im Umweltrecht und zunehmender Entsorgungsschwierigkeiten sowie den mit der Entsorgung verbundenen hohen Kosten gewinnt jedoch die Wiederverwendung von Baureststoffen mehr und mehr an Bedeutung. Die unterschiedlichen Möglichkeiten zur Aufarbeitung durch Separierung, Klassierung und/oder Zerkleinerung sowie das Recycling von Anlagenkomponenten (Stahlrohre etc.) bergen allerdings weitere Gefährdungen, die in der Projektplanung Berücksichtigung finden müssen. Unfallzahlen und Störfälle sowie Neuerungen bei sicherheitstechnischen Rechtsvorgaben weisen bereits auf Defizite bezüglich des Arbeits- und Gesundheitsschutzes beim Betrieb von Recyclinganlagen hin, wobei auch in diesem Bereich festzustellen ist, daß nicht nur das Bedienungspersonal sondern auch die Nachbarschaft Gefährdungen und Beeinträchtigungen ausgesetzt sind.

Hinsichtlich der rechtlichen Grundlagen sei hier darauf hingewiesen, daß auch die Durchführung von Demontage- und Rückbauarbeiten und die Aufbereitung und Wiederverwertung von Baustoffen an die Einhaltung der einschlägigen Vorschriften und Regeln gebunden ist. Sofern aus dem Ergebnis einer umfassenden Erkundung und Gefährdungsermittlung das Vorhandensein von Gefahrstoffen und gefahrstoffbedingten Kontaminationen zu vermuten ist, sind zusätzliche Vorschriften bez. des Umgangs mit Gefahrstoffen zu beachten. Sowohl beim Rückbau von Industriebauten als auch bei der Aufbereitung und Wiederverwertung von Baureststoffen findet die Arbeitsstättenverordnung in Verbindung mit den Arbeitsstättenrichtlinien grundsätzlich Anwendung. Hinweise zu den einschlägigen Unfallverhütungsvorschriften, technischen Regeln und Richtlinien finden sich zudem in Kap. 4.4 und 10.

Sowohl die Demontage und der Rückbau kontaminierter Anlagen und Gebäude als auch die Aufbereitung der anfallenden Baureststoffe und Anlagenteile erfordern aufgrund des bereits angedeuteten komplexen Gefährdungs- und Emissionspotentials eine sorgfältige Vorbereitung und gewissenhafte Durchführung. Von der Qualität der vorbereitenden Maßnahmen, die als wesentlicher Bestandteil in die Ausschreibung einfließen, wird das Risiko bei der Ausführung hinsichtlich der möglichen Gefahren, aber auch hinsichtlich der zu erwartenden Kosten maßgeblich beeinflußt. In den nachfolgenden Kapiteln werden die wesentlichen Aspekte der Planung, Ausschreibung, Verfahrenstechnik und Überwachung unter Berücksichtigung der Maßnahmen für die Demontage, den Rückbau und die Aufbereitung auch möglicherweise kontaminierter Bausubstanz beschrieben.

4.2 Standortrecherche und Bestandsaufnahme (Grundlagenermittlung)

Grundlage aller Rückbau- und Demontagearbeiten auf Altstandorten ist eine umfassende Ermittlung der auf dem Standort vorgefundenen Situation. Dabei bedarf es eines systematischen Vorgehens, um zum einen die historische Untersuchung und die dann anschließende Gefährdungsabschätzung so detailliert wie möglich durchzuführen. Durch diese detaillierte Bestandsaufnahme und Bewertung der Gefährdungssituation bei den Rückbau- und Demontagearbeiten unter Berücksichtigung der ggf. notwendigen Aufbereitung und anschließenden Entsorgung der Baureststoffe kann die Maßnahme hinsichtlich ihrer ökologischen und ökonomischen Aspekte optimiert werden.

4.2.1 Historisch-deskriptive Untersuchung

Ziel der Untersuchung ist es, Maßnahmen der Gefahrenerforschung und ggf. der Gefahrenabwehr systematisch einleiten zu können. Bei der Untersuchung auf altlastverdächtigen Altstandorten, also zumeist Betriebsgeländen, auf denen in der Vergangenheit mit umweltgefährdenden Stoffen umgegangen wurde, ist besonders auf früher betriebene Anlagen, Kriegsschäden u. ä. zu achten. Durch die Zuordnung der Altstandorte zu bestimmten Branchen ist das mögliche Stoffinventar relativ genau einzugrenzen. Das ausschnittweise dargestellte Produktionsschema in Abb. 4.1 gewährt zum Beispiel einen Überblick über die verschiedenen Roh- und Zuschlagstoffe für einen Metallhüttenbetrieb. Die Untersuchung erstreckt sich dabei auf eine Vielzahl von Quellen. Hierzu gehören:

- Luftbilder bzw. Landkarten unterschiedlicher Jahrgänge,
- Firmenadreßbücher, Firmen- und Stadtchroniken,
- Auswertung von Bau- und Anlagenplänen, Produktionsprozeßbeschreibungen etc.,
- Hinweise von Bürgern (z. B. ehemaliger Mitarbeiter von Betrieben, Verbänden etc.),
- Auswertung bereits vorhandener Unterlagen (z. B. Grundwasser-Untersuchungen, Bodenproben, Bodenluftmessungen, Schürfe und Aufgrabungen etc.),
- Recherche in Archiven von Ämtern und Behörden.

Die dabei erlangte Aussagenqualität ist ebenso wie die regionale Vorgehensweise und Quellendichte sehr unterschiedlich. Die im Rahmen der historischen Untersuchung erhobenen Informationen werden anschließend ausgewertet und dienen als Entscheidungskriterium zur Festlegung, ob und mit welchen Schwerpunkten im Einzelfall die orientierenden Untersuchungen durchzuführen sind.

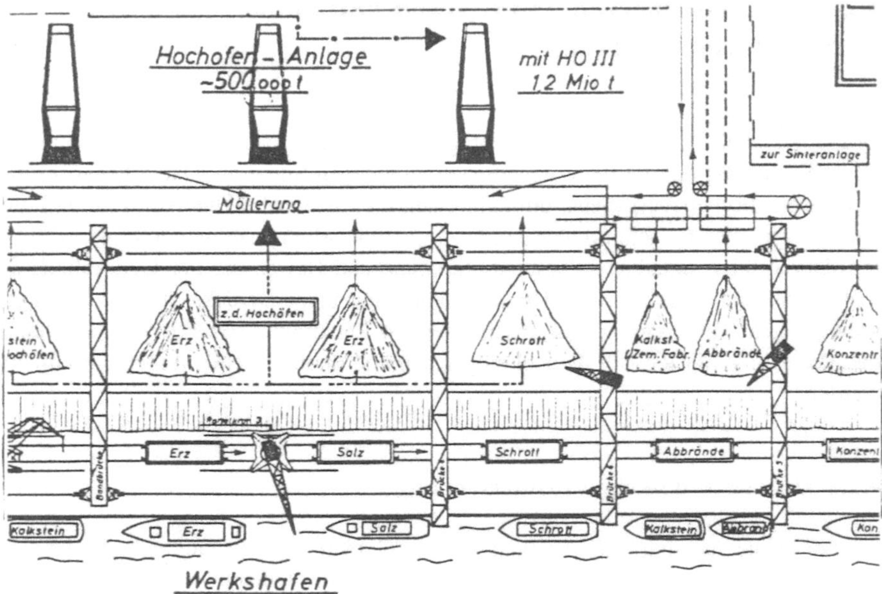

Abb. 4.1. Ausschnitt aus einer Darstellung des Produktionsschemas eines Metallhüttenwerkes in Schleswig-Holstein

4.2.2 Gefährdungsabschätzung

An die historisch-deskriptive Untersuchung schließt sich unter Berücksichtigung der erlangten Informationen die Gefährdungsabschätzung zunächst mit der *Orientierungsphase* an. Die orientierende Erkundung dient dazu, die aus der historisch-deskriptiven Untersuchung vorliegenden Anhaltspunkte soweit zu klären, daß eine Beurteilung, ob tatsächlich eine Gefahr besteht oder der Verdacht ausgeräumt werden kann, möglich ist. Hierzu sind auf dem Altstandort ausreichende Erkenntnisse über das Vorkommen sowie die Ausbreitung und Einwirkung von Schadstoffen auf die Bausubstanz und die Anlagenteile zu gewinnen. Ist keine eindeutige Entscheidung möglich, sind weitere Untersuchungen durchzuführen. In dieser *Detailphase* erfolgt eine detailliertere Untersuchung des Gefahrenausmaßes. Die Detailphase der Gefährdungsabschätzung schließt mit einer Gefahrenbeurteilung ab, ob beim Rückbau bzw. bei der Demontage kontaminierter Gebäude- und Anlagenteile im Hinblick auf Arbeitnehmer, Nachbarn und/oder die Umwelt Gefährdungen bestehen, denen durch geeignete Maßnahmen zu begegnen ist.

4.2.3 Bewertung der Gebäude- und Anlagensubstanz

Grundlage für die Festlegung geeigneter Demontage- und Rückbauverfahren auf Altstandorten ist die Untersuchung und Inspektion des Anlagenkomplexes, des Grundstücks und der Umgebung sowie möglicherweise der angrenzenden Gebäude, auf die sich der Rückbau auswirken kann. Ausgangspunkt für diese Untersuchungen sind Planunterlagen über den Anlagenaufbau, die statischen Verhältnisse, den Verfahrensablauf und die Einbindung der Anlagen/Gebäude in die direkte Umgebung sowie die Überprüfung der Aktualität der Unterlagen vor Ort. Die zu demontierenden und rückzubauenden und daran angrenzenden Bauteile sind auf ihren baulichen Zustand, insbesondere auf

- konstruktive Gegebenheiten,
- statische Verhältnisse,
- Art und Zustand der Bauteile und Baustoffe,
- Art und Lage von Leitungen sowie sonstigen Einrichtungen

zu untersuchen.

Wesentlich für die Planung ist die Bestimmung von tragenden Wänden und Bauteilen sowie die Beschreibung von Schäden an tragenden Konstruktionen. Im Hinblick auf die mögliche Entsorgung bzw. Aufbereitung von Baureststoffen ist die detaillierte Feststellung der an Bauwerk und den Anlagen verwendeten Materialien notwendig. Die Bestandsaufnahme bezüglich der Gebäudesubstanz muß dabei umfassenden Charakter haben und ist bei Informationsdefiziten ggf. durch Fachleute wie Statiker oder Bausachverständige zu ergänzen. Sie muß gewährleisten, daß vor Beginn der Demontage- und Rückbauarbeiten sämtliche bautechnische Fragestellungen beantwortet werden können. In diese Bestandsaufnahme sind auch alle unter Geländeoberkante (GOK) liegenden baulichen Anlagen einzubeziehen.

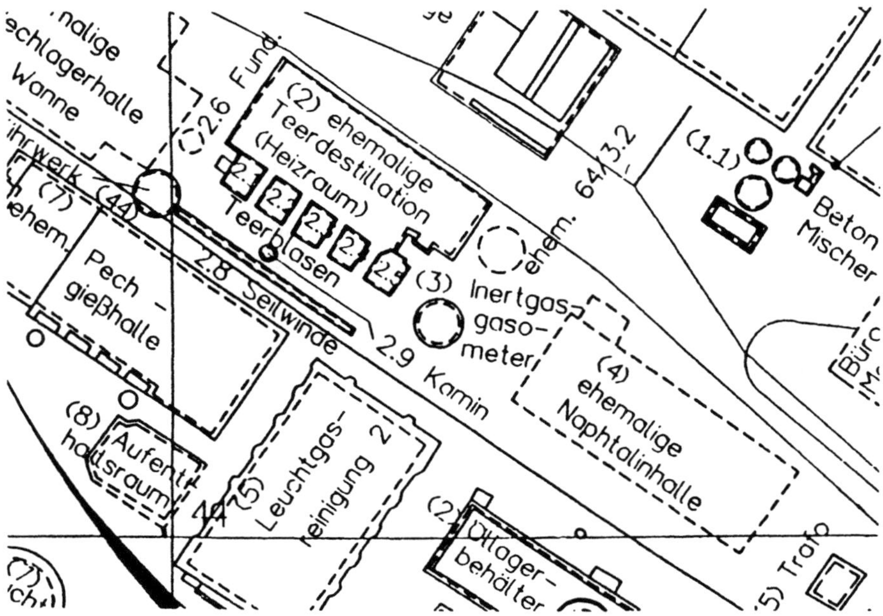

Abb. 4.2. Werkslageplan einer Kokerei mit Nebengewinnungsanlagen in Lübeck (Auszug aus einer historisch-deskriptiven Erfassung)

Für die Ermittlung des Gefährdungspotentials ist die Erfassung der produktionsspezifischen Anlagen und Einrichtungen von großer Bedeutung und daher zu berücksichtigen. In Abb. 4.2 ist als Ergebnis einer historisch-deskriptiven Untersuchung ein Teil der vielfältigen Produktionsstätten eines Kokereistandortes in Lübeck dargestellt, der einen Überblick über die potentielle Schadstoffzusammensetzung gibt. Ebenso ist beispielsweise die Kenntnis von Stoffflußwegen für die Bestimmung von Reaktions- und Abfallprodukten chemischer Reaktionen oder für die Festlegung von Kontaminationsschwerpunkten wesentlich. Aber auch die Recherche von konventionellen Anlagen und Leitungen für Strom, Wasser, Brennstoffe, Heizwärme und Abwasser hat zur Prüfung der Notwendigkeit einer Stillegung zu erfolgen. Ggf. ist dieses Versorgungsnetz zur Aufrechterhaltung des Betriebs anderer auf dem Altstandort vorhandenen Gebäude vorab zu verlegen.

Ebenso sind zur Informationsbeschaffung bezüglich des Anlagenzustands und geeigneter Demontagetechniken ggf. Verfahrenstechniker, Chemiker oder sonstige Fachleute zu Rate zu ziehen.

4.2.4 Gefahrstoffe

Aufgrund der Historie der meisten Industriebauten ist im Rahmen der Rückbauarbeiten und der Aufbereitung der Baureststoffe häufig mit einer großen Anzahl toxikologisch relevanter Stoffe und Verbindungen zu rechnen. Für die Auswahl geeigneter Demontage-, Rückbau- und Aufbereitungsmethoden sind auf Grundlage der Ermittlungen zur früheren Gebäudenutzung sowie zu Verfahrenstechniken und Stoffflußwegen analytische Untersuchungen durchzuführen, die repräsentative Aussagen über

- die Art und Konzentration vorhandener Gefahrstoffe,
- die Bindung der Gefahrstoffe an Gebäuden und Anlagenteilen (tiefendifferenziert),
- die Mobilität und Toxizität der Gefahrstoffe,
- das Verhalten der Gefahrstoffe bei Energieeinwirkungen durch Schweiß-, Schneid- oder andere Trennverfahren,
- die mögliche Aufbereitung oder Entsorgung

enthalten. Mit Hinblick auf die auf dem Gelände der Industriebauten gelagerten, hergestellten und umgeschlagenen Produkte sowie Roh- und Hilfsstoffe sind u.U. auch Bodenproben einer analytischen Bestimmung zu unterziehen. Die Festlegung des Analytikumfangs hat dabei unter Bezug auf die vorangegangene Recherche zu erfolgen.

Einheitliche Verfahren zur Beprobung kontaminierter Bausubstanz auf ihren Schadstoffgehalt liegen z. Z. noch nicht vor. Aus diesem Grund sollte die Entnahmetechnik an Art und Beschaffenheit der Bauteile sowie der Mobilität und Toxizität der Gefahrstoffe orientiert sein. So kommen als Techniken für die Beprobung der Gebäudesubstanz u.a.

- Wischproben von Staubbelägen,
- das Aufnehmen von Schmutzschichten mit Klingenmesser oder Stechbeitel,
- das Abstemmen von Putz, Fliesen, Mauerwerk, Estrich oder Beton mit Motorhammer und Flachmeißel,
- die Entnahme von Bohrkernen,
- die Entnahme von Bohrmehlproben und
- die Entnahme von Produktionsreststoffen

in Frage. Sofern die Recherche der Kontaminationsschwerpunkte vergleichbare Belastungen unterschiedlicher Bauteile vermuten läßt, können die Einzelproben dieser Bauteile tiefendifferenziert zu Mischproben zusammengefaßt werden.

Die Vergleichbarkeit der Analysenergebnisse setzt voraus, daß die Anwendung der Probenahmetechniken einheitlich erfolgt. Sofern dies gewährleistet ist, trägt die Bewertung der Analysenergebnisse nicht nur zur Abschätzung der Emissionssituation beim Rückbau bei, sondern auch zur Ermittlung der für möglicherweise unterschiedliche Aufbereitungsverfahren oder Entsorgungswege vorhandenen Massen sowie zur Deklaration der Rückbaumassen.

4.3 Rückbaukonzeption

Die Rückbaukonzeption setzt die zuvor bei der Standortrecherche und Bestandsaufnahme gewonnenen Erkenntnisse um, indem hieraus zunächst Planungsvarianten und in der Folge eine Ausführungsvariante entwickelt werden. Sie ist vergleichbar mit den Leistungsphasen der Vor- und Entwurfsplanung der HOAI. Ziel der Rückbaukonzeption ist es demnach, eine ausführbare Variante für den Rückbau und die Demontage zu finden, die als wesentliche Faktoren die Umweltverträglichkeit der Maßnahme, eine weitestgehende Differenzierung und damit Wiederverwertung der Baureststoffe und die ökonomischen Aspekte, die Rückbaukosten, berücksichtigt.

4.3.1 Planungsvarianten (Vorplanung)

Der Auswahl von geeigneten Techniken und Methoden für eine Rückbaumaßnahme geht eine entscheidungsvorbereitende Bewertung der zur Verfügung stehenden Alternativen voraus. Dabei sollte die vergleichende Bewertung alle entscheidungsrelevanten Kriterien berücksichtigen, da nur so eine den Ansprüchen der Altlastensanierung entsprechende Lösung entwickelt werden kann. Hierzu stehen mehrere Bewertungsmodelle zur Auswahl. Motive für die Entwicklung eines Sanierungskonzeptes können die Gefahrenabwehr im ordnungsrechtlichen Sinn, die Wiedernutzbarmachung, die Abwehr von Gefahren im Hinblick auf eine Nutzungsänderung sowie auch das Vorsorgeprinzip sein.

Für die Entwicklung von Planungsvarianten ist es zunächst unabdingbar, nochmals die Zielvorstellungen auf die bei der Standortrecherche und Bestandsaufnahme gewonnenen Randbedingungen abzustimmen. Aus dieser Abstimmung ergibt sich ein Zielkatalog, der auch in den späteren Phasen der Planung die Möglichkeit bietet, die wesentlichen Punkte der Vorplanung und der hier definierten Zielvorstellungen nochmals zu überprüfen.

Anhand der Zielvorstellungen wird nunmehr ein Planungskonzept mit alternativen Lösungsmöglichkeiten (Varianten) entwickelt, das einen kontrollierten Rückbau des jeweiligen Objektes erlaubt. Zu diesem Zeitpunkt sind auch die Leistungen anderer an der Planung Beteiligter zu integrieren.

Die Planungsvarianten müssen die wesentlichen Schritte, die zur Umsetzung des Rückbaus notwendig sind, so darstellen, daß die Vorgehensweise dem Auftraggeber und anderen Beteiligten klar ist und eine Bewertung der sich aus den Varianten ergebenden Vor- und Nachteile möglich ist. Diese Bewertung kann z. B. durch die Erstellung von sogenannten Bewertungsmatrizen übersichtlich gestaltet werden, die die wesentlichen Entscheidungsfaktoren wie die Umweltverträglichkeit aber auch die Wirtschaftlichkeit beinhalten. Eine Bewertung der Wirtschaftlichkeit setzt voraus, daß eine Kostenschätzung durchgeführt werden kann.

Bereits in diesem Stadium der Planung ist es aufgrund der mit Altlasten verbundenen Sensibilität sinnvoll, nach interner Abstimmung frühzeitig Kontakt mit den zuständigen Genehmigungsbehörden zu suchen, um die Genehmigungsfähigkeit des favorisierten Konzeptes zu prüfen. So können die häufig bei der Einreichung des Genehmigungsantrages von den Behörden geforderten Änderungen an der Vorgehensweise bereits in diesem Stadium berücksichtigt und damit eine grundsätzliche Überarbeitung der Planung verhindert werden.

Die Ausarbeitung der Planungsvarianten sollte mit einer Empfehlung des Planers enden, welche Variante weitergeplant werden sollte und warum. Die hier beschriebene Vorgehensweise ist weitestgehend mit den in der HOAI festgelegten Inhalten der Leistungsphase 2 (Vorplanung) für die Planung von Gebäuden (§ 15 ff) und Ingenieurbauwerken (§ 52 ff) identisch.

Da der Rückbau sich nahezu umgekehrt zur Installation bzw. zum Aufbau von Anlagen und Gebäuden und damit auch deren Planungsschritten verhält, besteht ein wesentlicher Unterschied im Zielkatalog. Ebenso stellt das häufige Fehlen von Hintergrundinformationen wie Planunterlagen oder statischen Nachweisen einzelner Bauteile den Planer vor Schwierigkeiten. Weiterhin sind die Unwägbarkeiten etwa durch Produktionsrückstände in Rohrleitungen, durch Ausgasungen aus Hohlräumen, durch Korrosion reduzierte Tragfähigkeit von Bauteilen größer und müssen in die Planung auch schon in diesem Stadium aufgenommen werden. Wesentliche Bestandteile bei der Erarbeitung von Planungsvarianten sind die Arbeitssicherheit und die parallele Entwicklung von Verwertungs- und Entsorgungskonzepten (s. Kap. 4.3.3, 4.3.4). Geschieht dies nicht, können Varianten erst spät, also nach oft großem Planungsaufwand, entweder aufgrund ihrer sicherheitstechnisch bedenklichen oder gar nicht ausführbaren Vorgehensweise oder wegen nicht bedachter Punkte für die Verwertung/Entsorgung (z.B. keine ausreichende Differenzierung und mangelnde Aufreinigung des Rückbaumaterials) herausfallen.

4.3.2 Ausführungsvariante (Entwurfsplanung)

Nachdem durch den Auftraggeber zumeist aus der direkten Diskussion mit dem Planer entschieden worden ist, welche Variante weitergeplant werden soll, wird unter dieser Maßgabe das Planungskonzept wiederum durchgearbeitet, aber im Gegensatz zur Vorplanung mit dem Ziel der endgültigen Darstellung des Planungskonzeptes. Dabei wird eine solche Bearbeitungstiefe erreicht, daß sowohl die Ausführungsplanung wie auch die eigentliche Ausführung ohne relevante Änderungen durchgeführt werden können.

Für die gewählte Ausführungsvariante ist eine Objektbeschreibung in Wort und Bild zu fertigen. Dabei sind Unterlagen wie alte Bau- und Konstruktionspläne sehr von Nutzen. Sind diese nicht mehr verfügbar, ist spätestens zu diesem Zeitpunkt der Projektabwicklung die Erstellung neuer vermaßter Planunterlagen notwendig, die eine spätere auch quantifizierbare Ausschreibung des Rückbaus ermöglichen. Ebenso sind die Gefahrstoffe in Form von Wandbelägen, Restflüssigkeiten in Behältern und Rohrleitungen sowie Stäuben so genau wie möglich in Masse und Lage zu beschreiben und Angaben zum jeweiligen Gefahrenpotential zu machen. Ist die detaillierte

Gefährdungsabschätzung bereits unter der Maßgabe des späteren Rückbaus angefertigt worden, ist eine Übernahme der wesentlichen Angaben in die Objektbeschreibung möglich.

Des weiteren hat die Objektbeschreibung die Art und Weise des geplanten Rückbaus zu definieren. Wie bereits bei der Entwicklung von Planungsvarianten erläutert, ist dabei der Weg des Rückbaus, also die einzelnen Verfahrensschritte, festzulegen. Dabei wird im allgemeinen folgende Reihenfolge eingehalten:

- Sicherung baufälliger Gebäudesubstanz,
- Beseitigung anhaftender Produktionsrückstände,
- Trennung, Entleerung und Reinigung von verbliebenen Anlagen und Einrichtungen,
- Demontage von verbliebenen Anlagen und Einrichtungen,
- Beseitigung von Kontaminationsherden,
- Demontage der Dachkonstruktion,
- Rückbau der Gebäude und Aufbereitung der Baureststoffe,
- Rückbau und Aufbereitung der Fundamente sowie unterirdisch gelegener baulicher Anlagen,
- Verfüllung entstandener Hohlräume.

Die Auswahl der jeweils anzuwendenden Methoden und Geräte hat einzelfallbezogen zu erfolgen, da die zu berücksichtigenden Schutzmaßnahmen maßgeblich von der Gebäude-/Anlagenstruktur und vom Kontaminationsgrad der Anlagen und Gebäude abhängen (s. auch Kap. 7, 8, 9).

Die durchgängig enge Zusammenarbeit mit den Genehmigungsbehörden erweist sich zumeist als sehr sinnvoll, da die Entwurfsplanung Grundlage der Beantragung einer Baugenehmigung ist. Dieses frühzeitige Abstimmen mit den Behörden verhindert Überraschungen im anschließenden Genehmigungsverfahren. Die rechtliche Verfahrensweise beim Rückbau von Altstandorten ist dabei innerhalb der Bundesländer noch recht unterschiedlich. So ist für kleinere Objekte die Stellung eines Bauantrages nicht mehr überall notwendig; oft reicht lediglich eine Anzeige des Rückbaubeginns. Doch auch diese Genehmigungspraxis setzt das Baurecht nicht außer Kraft. Weitere Einzelheiten finden sich im Kap. 2 „Rechtliche Rahmenbedingungen bei Rückbaumaßnahmen".

Die Planung der Ausführungsvariante schließt mit einer Kostenberechnung (z.B. nach DIN 276) ab, die eine höhere Genauigkeit als die Kostenschätzung der Vorplanung hat und damit die Kosten relativ genau bestimmen läßt. Die großen Unbekannten bei der Kostenschätzung der Vorplanung und auch bei der Kostenberechnung in der Entwurfsplanung der Ausführungsvariante sind die Verwertungs- und Entsorgungskosten. Um auch hier eine möglichst große Sicherheit zu bekommen, ist die parallele Erarbeitung eines Verwertungs- und Entsorgungskonzeptes notwendig. Dies unterscheidet die Planung von Gebäuden und Ingenieurbauwerken vom Rückbau, denn es werden keine Materialien benötigt, sondern sie fallen an. Wie weit die Differenzierung der einzelnen Baureststoffe gehen kann, zeigt Abb. 4.3, auf der lediglich noch das entkernte Stahlskelett einer komplexen Produktionsstätte zu sehen ist. Zuvor waren sowohl die Anlagenteile wie auch die Ziegelausfachungen entfernt worden.

Abb. 4.3. Entkerntes Stahlskelett einer ehemaligen Zinksulfat-Anlage

4.3.3 Verwertungs- und Entsorgungskonzept

Für die beim Rückbau anfallenden Materialien ist aufgrund abfallrechtlicher Regelungen in Abhängigkeit von ihrer Art, Beschaffenheit und Menge ein geeigneter Verwertungs- oder Entsorgungsweg zu erschließen.

Die im Entwurf vorliegende Verordnung über die Entsorgung von Bauabfällen wird derzeit den Regelungen des neuen Kreislaufwirtschafts- und Abfallgesetzes angepaßt und ist noch nicht verabschiedet. Sie findet hier daher noch keine Berücksichtigung.

Die Abfallverwertung hat grundsätzlich Vorrang vor der sonstigen Entsorgung, wenn

- sie technisch möglich ist,
- die hierbei entstehenden Mehrkosten im Vergleich zu anderen Verfahren der Entsorgung zumutbar sind,

- für die gewonnenen Stoffe oder Energie ein Markt vorhanden ist oder, insbesondere durch Beauftragung Dritter, geschaffen werden kann (TA-Abfall, Abschn. 4.3.1) und
- sich die Verwertung insgesamt vorteilhafter auf die Umwelt auswirkt als andere Entsorgungsverfahren (TA-Siedlungsabfall, Abschn. 4.1.1).

Die technische Machbarkeit und wirtschaftliche Vertretbarkeit vorausgesetzt, orientiert sich die Aufbereitungsmethode an der Wiederverwertbarkeit des Materials. Bevor also die Auswahl einer Aufbereitungsmethode erfolgt, sind folgende Aspekte – vorzugsweise in nachstehender Reihenfolge – zu beachten:

- Abstimmung des geplanten Vorhabens mit der zuständigen Genehmigungsbehörde und Informationsaustausch bezüglich:
  - Art, Menge und Beschaffenheit der Abfälle,
  - Bildung von Materialkategorien,
  - Probenahmerichtlinien,
  - Sanierungsziel/ Einbauwerte,
  - geeignete Laboratorien, Andienungsgesellschaften und Entsorgungs-/Verwertungsgesellschaften
- Festlegung von Materialkategorien,
- Massenabschätzung,
- Erstellung repräsentativer Mischproben,
- Deklarationsanalytik,
- Feststellung der möglichen Entsorgungswege und Auswahl unter Berücksichtigung der Annahmebedingungen und Kosten bei einer Off-site-Behandlung von Bauabfällen.

Nach Festlegung einer Verwertungs-/Entsorgungsmöglichkeit ist die Auswahl des Aufbereitungsverfahrens der Bauabfälle zur Vorbereitung ihrer Verwertung weitgehend unabhängig vom Kontaminationsgrad des Abbruchmaterials. Die Aufbereitungstechnologie unterscheidet mobile, semimobile und stationäre Anlagen, wobei der grundlegende Verfahrensablauf die Arbeitsschritte

- Separierung,
- Klassierung,
- Zerkleinerung

enthält. Den kontaminationsbedingten Gefährdungen ist einzelfallbezogen durch zusätzliche technische und organisatorische Schutz- und Dekontaminationsmaßnahmen Rechnung zu tragen. So finden sich häufig in demontierten Anlagenteilen Produktionsstoffe, die vor der weiteren Verwertung entfernt und separat entsorgt bzw. verwertet werden müssen (s. auch Abb. 4.4).

Abb. 4.4. Produktionsreststoffe in einer Rohrleitung nach der Demontage

Separierung. Beim Rückbau von Industriebauten sind die mineralischen Bestandteile häufig mit Stör- und Schadstoffen durchsetzt, sofern nicht durch kontaminationsbedingte Anwendung der Abbruchmethoden *Abtragen* und/oder *Demontieren* eine Trennung der Bausubstanz in unterschiedliche Materialkategorien (z.B. Mauerwerk, Holz) erreicht wurde. Durch Separierung der Baureststoffe werden weitgehend sortenreine Fraktionen erreicht, die für die weitere Aufbereitung und Verwertung notwendig sind. Üblicherweise kommen alternativ folgende Verfahren zum Einsatz:

- Aussortierung größerer Gegenstände mittels Greifer (z.B. Holz, Sperrmüll, Grobschrott),
- manuelle Aussortierung von Baustellenabfällen und nichtmineralischen Gegenständen z. B. an Gurtförderbändern in Lesestationen,
- Aussortierung ferromagnetischer Teile mittels Magnetabscheider,
- Aussortierung von Baustellenabfällen in Abhängigkeit von der Dichte z.B. mittels Siebtrommeln oder Brechersieben
- Aussortierung von Baureststoffen in Abhängigkeit von ihrer Sinkgeschwindigkeit durch Naßsichtung,
- Aussortierung von Baureststoffen im Luftstrom durch Trockensiebung.

Klassierung. Klassierung ist die Trennung vorsortierter/separierter Baureststoffe nach ihrer Größe. In Abhängigkeit vom Verfahrensablauf werden Klassieranlagen sowohl vor der Zerkleinerungseinheit als Vorabscheider in Form von Schwerlastsiebmaschinen, Stangenrosten, Stangensizern oder Vibrationssizern eingesetzt als auch nach der Zerkleinerung zur Absiebung gebrochenen Materials definierter Körnung als Flach- oder Scheibensiebe.

Zerkleinerung. Die Zerkleinerung von vorsortierten/separierten und ggf. klassierten Baureststoffen dient der Erzeugung definierter abgestufter Körnungsbereiche mit minimalem Über- und Feinkornanteil. Die Erzeugung einer möglichst gedrungenen Kornform ist Voraussetzung für eine gute Verarbeitbarkeit bei konstant hoher Festigkeit des Einzelkorns. Da ein hoher Durchsatz bei gleichzeitig geringem Verschleiß wesentlich für die Wirtschaftlichkeit der Zerkleinerung ist, haben sich beim Baustoffrecycling in erster Linie Backenbrecher und Prallbrecher unterschiedlicher Bauarten in der Praxis durchgesetzt.

4.3.4 Arbeitssicherheit

Für die Sicherheit bei der Demontage und dem Rückbau von Industriebauten und Anlagen und der Aufbereitung von Baureststoffen ist eine Vielzahl von Unfallverhütungsvorschriften, Technischen Regeln und Richtlinien von Bedeutung.

Der Arbeitssicherheit bei der Demontage und dem Rückbau von Industriebauten und Anlagen und der zumeist damit verbundenen Aufbereitung von Baureststoffen ist besondere Bedeutung beizumessen. Im Gegensatz zu normalen Hochbaumaßnahmen ist aufgrund der oft jahrzehntelangen Nutzung und damit Belastung der Anlagen und Gebäudeteile durch Produktions- und Reststoffe davon auszugehen, daß ein erhöhtes Gefährdungspotential bei der Ausführung der Arbeiten vorhanden ist. An dieser Stelle wird auf die besonderen Belange der Arbeitssicherheit nicht eingegangen. Nähere Angaben und Hinweise zur Arbeitssicherheit finden sich in Kap. 10 „Arbeitsschutz und Sicherheitstechnik im Rahmen von Rückbauprojekten".

Es bleibt jedoch in diesem Zusammenhang darauf hinzuweisen, daß die Arbeitssicherheit in der Ausführungsplanung und der Ausschreibung von Rückbaumaßnahmen Eingang finden muß, um nicht durch eine untergeordnete Betrachtung z.B. bei der Kalkulation der Maßnahmen in Vergessenheit zu geraten.

4.4 Ausführungsplanung, Ausschreibung etc.

Den Abschluß der vorbereitenden Maßnahmen für das Rückbauprojekt stellt die Anfertigung einer detaillierten Ausführungsplanung und der dazugehörigen Ausschreibungsunterlagen dar. Nach § 9 VOB, Teil A ist dabei die zu erbringende Leistung so eindeutig zu beschreiben, daß jeder in der Lage ist, die erforderlichen Maßnahmen projektorientiert kalkulieren zu können. Wesentlicher Inhalt der Ausführungsplanung ist es, basierend auf der in Kap. 4.3 beschriebenen Rückbaukonzeption und in Analogie zur HOAI, § 55 eine ausführungsreife Lösung zu erarbeiten. Dabei sind alle fachspezifischen Anforderungen und die Beiträge anderer an der Planung fachlich Beteiligter zu berücksichtigen. Die Ergebnisse dieser Planungsphase sind zeichnerisch und rechnerisch darzustellen und mit allen für die Ausführung notwendigen Einzelangaben einschließlich Detailzeichnungen in den erforderlichen Maßstäben zu versehen. Ebenso ist innerhalb der Ausschreibung eine Mengenermittlung und eine Aufgliederung nach Einzelpositionen unter Berücksichtigung der unter Kap. 4.3.3 beschriebenen Entsorgungs- und Verwertungskonzepte durchzuführen. Die so aufgestellten Verdingungsunterlagen, die insbesondere die Leistungsbeschreibung, das Leistungsverzeichnis sowie besondere Vertragsbedingungen beinhalten, sind mit den anderen an der Planung fachlich Beteiligten wie dem Auftraggeber und den zuständigen Fachbehörden abzustimmen und zu koordinieren. Ebenso sind wesentliche Ausführungsphasen festzulegen. Die Art der Ausschreibung ist abhängig von den je nach Auftraggeber unterschiedlichen Ausschreibungsvoraussetzungen. So ist bei öffentlichen Auftraggebern durch die Bundeshaushaltsordnung, die Landeshaushaltsordnungen und die Gemeindehaushaltsverordnungen die Anwendung der VOB/A verpflichtend, solange die Bauaufträge unterhalb des Schwellenwertes der EG-Baukoordinierungsrichtlinie und der EG-Sektorenrichtlinie liegen. In der VOB/A werden u.a. verschiedene Ausschreibungsarten unterschieden. Hierzu gehören die öffentliche und die beschränkte Ausschreibung sowie die freihändige Vergabe von Bauleistungen (s. auch VOB/A, § 3).

Die im Vorfeld erstellten Demontage- und Rückbauanweisungen bzw. der Sicherheitsplan sollten Bestandteil der Ausschreibungsunterlagen sein. Da die Arbeits- und Emissionsschutzmaßnahmen beim Rückbau bzw. der Demontage von Gebäuden und Anlagenteilen auf Altstandorten in der Regel über das übliche Maß hinausgehen, sollten sie grundsätzlich in eigenständigen Leistungspositionen erfaßt werden.

Aus den Ausschreibungsunterlagen läßt sich die Qualität der Projektorganisation ableiten. Sind die Positionen umfassend und dennoch prägnant ausgeführt, tragen sie dazu bei, daß vor allem die Anbieter, die aufgrund ausreichender Erfahrungen und fachkundiger Führungskräfte sowie aufgrund ihrer technischen Ausstattung, Zuverlässigkeit und Leistungsfähigkeit in der Lage sind, derartige Tätigkeiten durchzuführen, qualifizierte Angebote abgeben. In Abhängigkeit vom Schwierigkeitsgrad bei Demontage und Rückbau von kontaminierten Anlagen und Gebäuden sind ggf. nur qualifizierte Unternehmen an einer beschränkten Ausschreibung zu beteiligen.

Um eine ausreichende Kontrolle gerade hinsichtlich der Zuweisung der Baustoffe in die vorgesehenen Verwertungs- und Entsorgungswege zu gewährleisten, ist es sinnvoll, die Rückbau- und Demontagearbeiten fachgutachterlich begleiten zu lassen. Zwar sind mit dieser vom Auftraggeber gestellten intensiven Betreuung der Maßnahmen zunächst Kosten verbunden, die jedoch zumeist durch Einsparungen bei der kostenträchtigeren Entsorgung wettgemacht werden können. Die Funktion der fachgutachterlichen Begleitung kann ggf. mit der Funktion der örtlichen Bauüberwachung kombiniert werden. Ebenso besteht die Möglichkeit, in Personalunion den sicherheitstechnischen Koordinator zu stellen. Dies ist jedoch grundsätzlich abhängig von der Größe der Maßnahme und bleibt eine Einzelfallentscheidung.

Ebenfalls in Analogie zu § 55 HOAI sollte zur reibungslosen Durchführung der Maßnahme eine Bauoberleitung bestellt werden. Die Bauoberleitung ist zum einen mit der Aufsicht über die fachgutachterliche Begleitung betraut, des weiteren obliegt ihr die Koordination der an der Objektüberwachung fachlich Beteiligten. Ebenso ist das Aufstellen und Überwachen eines Zeitplans, die Abnahme von Leistungen und Lieferungen sowie die Fertigung einer Niederschrift über das Ergebnis der Abnahme der einzelnen Leistungen Aufgabenbestandteil der Bauoberleitung. Die Kostenfeststellung und Kostenkontrolle durch das Überprüfen der Leistungsabrechnung der ausführenden Unternehmen im Vergleich zu den Vertragspreisen und der fortgeschriebenen Kostenberechnung bildet ein weiteres Aufgabenfeld.

Abschluß der Maßnahme ist die Dokumentation der durchgeführten Arbeiten, die Auflistung und Zusammenstellung des Verbleibs der Verwertungs- und Reststoffe sowie die Freigabe des bereinigten Geländes.

4.5 Schlußbemerkung

Die Demontage und der Rückbau von kontaminierten Anlagen und Gebäuden und die Wiederverwendung von Baureststoffen auf Altstandorten unterlagen vor allem unter dem Gesichtspunkt der Schonung von Ressourcen sowohl bei den Standorten, beim Baumaterial als auch bei den beschränkten Entsorgungsmöglichkeiten in den letzten Jahren einem Wandel. Die erweiterten Gesetzgebungen im Abfallrecht und Immissionsschutz wie auch die gesetzlichen Vorschriften im Bereich Sicherheitstechnik/Arbeitsschutz geben klare Vorgaben, die den herkömmlichen „Abbruch“ vor allem bei Altstandorten nicht mehr erlauben.

Um unter diesen Vorgaben den optimalen Weg für den Rückbau von Altstandorten zu finden, ist eine differenzierte Aufnahme und Untersuchung des Objektes zwingend notwendig. Die damit verbundenen, auf den ersten Blick hoch erscheinenden Kosten, sind in Relation zu den Kosten für eine pauschale Entsorgung der Rückbaumassen zu sehen. Gleiches gilt für die Differenzierung und Aufbereitung der Baureststoffe (s. auch Kap. 14).

So kann die anschließende Planung und Ausschreibung gewährleisten, daß die anbietenden Unternehmen eine ausreichende Grundlage für die Angebotserstellung haben. Der Auftraggeber ist sicher gegen Nachträge, die besonders im Bereich des Rückbaus kontaminierter Bausubstanz nicht selten sind und die Maßnahme von der Finanzseite schwer kalkulierbar machen würden.

Gerade im Hinblick auf die häufig praktizierte Erschließung auf der „Grünen Wiese" bietet der Rückbau von Altstandorten und die damit einhergehende Wiedernutzung von Industrie- und Gewerbeflächen eine sinnvolle Alternative, die zwar zunächst kostenintensiver erscheint, die letztendlich aber unter Abwägung der ökologischen Gesichtspunkte der bessere Weg ist.

4.6 Literatur

BARKOWSKI, D. (1990): Altlasten, Handbuch zur Ermittlung..., C F. Müller GmbH, Hamburg.

BIEGANSKY, F.; BURMEIER, H.; MALICH, G. (1996): Seminarvortrag zur Entwicklung von Demontage- und Rückbaukonzepten, Haus der Technik, Essen.

BURMEIER, H.; WARRELMANN, V. (1992): Kontaminierte Bausubstanz abbrechen. Veröffentlichung in der Zeitschrift Umwelt, Nr. 7/8 1992.

HESSE, H.G.; KORBION, H.; (1992): Honorarordnung für Architekten und Ingenieure (HOAI) Kommentar, C.H. Beck'sche Verlagsbuchhandlung, München.

INGENSTAU, H.; KORBION, H. (1993): VOB, Teile A und B 12. Auflage, Kommentar Werner-Verlag, Düsseldorf.

WEBER, H. H.; NEUMAIER, H. (1993): Altlasten: Erkennen, Bewerten, Sanieren, Springer-Verlag Berlin Heidelberg.

5 EDV-gestützte Planung des selektiven Gebäuderückbaus

Dipl.-Wi.-Ing. Frank Schultmann, Dr. rer. nat. Otto Rentz, Dr.-Ing. Marc Ruch, Dipl.-Chem.ing. Valérie Sindt
Universität Karlsruhe (TH), Deutsch-Französisches Institut für Umweltforschung
Hertzstraße 16, 76187 Karlsruhe

5.1 Ausgangslage und Problemstellung

Das Recycling von Bauschutt hat vor dem Hintergrund hoher Anfallmengen (ca. 30 Millionen Tonnen Bauschutt pro Jahr in Deutschland) sowie einer zunehmenden Verschärfung gesetzlicher Anforderungen an die Ablagerung von Abfällen in jüngster Zeit zunehmend an Bedeutung gewonnen. Betroffen hiervon sind unter anderem auch rückzubauende Gebäude. Erfolgt ein Gebäudeabbruch unselektiv, so liegen die Materialien anschließend als heterogenes Stoffgemisch vor. Eine qualitativ hochwertige Verwertung vermischten Bauschutts ist aufgrund von Belastungen durch qualitätsmindernde und umweltgefährdende Stoffe jedoch nur sehr eingeschränkt durchführbar. Aufbereitete Baustoffe, die aus dem Abbruch von Gebäuden stammen, werden daher derzeit vorwiegend in niederwertigen Optionen, etwa im Bereich des Straßenbaus und zum Bau von Lärmschutzwällen eingesetzt. Um die Aufbereitungsqualität verwertbarer Bestandteile des Bauschutts aus dem Abbruch von Gebäuden zu verbessern, sollte dem eigentlichen Recycling von Bauschutt eine Demontage von Gebäuden vorgelagert sein, bei der Wertstoffe zurückgewonnen und Schad- sowie Störstoffe gezielt getrennt werden können. Während die gesamte Mengenrelation der bei einem solchen „selektiven Rückbau“ entstehenden Stoffgruppen durch die Bausubstanz des rückzubauenden Gebäudes fest vorgegeben ist, läßt sich der Vermischungsgrad der einzelnen Reststoffe, der entscheidenden Einfluß auf die Verwertungsqualität und -kosten hat, durch die Demontagetiefe bzw. die Selektivität des Gebäuderückbaus gezielt beeinflussen. So kann etwa durch den frühzeitigen Ausbau schadstoffbelasteter Bauteile ein Schadstoffeintrag in die verbleibenden aufzubereitenden Stoffe vermieden werden. Modellrechnungen am Deutsch-Französischen Institut für Umweltforschung (DFIU) zeigen, daß sich bei Anwendung des selektiven Rückbaus die Verwertungsquoten für Bauschutt aus dem Abbruch von Gebäuden deutlich erhöhen lassen und damit ein wesentlicher Beitrag zur Schonung von Naturrohstoffen geleistet werden kann (Spengler et al. 1995, Rentz et al. 1996).

Beim selektiven Rückbau werden im Vergleich zum konventionellen Abbruch höhere Gebäudedemontagekosten niedrigeren Verwertungskosten gegenüberstehen. Im Rahmen von Pilotprojekten in der Praxis[5.1] (Rentz et al. 1994, Rentz et al. 1995) konnte gezeigt werden, daß sich für bestimmte Gebäudetypen der selektive Gebäuderückbau, verbunden mit Verwertungsquoten von bis zu 94 %, im Vergleich zum Abbruch bereits kostengünstiger realisieren läßt. Dazu müssen jedoch abfallwirtschaftliche Rahmenbedingungen vorliegen, die eine hinreichende Preisdifferenz zwischen der Anlieferung sortenreiner Materialien und vermischten Bauschutts gewährleisten, um so die im Vergleich zum Abbruch höheren Demontagekosten zu kompensieren.

Nachteilig und kostentreibend für den selektiven Gebäuderückbau wirkt sich aus, daß dieses Verfahren einen hohen Planungsaufwand erfordert. Im Vergleich zum konventionellen Abbruch sind mehr Arbeitskräfte und Maschinen für eine größere Anzahl verschiedener Tätigkeiten einzuplanen. Bei beschränkten Platzverhältnissen auf dem Gelände des Abbruchobjektes, wie beispielsweise in innerstädtischen Gebieten, ist es erforderlich, den Materialanfall so zu steuern, daß die Anzahl gleichzeitig benötigter Container oder Zwischenlagerflächen mit dem Platzangebot in Einklang gebracht werden kann. Während bei Bauprojekten zur Planung des Ablaufs sowie zur Überwachung des Projektfortschritts bereits verstärkt Methoden des Projektmanagements zum Einsatz kommen (Brandenberger und Ruosch 1993), werden entsprechende Verfahren zur Zeit-, Kapazitäts- und Kostenplanung beim Rückbau von Gebäuden bislang kaum eingesetzt. Zur Planung des Demontageablaufs beim Rückbau von Bauwerken bietet sich grundsätzlich der Einsatz kommerzieller Projektplanungsprogramme an, mit deren Hilfe eine Zeit- und Kapazitätsplanung durchgeführt werden kann. Problematisch erweist sich dabei jedoch, daß die für die Demontageplanung erforderlichen Informationen über Dauer und Kosten einzelner Demontagevorgänge in der Regel nicht bekannt sind.

Am Deutsch-Französischen Institut für Umweltforschung (DFIU) wird daher eine eigene Methodik zur Demontageplanung von Gebäuden entwickelt und deren Umsetzung im Rahmen von Pilotprojekten vorgenommen[5.2]. Als methodisches Hilfsmittel wird dazu ein datenbankgestütztes Planungssystem entwickelt und auf PC implementiert. Dieses System erlaubt insbesondere

- die detaillierte Ermittlung und Bilanzierung der stofflichen Zusammensetzung von Gebäuden,
- die Erstellung von Stoffbilanzen von Gebäuden,
- die Abschätzung von Zeitdauer und Kosten für Demontagetätigkeiten und damit
- die Durchführung einer Zeit-, Kapazitäts- und Kostenplanung für Demontage und Verwertung,
- den Vergleich verschiedener Demontagevarianten sowie
- die Ermittlung optimaler Ablaufpläne bei der Demontage und Verwertung von Gebäuden.

[5.1] Erfahrungen aus Pilotprojekten sind Gegenstand von Kapitel 11.

[5.2] vgl. dazu Kapitel 11.

Die am DFIU entwickelte Vorgehensweise zur Planung des recyclinggerechten Rückbaus von Gebäuden wird im folgenden in Verbindung mit dem derzeit zur Verfügung stehenden Prototyp des Planungssystems vorgestellt.

5.2 Demontageplanung

5.2.1 Gebäudeerfassung

Den Ausgangspunkt der Ablaufplanung beim selektiven Gebäuderückbau bildet die Erzeugnisstruktur, d. h. der baustatische und stoffliche Aufbau des rückzubauenden Gebäudes. Zur Erfassung der Gebäudesubstanz kann zunächst auf Baupläne zurückgegriffen werden, sofern sie verfügbar sind. Diese enthalten aufgrund des hohen Alters rückzubauender Gebäude sowie der im Verlauf der Gebäudenutzung vorgenommen Änderung der Gebäudeausstattung die für eine Demontageplanung wesentlichen Informationen jedoch nur unzureichend. Zur detaillierten Erfassung der stofflichen Zusammensetzung von Gebäuden ist daher eine ergänzende Gebäudebegehung erforderlich, bei der sämtliche Bauteile und deren Zustand, beispielsweise Schadstoffbelastungen durch Beschichtungen, festgehalten werden. Hierbei kann das rechnergestützte Planungssystem, auf einem portablen Computer installiert, vor Ort als Datenerfassungssystem wie folgt genutzt werden[5.3]:

Zur Beschreibung und Klassifizierung des rückzubauenden Gebäudes werden zunächst Rahmendaten, wie etwa der Gebäudetyp, die Bauweise, eine Gebäudebeschreibung, der Bruttorauminhalt sowie der Ort des Gebäudes festgehalten. Darüber hinaus werden Gebäudepläne abgelegt, auf denen die einzelnen Räume numeriert werden, um so eine eindeutige Zuordnung der zu erfassenden Bauteile im Gebäude zu ermöglichen (vgl. Abb. 5.1).

[5.3] vgl. auch Kapitel 11.

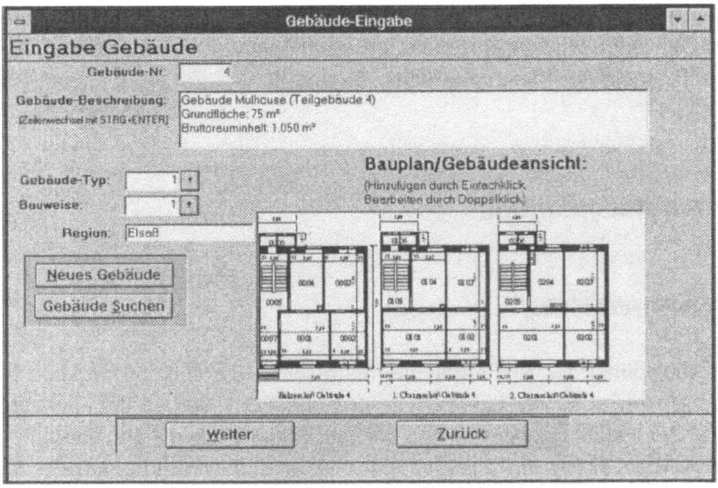

Abb. 5.1. Eingabe der Gebäudedaten

Im Zuge der Gebäudebegehung können anschließend sämtliche Bauteile direkt im System erfaßt und eingegeben werden. Bei der Erfassung stellt das System einen Bauteil-Katalog, der in Anlehnung an die DIN-Norm 276 „Kosten im Hochbau" aufgebaut ist, zur Verfügung. In Abb. 5.2 wird die entsprechende Maske zur Bauteil-Eingabe dargestellt.

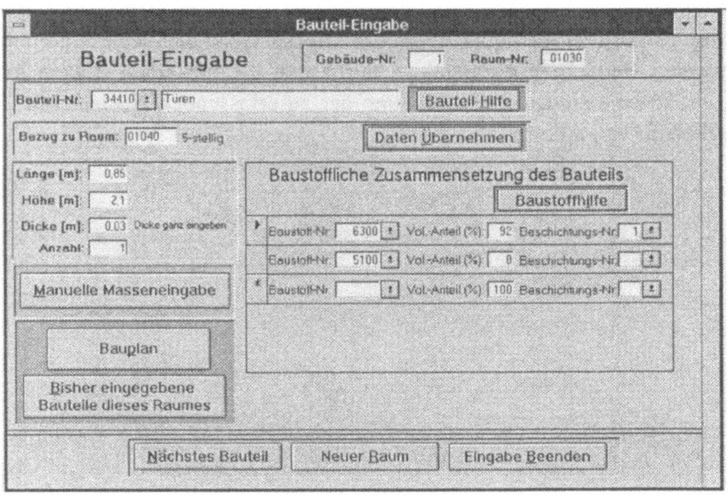

Abb. 5.2. Eingabe der Bauteile

Die so erfaßten Daten werden in Form einer qualifizierten Gebäudestückliste (vgl. Tabelle 5.1) aufbereitet, die für sämtliche Bauteile eines Gebäudes deren Ort, geometrische Abmessungen und baustoffliche Zusammensetzungen sowie deren Schadstoffbelastungen enthalten. Die zugehörigen Bauteilgewichte werden anhand von Rohdichten, die in einer Baustoff-Datenbank vorliegen, automatisch berechnet oder – wahlweise – individuell eingegeben, wobei im letzteren Fall auf Referenzwerte von Bauteil-Stückgewichten zurückgegriffen werden kann, welche ebenfalls im System abgelegt sind. Bei der Stoffbilanzierung berücksichtigt das System den individuellen Aufbau des erfaßten Gebäudes. So werden beispielsweise Fenster- und Türöffnungen bei der Bilanzierung von Wandelementen automatisch berücksichtigt[5.4].

Das Inventar der rückzubauenden Gebäude in Form der Gebäudestückliste bildet die Datengrundlage für die nachfolgend dargestellte Demontagestruktur- , -zeit- und -kostenplanung.

5.2.2 Demontagestruktur- und Ressourcenplanung

Im Rahmen der Demontagestrukturplanung werden die Rückbauarbeiten zunächst in einzelne Teilvorgänge zerlegt. Dazu lassen sich mehrere Stücklistenpositionen zu sogenannten Demontagegruppen aggregieren. Für den Rückbau eines Wohngebäudes bieten sich etwa die folgenden Demontagegruppen an:

- Tür- und Fensterfüllungen
- Fenster, Türen und Läden
- elektrische Installationen
- sanitäre Installationen
- sonstige Schreinerarbeiten (Innenverkleidungen, Zwischenwände)
- Putze (innen und außen)
- Deckenbekleidungen
- Bodenbeläge
- Spenglerarbeiten
- Dachabdeckung
- Dachstuhl
- Kamine
- Decken
- Wände
- Treppen

[5.4] Diese Zusammenhänge sind in dem in Tabelle 5.1 dargestellten Ausschnitt der Gebäudestückliste zu erkennen. Beispielsweise wurden die Fläche und das Volumen des Mauerwerks (Bauteil Nr. 33120) bereits um Fenster- und Türöffnungen bereinigt. Zu den Ergebnissen der Stoffbilanzierung von Gebäuden vgl. auch Kap. 11.

Für jede dieser Demontagegruppen werden mit Hilfe des Planungssystems die zu demontierenden Bauteile ausgewählt (vgl. Abb. 5.3).

Tabelle 5.1. Auszug aus einer qualifizierten Gebäudestückliste für ein Wohngebäude

DIN Nr.	Beschreibung	Raum	Bezugs-raum	Länge [m]	Höhe [m]	Fläche [m²]	Dicke [m]	Volumen [m³]	Masse [kg]	Anzahl	Bst. Nr.	Baustoff	Roh-dichte [kg/m³]	Anteil	Beschich-tungs-Nr.
33120	Mauerwerk (Außen, tragend)	01010	01001	4,67	2,95	10,58	0,5	5,29	12375	1	1140	Sandstein	2500	80	
											2110	Kalkmörtel	1700	20	
33410	Türen	00070	00001	0,85	2,10	1,79	0,025	0,04	36	1	5100	Gußeisen	7800	8	
											6300	Fichte	600	92	1
33411	Türrahmen	00070	00001	6,00	0,35	2,10	0,02	0,04	20	1	5100	Gußeisen	7800	2	
											6300	Fichte	600	98	1
33430	Fenster	01090	01002	0,60	1,22	0,73	0,05	0,04	83	2	4100	Flachglas	2500	80	
											5100	Gußeisen	7800	2	
											6300	Fichte	600	18	1
33440	Fensterbank	01080	01002	2,20	0,20	0,44	0,15	0,07	165	1	1140	Sandstein	2500	100	
33450	Fensterrahmen	01090	01002	3,60	0,20	0,72	0,20	0,14	360	1	1140	Sandstein	2500	100	3
33510	Außenwandbekleid	02080	02002	2,89	3,20	5,45	0,02	0,11	185	1	2110	Kalkmörtel	1700	100	3
34120	Mauerwerk (Innen, tragend)	02020	02090	4,90	3,20	15,68	0,075	1,18	1682	0,5	3300	Vollziegel	1400	90	
											2110	Kalkmörtel	1700	10	
		02090	02020	4,90	3,20	15,68	0,075	1,18	1682	0,5	3300	Vollziegel	1400	90	
											2110	Kalkmörtel	1700	10	
		Gesamt:					0,15	2,36	3364	1					
34410	Türen	00140	00150	0,86	1,98	1,70	0,01	0,017	16	0,5	5100	Gußeisen	7800	5	
											6300	Fichte	600	95	1
		00150	00140	0,86	1,98	1,70	0,01	0,017	16	0,5	5100	Gußeisen	7800	5	
											6300	Fichte	600	95	1
		Gesamt:					0,02	0,034	33	1					
34510	Innenwandbekleid.	01010	01020	3,60	2,65	7,86	0,02	0,16	189	1	2210	Gipsmörtel	1200	100	4
35110	Decken	00010		11,14	2,86	31,86	0,15	4,78	6834	1	2110	Kalkmörtel	1700	10	
											3300	Vollziegel	1400	90	
35112	Deckenfüllung	02050		4,97	3,71	18,44	0,22	4,06	1988	1	1530	Blähton	600	35	
											1610	Steink.schl	700	30	9
											6830	Schilfrohr	200	35	
35210	Beläge auf Decken	03100		3,60	1,20	4,32	0,004	0,02	26	1	7100	Kunststoff	1500	100	4
36300	Dachbeläge	03010		0,40	0,25	0,10	0,015	0,0015	3	280	3600	Dachziegel	1700	100	
36370	Regenfallrohre			9,00	0,20	1,80	0,008	0,01	15	2	5600	Zink	7200	100	
41242	WC	01060							21	1	3900	Porzellan	1100	100	

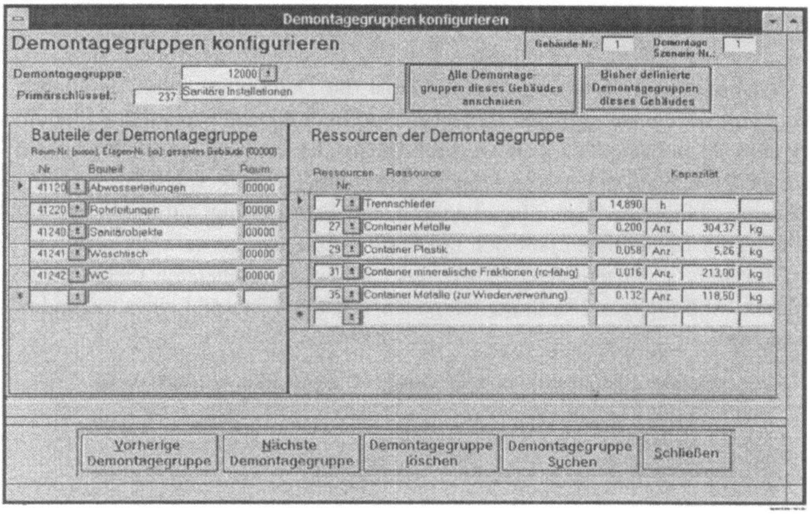

Abb. 5.3. Konfiguration von Demontagegruppen

Die Abhängigkeiten der Demontagegruppen untereinander lassen sich in einem Projektstrukturplan oder einer Vorgangsliste darstellen (Schultmann et al. 1995). Zur Bestimmung optimaler Ablaufpläne, die neben zeitlichen Aspekten insbesondere auch die Beschränkung von Ressourcen (Personal, Maschinen, Container etc.) berücksichtigen, ist im Rahmen der Kapazitätsplanung zusätzlich die Bestimmung der Demontagetechniken zu jeder Demontagegruppe erforderlich. Im Planungssystem läßt sich dies durch Angabe der jeweils benötigten Ressourcen ausdrücken. Abbildung 5.3 verdeutlicht die Zusammenhänge am Beispiel der Demontagegruppe „Sanitäre Installationen“.

Die für die Verwertung der demontierten Bauteile bzw. der anfallenden Baustoffe bereitzustellenden Containerarten bzw. die benötigten Zwischenlagerflächen werden im Rahmen der Verwertungsplanung[5.5] festgelegt und vom System automatisch den einzelnen Demontagegruppen zugeordnet. Hierbei werden die zugehörigen Kapazitäten (Anzahl, Füllgewicht der Container) aus den anfallenden Baustoffmengen sowie Containergrößen und Materialschüttdichten berechnet. Darüber hinaus werden auch Ergebnisse aus der Demontagezeitplanung herangezogen, etwa um die Einsatzdauer von Maschinen bestimmen zu können.

[5.5] Zur Verwertungsplanung vgl. Abschn. 5.3.

5.2.3 Demontagezeitplanung

Bei der Demontagezeitplanung sind zunächst die Demontagezeiten sämtlicher Demontagevorgänge bzw. -gruppen zu bestimmen. In den Datenbanken des Planungssystems sind dazu bauteilbezogene technikspezifische Demontagezeitkennziffern abgelegt. Je nach Wahl der einzusetzenden Demontagetechnik ergeben sich auf diese Weise unterschiedliche Demontagedauern. Unter Bezugnahme auf die in der Stückliste abgelegten Bauteildaten läßt sich mit Hilfe der Zeitkennziffern der absolute Zeitbedarf für sämtliche Demontagetätigkeiten bei dem zu planenden Gebäuderückbau berechnen. Abbildung 5.4 stellt die Vorgehensweise am Beispiel einer tragenden Außenwand dar.

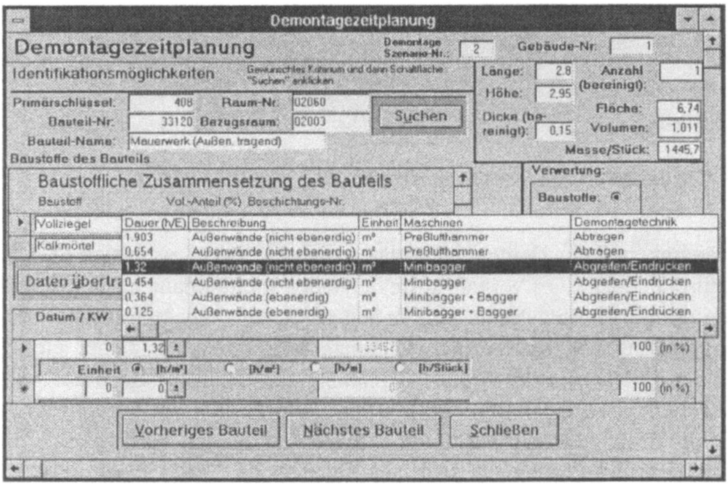

Abb. 5.4. Demontagezeitplanung

Mit Hilfe der Demontagezeiten und unter Berücksichtigung der technisch determinierten Demontagevorrang-Restriktionen läßt sich als Ergebnis der Demontagestruktur- und Zeitplanung ein Netzplan für den selektiven Gebäuderückbau konstruieren. Für den Rückbau eines dreigeschossigen Wohngebäudes ergibt sich beispielsweise der in Abb. 5.5 dargestellte Netzplan, der die berechneten Demontagezeiten für alle Demontagegruppen enthält[5.6].

[5.6] Auf die Ressourcenzuordnungen (Personal, Maschinen, einzusetzende Demontagetechnik) wurde in dieser Darstellung verzichtet.

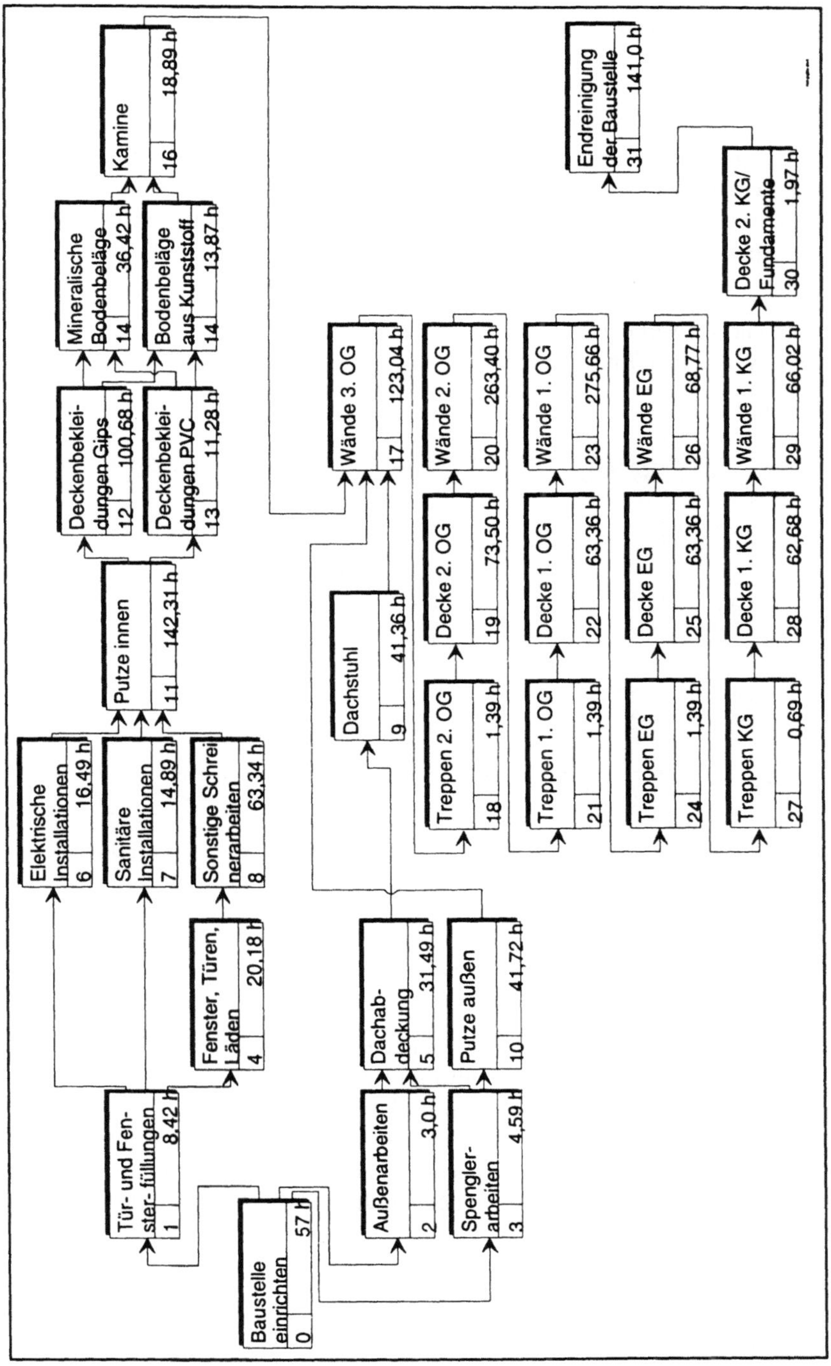

Abb. 5.5. Netzplan für den Rückbau eines dreigeschossigen Wohngebäudes

5.3 Verwertungsplanung

Eine Verwertung der beim Rückbau von Gebäuden anfallenden Materialien sollte mit dem Ziel geplant werden, gemäß der Prioritätenreihenfolge Verwendung vor Verwertung vor Entsorgung, möglichst viele Bauteile einer direkten Wiederverwendung zuzuführen[5.7]. Im Planungssystem lassen sich dazu sämtliche zuvor erfaßte Bauteile gemäß Abb. 5.6 den Verwertungsarten

- Wieder-/Weiterverwendung,
- stoffliche Verwertung,
- keine Verwertung/Entsorgung

zuordnen.

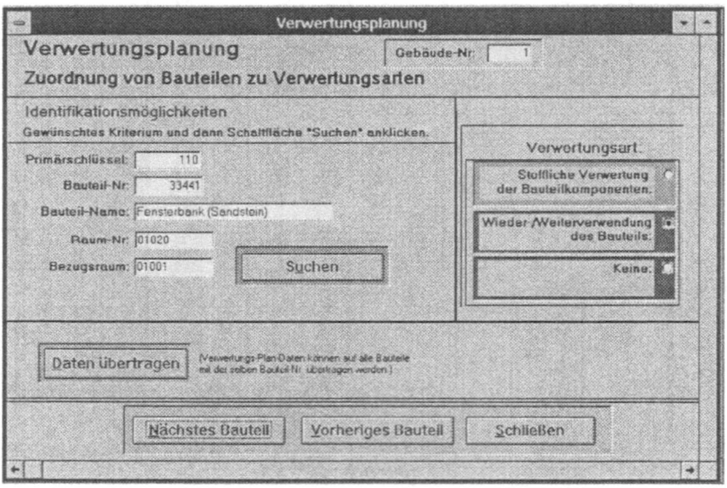

Abb. 5.6. Zuordnung von Bauteilen zu Verwertungsarten

Auf diese Weise läßt sich bereits im Vorfeld der eigentlichen Demontagearbeiten eine angestrebte Verwertungsquote, die etwa im Rahmen zukünftiger gesetzlicher Anforderungen zwingend vorgeschrieben werden könnte, berechnen.

Unter Berücksichtigung der bereits erfolgten Demontagestruktur- und -zeitplanung[5.8] kann das System den mengen- und zeitmäßigen Baustoffanfall bestimmen. In Tabelle 5.2 sind exemplarisch die bei der Demontage von Wänden im 1. Obergeschoß eines Gebäudes anfallenden Baustoffe angegeben.

[5.7] In der Praxis beschränkt sich die Wiederverwendung gebrauchter Bauteile derzeit in der Regel noch auf historisch wertvolle Elemente (vgl. Kap. 11).

[5.8] vgl. Abschn. 5.2.

Tabelle 5.2. Baustoffanfall Demontagegruppe „Wände 1. Obergeschoß"

Demontagegruppe "Wände 1. Obergeschoß"		
Baustoff-Nr.	**Baustoff**	**Masse [kg]**
1140	Sandstein	248.967
2110	Kalkmörtel	53.512
2210	Gipsmörtel	16.519
3300	Vollziegel	43.486
3700	Fliesen	31
7730	Tapete, bedruckt	183
	Summe	**362.698**

Für diese bei der Demontage anfallenden Baustoffe sind regionalspezifische Verwertungsoptionen mit den zugehörigen Qualitätsanforderungen zu ermitteln. Hierzu wurde beispielsweise am DFIU eine umfangreiche Verwerterrecherche für den Oberrheingraben (Baden-Elsaß) durchgeführt und die in dieser Region vorhandenen Recyclingunternehmen in einer Datenbank abgelegt, auf die das Planungssystem zugreift[5.9].

Durch die Zuordnung sämtlicher anfallender Baustoffe zu Verwertungsgruppen, Containern und Zwischenlagerflächen (etwa gemäß Tabelle 5.3) kann eine auf die Demontage abgestimmte Einplanung der benötigten Container sowie der zeitlichen und mengenmäßigen Inanspruchnahme der zur Verfügung stehenden Lagerflächen erfolgen.

5.4 Termin- und Kostenplanung der Demontage und Verwertung

Für die Planung der Kosten einzelner Demontagetätigkeiten sind unternehmensspezifische Kostensätze für Personal sowie Maschinen heranzuziehen. Bei der Kostenplanung für die Verwertung sind jeweils die regionalspezifischen Transport- und Verwertungskosten zu veranschlagen[5.10].

Unter Berücksichtigung der im Rahmen der Struktur- und Zeitplanung bestimmten Demontagezeiten sowie der benötigten Ressourcenkapazität[5.11] lassen sich so die Demontagekosten für Personal und Maschinen berechnen. Die Kosten der Verwertung berechnen sich analog der im Rahmen der Verwertungsplanung vorgegebenen Verwertungsstruktur sowie den regionalspezifischen Transport- und Verwertungskosten.

5.9 Zur Verwertung der Materialien aus dem Gebäuderückbau vgl. Kap. 11.

5.10 Die Bilanzierung von Demontage- und Verwertungskosten anhand konkreter Beispiele erfolgt im Kap. 11.

5.11 vgl. Abb. 5.4.

Tabelle 5.3. Zuordnung von Baustoffen zu Verwertungsgruppen und Containern

Stoffgruppe	Verwertungsgruppe	Nr	Container	Baustoff-Nr	Baustoff
Mineralisches Abbruch-material	Mineralisches Abbruchmaterial recyclingfähig (Mr)	1	Mineralische Fraktionen recyclingfähig	1120	Granit
				1140	Sandstein
				2110	Kalkmörtel
				2130	Zementmörtel
				2710	Betonhohlblocksteine
				3300	Vollziegel
				3700	Fliesen
				3800	Keramik
				3900	Porzellan
	Mineralisches Abbruchmaterial nicht recyclingfähig (Mnr)	2	Mineralische Fraktionen nicht recyclingfähig	1610	Steinkohlenschlacke
				2210	Gipsmörtel
Dachziegel	Dachziegel (Zi)	3	Dachziegel	3600	Dachziegel
Holz	behandeltes Holz (Hb)	4	Holz behandelt	6300	Fichte/Tanne/Kiefer
				6500	Holzspanplatten
	unbehandeltes Holz (H	5	Holz unbehandelt	6300	Fichte/Tanne/Kiefer
Metalle	Eisenmetalle (E)	6	Metalle	5100	Gußeisen
				5200	Stahl
	Nichteisenmetalle (NE	7	NE-Metalle	5600	Zink
	Kabelreste und Elektronikschrott (Ka)	8	Elektronikschrott	10000	Elektronikschrott
		9	Elektronikschrott (zur Wiederverwertung)	10100	Kabel
Glas	Glas (Gl)	10	Glas	4100	Flachglas
Papier Karton	Papier, Karton	11	Papier und Karton	6730	Pappe
				7730	Tapete, bedruckt
Plastik Restmüll	Plastik (Ku) Restmüll (R)	12	Plastik	7430	PVC hart
				7300	Polystyrol
		13	Restmüll	7460	PVC weich
				6660	Holzfaser

Mit Hilfe dieser Informationen und unter Berücksichtigung des zur Verfügung stehenden Ressourcenangebots kann eine erste Termin- und Kostenplanung mit Hilfe kommerzieller Projektplanungsprogramme erfolgen. Basierend auf den Vorgaben aus der Demontagezeitplanung errechnen sich die Termine sowie die Zeitdauer der Demontagevorgänge aus der Anzahl eingesetzter Arbeitskräfte und Maschinen sowie des zugrundeliegenden Kalenders. Durch die Erhöhung der Anzahl eingesetzter Arbeitskräfte an einem Demontagevorgang läßt sich somit eine Reduzierung der Dauer dieses Vorgangs erreichen. Als ein mögliches Ergebnis der Termin- und Kostenplanung für den Rückbau eines dreigeschossigen Wohngebäudes ergibt sich Tabelle 5.4[5.12].

Die hier berechneten Zeiten und Kosten lassen sich durch eine Variation der zur Verfügung stehenden Anzahl an Arbeitskräften sowie durch die Wahl der eingesetzten Demontagetechniken bzw. der erforderlichen Maschinen gezielt beeinflussen. Planungsrechnungen zeigen, daß sich beispielsweise allein durch den Einsatz eines Minibaggers statt des bei den Ergebnissen gemäß Tabelle 5.4 angenommenen Einsatzes handgeführter Preßlufthämmer zur Demontage der Wände in den oberen Etagen (Demontagegruppen 34000, 35000, 36000, vgl. Tabelle 5.4) eine Reduzierung der Gesamtdauer des Rückbaus um 51 Stunden (21 %) erreichen läßt. Die Demontagekosten reduzieren sich durch diese Maßnahme um 10.750 DM (16 %) (Schultmann et al. 1996). Die Entwicklung zeit- oder kosten*optimaler* Ablaufpläne für den selektiven Rückbau von Gebäuden, die beispielsweise eine Variation der Demontagetechnik für einzelne Demontagevorgänge berücksichtigen, ist Gegenstand derzeitiger Forschungsarbeiten am DFIU.

5.12 Zur übersichtlicheren Darstellung der Anfangs- und Endtermine sowie der parallel eingeplanten Demontagevorgänge kann ein Balkendiagramm erstellt werden, worauf an dieser Stelle jedoch verzichtet werden soll.

Tabelle 5.4. Termin- und Kostenplanung für den selektiven Rückbau eines Wohngebäudes

D-Nr	Demontagegruppen	Beginn	Ende	Dauer [h]	Demontage-kosten [DM]	Verwertungs-kosten [DM]	Gesamt-kosten [DM]
11000	Elektrische Installationen	30.01. 14:14	01.02. 08:01	11,78	516,15	-9,19	506,96
12000	Sanitäre Installationen	31.01. 15:08	01.02. 09:21	3,72	841,99	34,88	876,87
21200	Mineralische Bodenbeläge	10.02. 09:54	10.02. 15:27	4,55	1.240,25	14,37	1.254,62
21000	Bodenbeläge aus Kunststoff	10.02. 15:27	13.02. 08:16	2,32	433,33	391,06	824,39
22310	Fenster, Türen, Läden	30.01. 10:41	30.01. 14:26	2,75	630,20	383,41	1.013,61
22500	sonstige Schreinerarbeiten	30.01. 14:32	01.02. 08:10	11,63	1.979,70	1.182,87	3.162,57
26130	Putze innen	01.02. 09:21	07.02. 11:56	35,58	6.582,40	4.664,49	11.246,89
26230	Putze außen	07.02. 17:27	09.02. 09:53	10,43	2.066,12	174,92	2.241,04
27110	Deckenbekleidungen Gips	07.02. 11:56	10.02. 09:54	23,47	3.377,99	873,55	4.251,54
27120	Deckenbekleidungen PVC	07.02. 11:56	07.02. 15:45	2,82	352,60	12,16	364,76
32000	Wände 1.KG	06.03. 16:10	07.03. 15:55	8,25	3.080,92	456,01	3.536,93
33000	Wände EG	02.03. 16:48	03.03. 16:45	8,45	3.153,51	2.803,71	5.957,22
34000	Wände 1. OG	23.02. 16:45	01.03. 17:13	34,47	9.859,52	2.848,50	12.708,02
35000	Wände 2. OG	17.02. 08:42	22.02. 17:10	32,97	9.431,40	2.732,73	12.164,13
36000	Wände 3. OG	13.02. 10:38	15.02. 17:21	22,72	4.665,31	1.041,04	5.706,35
41000	Decke 2. KG	07.03. 15:55	07.03. 16:10	0,25	92,29	86,02	178,31
42000	Decke 1. KG	03.03. 16:50	06.03. 16:10	7,83	2.924,86	2.755,35	5.680,21
43000	Decke EG	01.03. 17:23	02.03. 16:48	7,92	2.229,82	2.784,69	5.014,51
44000	Decke 1.OG	22.02. 17:20	23.02. 16:45	7,92	2.126,27	2.784,69	4.910,96
45000	Decke 2. OG	16.02. 08:01	17.02. 08:42	9,18	2.466,31	3.231,10	5.697,41
50000	Kamine	13.02. 08:16	13.02. 10:38	2,37	644,63	217,78	862,41
61000	Treppen 2. OG	15.02. 17:21	16.02. 08:01	0,17	48,49	180,54	229,03
62000	Treppen 1. OG	22.02. 17:10	22.02. 17:20	0,17	48,49	180,54	229,03
63000	Treppen EG	01.03. 17:13	01.03. 17:23	0,17	48,49	180,54	229,03
64000	Treppen KG	03.03. 16:45	03.03. 16:50	0,08	22,89	62,75	85,64
70000	Außenarbeiten	03.02. 08:50	03.02. 09:35	0,75	107,52	-344,40	-236,88
71000	Spenglerarbeiten	01.02. 09:02	03.02. 09:46	17,23	158,27	-149,24	9,03
81000	Dachabdeckung	03.02. 09:46	06.02. 09:38	7,87	1.231,89	579,65	1.811,54
82000	Dachstuhl	06.02. 09:38	07.02. 11:28	10,33	1.652,42	2.291,71	3.944,13
91000	Tür- und Fensterfüllungen	26.01. 08:00	26.01. 10:04	2,07	284,33	83,66	367,99
90000	Sonstiges	26.01. 10:04	07.03. 16:10	242,10	4.403,13	0,00	4.403,13
Gesamtes Projekt		**26.01. 08:00**	**07.03. 16:10**	**244,17**	**66.701,49**	**32.529,89**	**99.231,38**

5.5 Literatur

BRANDENBERGER, J. & RUOSCH, E. (1993): Ablaufplanung im Bauwesen, Baufachverlag, Dietikon.

RENTZ, O., RUCH, M., NICOLAI, M., SPENGLER, T. & SCHULTMANN, F. (1994): Selektiver Rückbau und Recycling von Gebäuden dargestellt am Beispiel des Hotel Post in Dobel, Ecomed, Landsberg.

RENTZ, O., RUCH, M., SINDT, V., SCHULTMANN, F. & ZUNDEL, T (1995): Etude scientifique de la déconstruction sélective d'un immeuble à Mulhouse, Endbericht.

RENTZ, O., SCHULTMANN, F., RUCH, M. & SINDT, V. (1996): Selektiver Rückbau von Gebäuden als Beitrag zur Ressourcenschonung. In: Scherhorn, G.; Kohler, A.; Böcker, R. (Hrsg.): Ressourcenschutz und ökologische Steuerreform, 28. Hohenheimer Umwelttagung.

SCHULTMANN, F., RUCH, M., SINDT, V. & RENTZ, O. (1995): Methodische Demontageplanung des recyclinggerechten Gebäuderückbaus. In: Umwelt Kommunal, Umwelt Archiv Nr. 243/10.10.95, Raabe Fachverlag, Düsseldorf.

SCHULTMANN, F., RUCH, M., SINDT, V. & RENTZ, O. (1996): Planung von selektivem Gebäuderückbau – Termin- und Kostenplanung mit Hilfe der EDV. In; Tagungsband „Projektmanagement bei großflächigen Erschließungsmaßnahmen – Flächenrecycling unter spezieller Berücksichtigung des selektiven Rückbaus", UTECH-Umwelttechnologieforum, Berlin.

SPENGLER, T., RUCH, M., SCHULTMANN, F. & RENTZ, O. (1995): Stand und Perspektiven des Bauschuttrecyclings im Oberrheingraben (Baden-Elsaß), Konzeption integrierter Demontage- und Recyclingstrategien für Wohngebäude. In: Müll und Abfall, 2, 97–109.

6 Typische Schadstoffe und problematische Baustoffe

Dipl.-Ing. Kai Wilbert-Götz
PGBU – Planungsgesellschaft Boden & Umwelt mbH, Niederlassung Mannheim, Janderstraße 8, 68199 Mannheim

6.1 Einführung

Im Zuge der Demontage, Entkernung und Modernisierung von Gebäuden kann eine Schadstoffbelastung der Bausubstanz nicht von vornherein ausgeschlossen werden. Als Ursachen für Bauwerkskontaminationen sind sowohl die in Industrie- und Gewerbebetrieben verwendeten und erzeugten Stoffe, die bei Herstellungsprozessen freigesetzten Emissionen als auch schadstoffhaltige Baustoffe zu betrachten. Der vorliegende Beitrag behandelt exemplarisch häufig auftretende, typische Schadstoffe, die für die Verwertung und Entsorgung von Baurestmassen relevant sind. Dies sind:

- Mineralölkohlenwasserstoffe und aromatische Kohlenwasserstoffe, zusammengefaßt als halogenfreie Kohlenwasserstoffe,
- Halogenkohlenwasserstoffe, wie z.B. polychlorierte Biphenyle (PCB), Pentachlorphenol (PCP), Dioxine und Furane, aliphatische Chlorkohlenwasserstoffe (CKW), γ-Hexachlorcyclohexan (γ-HCH, Lindan) sowie Chlorbenzole,
- Schwermetalle sowie
- Asbest und künstliche Mineralfaserstoffe.

Vor dem Hintergrund steigender Entsorgungskosten und der Verknappung von Entsorgungskapazitäten sowie der Gesetzgebung des Bundes und der Länder mit den in Gesetzen, Verordnungen und Richtlinien festgelegten zulässigen Schadstoffgehalten von Baurestmassen besteht oftmals die Notwendigkeit, die Menge des anfallenden verunreinigten Bauschutts zu minimieren und sortenreine, wiederverwertbare Baurestmaterialien zu gewinnen. Hierfür sind umfassende Kenntnisse über die Belastung und die Schadstoffzusammensetzung als Planungsgrundlage erforderlich.

6.2 Herkunft von Kontaminationen der Bausubstanz

6.2.1 Produktionsspezifische Schadstoffe

In Industrie- und Gewerbegebäuden können Handhabungsverluste beim Lagern, Transportieren und Umgang mit Rohstoffen, Betriebsmitteln und Zwischen- bzw. Fertigprodukten sowie Undichtigkeiten von Maschinen, Behältern und Rohrleitungen zu Verunreinigungen der Bausubstanz führen. Vorausgesetzt, die innerbetrieblich eingesetzten und produzierten Stoffe sind bekannt, können diese Kontaminationen in der Regel gezielt erfaßt und abgegrenzt werden.

Darüber hinaus sind die Gebäude, die in direktem Kontakt mit den bei Fertigungsprozessen anfallenden Gasen, Stäuben und Flüssigkeiten stehen, als potentiell kontaminiert einzustufen. Neben den in der Fertigung eingesetzten Stoffen muß mit neuen, komplexen Schadstoffverbindungen gerechnet werden, die im Rahmen des Herstellungsprozesses durch die Umgebungsbedingungen und die ablaufenden chemischen Reaktionen entstehen können.

Produktionsstätten mit hohem Kontaminationspotential sind z.B. Teer- und Gaswerke, Galvanisierbetriebe, Eisen- und Gießereiwerke, Metallhütten, Textilfärbereibetriebe, Raffinerien und Chemiebetriebe.

6.2.2 Schadstoffhaltige Baumaterialien

Die in der Vergangenheit beim Bau von Gebäuden verwendeten Baustoffe enthalten oftmals Substanzen bzw. bestehen aus Materialien, die im Hinblick auf die aktuellen abfallrechtlichen Regelungen als Schadstoffe einzuordnen sind. Hier sind Stoffe wie z.B. Asbest, künstliche Mineralfasern, polychlorierte Biphenyle (PCB) und Pentachlorphenol (PCP) zu nennen. Ihr Einsatz im Bauwesen wurde seit Ende der siebziger Jahre zunehmend eingeschränkt. Seit spätestens 1993 dürfen diese und andere Stoffe, die zum Zeitpunkt der Bauausführung als unbedenklich galten, gemäß der Chemikalien-Verbotsverordnung (ChemVerbotsV, 1993) und der Gefahrstoffverordnung (GefStoffV, 1993) nicht mehr oder nur noch eingeschränkt hergestellt, verwendet und in Verkehr gebracht werden.

Aufgrund ihrer spezifischen Eigenschaften wurden die Schadstoffe Asbest, PCB, PCP, Formaldehyd usw. als Schutz gegen Korrosion und Schädlingsbefall, als Wärmedämmaterial sowie aus Brandschutzgründen im Bausektor verwendet. Daher sind diese Schadstoffe nicht nur in Gewerbe- und Industriegebäuden, sondern auch in Bürogebäuden, Schulen, Hallenschwimmbädern etc. anzutreffen. Generell können Gebäude, die bis Ende der siebziger Jahre errichtet oder modernisiert wurden, davon betroffen sein.

6.3 Halogenfreie Kohlenwasserstoffverbindungen

6.3.1 Mineralölkohlenwasserstoffe

Zu den Mineralölkohlenwasserstoffen – im weiteren als MKW bezeichnet – gehören die aus mineralischen Rohstoffen wie Erdöl, Braun- und Steinkohle durch Destillation hergestellten Mineralöle und Mineralölprodukte. Dies sind Benzin- und Dieselkraftstoffe, verschiedene Sorten Heizöl, Kerosin, Schmier- und Motorenöle, Wachse usw. Die nach Gebrauch als Altöle anfallenden Motoren-, Getriebe-, Hydraulik- und Transformatorenöle werden von Edel/Weber (1995) ebenfalls den MKW zugeordnet.

Die MKW stellen ein Gemisch von Kohlenwasserstoffen dar und bestehen im wesentlichen aus gesättigten Kohlenwasserstoffen (Alkane) und aromatischen Verbindungen. Die Zusammensetzung einiger ausgewählter MKW und deren Eigenschaften gehen aus Tabelle 6.1 hervor.

Tabelle 6.1. Eigenschaften und Zusammensetzung ausgewählter MKW nach Altmann 1993, Hollerbach 1993, Riss, 1993, Römpp 1989

	Mineralöle und Mineralölprodukte			
	Rohöle	Benzin, Kerosin	Diesel, leichte Heizöle	Schmieröle
KW-Verbindungen	Alkane, Alkylbenzole, alkylierte aromat. Verbind.	Alkane, Alkene (bis 15%), Alkylbenzole (bis 50%)	Alkane (72-78%), Alkylbenzole (15-20%), 2-3-kernige aromat. Verbind. (1-6%)	Alkane, Alkylbenzole, mehrkernige aromat. Verbind.
Anzahl der C-Atome	1 – >40	Benzin 5–12 Kerosin 8–16	9–26	19–44
Siedepunktbereich	—	B.: ca. 30–215 °C K.: ca. 175–325 °C	ca. 70–370 °C	ca. 330–600 °C
Dichte bei 15 °C [g/ml]	0,80–0,92	0,73–0,78	0,82–0,86 (Diesel u. extra leichte Heizöle); ≤ 1,10 (leichte Heizöle)	0,88
Verwendung	Rohstoff	Kraft-/Treibstoff, Lösungs-/Reinigungsmittel etc.	Kraft- und Brennstoff	Schmierstoffe

Ergänzend zu Tabelle 6.1 ist anzumerken, daß der Begriff Benzin nach Römpp (1989) eine Sammelbezeichnung ist und neben Vergaserkraftstoffen auch Petrolether, Test- bzw. Lackbenzine, Waschbenzine etc. umfaßt.

Mineralöle und Mineralölprodukte haben, wie schon Tabelle 6.1 verdeutlicht, ein breites Anwendungsgebiet. Jährlich werden den Angaben von Edel/Weber (1995) zufolge mehr als 100 Millionen Tonnen Erdöl in Form von Kraft-, Treib- und Brennstoffen, Schmierstoffen, Lösungs-, Entfettungs- und Reinigungsmitteln sowie weiteren Petrochemikalien verbraucht. Aufgrund dieser großen Verbrauchsmenge und der Produktvielfalt sind in zahlreichen Gebäuden MKW-Belastungen der Bausubstanz anzutreffen.

Grundsätzlich ist branchenunabhängig im Bereich von Lagertanks und Rohrleitungen aufgrund von Handhabungsverlusten, Überfüllungen und Undichtigkeiten mit MKW-Verunreinigungen der Fundamente, Bodenplatten und ggf. Grubenwände zu rechnen. In der Regel trifft dies, wie Lehmann/Palapys (1994) und Goeman (vgl. Kap. 9) berichten, auch für Gebäudebereiche zu, in denen Maschinen, Kompressoren, Dieselaggregate, Heizungsanlagen usw. betrieben wurden.

Darüber hinaus führt der Einsatz von Mineralölen und Mineralölprodukten als Roh- und Betriebsstoffe in der Fertigung verschiedener Branchen zu MKW-Belastungen der Bausubstanz. Hiervon sind vor allem Fundamente, Bodenplatten und Grubenwände betroffen. Nach dem Branchenkatalog der baden-württembergischen Landesanstalt für Umweltschutz (LfU 1989) und verschiedenen Berichten über Abbruchmaßnahmen (Anonym 1996, Goeman (vgl. Kap. 9), Lehmann/Palapys 1994) können MKW-Kontaminationen in den nachfolgend beschriebenen, typischen Branchen angetroffen werden:

- In Raffinerien und in Fabriken der Mineralölindustrie, der Schmierölindustrie, der Altölverarbeitungsindustrie u. ä. bei der Raffination und Herstellung von Mineralölen, Mineralölprodukten, Benzin, Diesel, Heizöle usw. Die relevanten Schadensursachen sind Leckagen von Lagerbehältern und Produktleitungen, Verluste bei Ab- und Umfüllung oder durch Überfüllungs- und Handhabungsverluste. Ablagerungen MKW-haltiger Rückstände in Halden oder Gruben können ebenfalls zur Verunreinigung der Bausubstanz beitragen.
- Unternehmen der Metallbe- und -verarbeitung, die Metalle spanend bearbeiten (Bohren, Fräsen, Drehen, Schleifen usw.), die Metalloberflächen behandeln oder die Metalle härten und walzen. Hierzu gehören beispielsweise Eisen-, Stahl-, Gießerei- und Walzwerke, Metallhärtereien, Drahtwaren- und Nadelfabriken, Apparate- und Maschinenbaubetriebe sowie Federnfabriken, um nur einige zu nennen. Verunreinigungen der Bausubstanz können unter anderem auf Leckagen von Behältern und Betriebsanlagen (Kühlmittelschmierstoffe), auf den direkten Kontakt von Gruben- oder Beckenwänden und -böden mit Härtereiöl (Ölbäder), auf Tropfverluste in Lagerbereichen bei Tauchverfahren und auf Ablagerungen ölverunreinigter Rückstände zurückgeführt werden.
- In Reparaturwerkstätten und Schrott- bzw. Altmetallverwertungsbetrieben sind Verunreinigungen der Bausubstanz durch MKW nicht auszuschließen. Mögliche Schadensursachen sind Reparatur- und Verwertungsarbeiten an Motoren und Maschinen, bei denen z.B. Motoren- und Getriebeöle freigesetzt werden, Leckagen an Behältern und Tanks oder Umfüll- und Handhabungsverluste.

Bei der Schadstoffermittlung von MKW-Kontaminationen sind eventuell enthaltene Begleitschadstoffe bzw. Additive wie PCB, z.B. im Altöl, Hydrauliköl und Transformatorenöl, PAK und BTEX zusätzlich zu beachten. In Edel/Weber (1995) werden außerdem die Organobleiverbindungen genannt, die früher den Vergaserkraftstoffen als Antiklopfmittel zugesetzt wurden, z.B. Tetramethylblei.

Die Eindringtiefe von MKW in die Bausubstanz, die für die Gebäudedekontamination relevant ist, hängt von Faktoren wie Porosität der Baustoffe, Einwirkdauer sowie Viskosität der MKW ab und kann im Dezimeterbereich liegen.

Im Rahmen des Abbruches der Nadelfabrik Lammertz (Anonym 1996) und des kontrollierten Rückbaus des Eisenwerks Homberg/Efze (vgl. Kap. 9) wurden z.B. die MKW-Hauptbelastungen durch das Entfernen der oberen 2-6 cm von Beton- und Estrichböden beseitigt. Im Kompressorenraum des Eisenwerks Homberg/Efze wurden bedeutende MKW-Kontaminationen in Beton auch noch in ca. 15 cm Tiefe festgestellt (vgl. Kap. 9).

Bei der Konversion einer Kaserne in Potsdam konnten MKW-Verunreinigungen bei Untersuchungen der Bausubstanz sogar im unteren Bereich einer Bodenplatte festgestellt werden. Aufgrund der unter dem Gebäude angetroffenen Bodenbelastung wurde von Hellmann et al. (1996) die Möglichkeit, daß die MKW die Bausubstanz durchdrungen haben, nicht ausgeschlossen.

6.3.2 Aromatische Kohlenwasserstoffverbindungen

Die Gruppe der aromatischen Kohlenwasserstoffverbindungen umfaßt eine Vielzahl von Einzelsubstanzen. Hierzu gehören

- Aromaten wie Benzol, Toluol, Xylol und Ethylbenzol (BTEX) sowie weitere Alkylbenzole,
- polyzyklische aromatische Kohlenwasserstoffe (PAK), alkylierte PAK sowie heterozyklische Aromaten und
- Phenolverbindungen wie z.B. das Phenol, die Xylenole und die Kresole.

Insgesamt gibt es nach Römpp (1989) ca. 2.000.000 aromatische Kohlenwasserstoffverbindungen, die ca. 30 % aller bekannten organischen Verbindungen darstellen. Sie sind in Brenn- und Kraftstoffen, Schmierstoffen, Farbstoffen, Kunststoffen, Pestiziden, Lösungsmitteln, Sprengstoffen, Pharmazeutika usw. zu finden. Tabelle 6.2 enthält eine Übersicht einiger ausgewählter Branchen, bei denen die aromatischen Kohlenwasserstoffe BTEX, PAK und Phenole als Roh- oder Betriebsstoffe eingesetzt oder erzeugt werden bzw. als Nebenprodukt anfallen.

Tabelle 6.2. Ausgewählte Branchen, in denen aromatische Kohlenstoffe verwendet bzw. erzeugt werden oder als Nebenprodukte anfallen nach Breuer 1989, HAGfGesErz 1992, LfU 1989, Römpp 1989, Starke et al. 1991.

aromatische Kohlenwasserstoffe	Verwendung als Roh- oder Betriebsstoff/Erzeugung	Anfall als Nebenprodukt
	Branchen	
BTEX Dichte: 0,86–0,88 mg/l Siedepkt: 80,1–139,1°C	Benzolfabriken, Brennstoff- und Kraftstoffindustrie, Chemische Industrie, Farbenfabriken, Klebstoffabriken, Kerzenfabriken, Kunstharzfabriken, Kunststoff-industrie (Styrol), Lederfabriken, Metallwerke, Sprengstoffherstellung (Nitrotoluole), Schmierstoffindustrie, Textilausrüstungsindustrie	Gaswerke, Kokereien, Pechsiedereien, Teerwerke
PAK Dichte: 0,98–1,28 mg/l (1) Siedepkt: 218–496°C (2)	Als Bestandteil des Teers: Carbolineumherstellung, Dachpappenfabriken, Elektrodenherstellung, Gießereien, Graphitwerke, Imprägnierwerke, Pechsiedereien, Teerfarbenindustrie, Teerwerke Naphthalin: Chemische Industrie (Mottenkugeln), Kunststoffindustrie	Gaswerke, Kokereien, Pechsiedereien, Teerwerke, Holzverkohlungsbetriebe
Phenole Dichte: 1,071 mg/l (Phenol) Siedepkt: ca. 182 °C (Phenol, Kresole, Xylenole)	Arzneimittelbetriebe, Gießereien, Isolierschaumproduktion, Klebstoffabriken, Pestizidindustrie, Phenolharzherstellung, Textilausrüstungsindustrie	Gaswerke, Kokereien, Teerwerke, Holzverkohlungsbetriebe

1) Angabe gilt für Naphthalin, Phenanthren, Anthracen, Fluoranthen, Pyren, Chrysen

2) Angabe gilt für Naphthalin, Acenaphthylen, Acenaphthen, Fluoren, Phenanthren, Anthracen, Fluoranthen, Pyren, Benz(a)anthracen, Chrysen, Benzo(k)fluoranthen, Benzo(a)pyren

Die fossilen Rohstoffe Kohle und Erdöl stellen die wesentlichen Ausgangsprodukte für die Gewinnung aromatischer Kohlenstoffverbindungen dar. Die Aromaten BTEX sowie die Phenole werden den Angaben in Römpp 1989 zufolge beispielsweise mittels thermischer und katalytischer Verfahren aus Kohle und Erdöl hergestellt bzw. durch Destillation oder Extraktion von Reformat- und Pyrolysebenzin gewonnen.

Die PAK sowie die alkylierten PAK und heterozyklischen Kohlenwasserstoffe sind Bestandteil von Steinkohle-, Braunkohle- und Holzteer, der als Kondensat bei thermischen, unter Luftabschluß verlaufenden Umwandlungsprozessen anfällt, wie z.B. in Gaswerken, Kokereien und Holzverkohlungsbetrieben.

Von Hoffmann (1993) wird geschätzt, daß im Teer wahrscheinlich ca. 10.000 Kohlenwasserstoff-Verbindungen enthalten sind. Davon sind derzeit rund 500 bekannt und stellen im Steinkohleteer einen Anteil von 55 % dar. Den Hauptanteil bilden die PAK. Je nach Ausgangsprodukt kann der Anteil der PAK im Teer unterschiedlich hoch sein. Für Steinkohleteer wird er von Hoffmann (1993) und Starke et al. (1991) übereinstimmend mit ungefähr 35 % angegeben, wobei nur die als Leitparameter von der US-amerikanischen Umweltbehörde (EPA) ausgewählten 16 EPA-PAK berücksichtigt sind. In Teer und Teerölen sind außerdem in Abhängigkeit von der Temperaturführung und der Behandlung der Schwel- oder Kokereigase BTEX und Phenole in unterschiedlichen Konzentrationen enthalten.

In der Regel können Kontaminationen der Bausubstanz mit BTEX, PAK und Phenolen bei den in Tabelle 6.2 aufgeführten Produktionsbetrieben grundsätzlich auf Handhabungsverluste, Überfüllungen und Undichtigkeiten im Bereich von Lagertanks und Leitungsanlagen zurückgeführt werden. Hiervon sind vor allem Fundamente und Bodenplatten betroffen.

Wesentlich stärker gefährdet ist die Bausubstanz von Gebäude- und Industrieanlagen, die aufgrund der Produktionsprozesse in direktem Kontakt mit aromatischen Kohlenwasserstoffen stehen. Dies gilt insbesondere für Branchen, in denen BTEX-Aromaten, PAK-haltige Teere und Peche sowie Phenole als Roh- oder Betriebsstoffe eingesetzt werden oder im Produktionsprozeß entstehen. Anhand einiger Beispiele werden nachfolgend typische Kontaminationen von Bau- und Anlagenteile beschrieben:

- In Gaswerken und Kokereien fällt als Nebenprodukt der Verkokung und Gasgewinnung ein aus Teer und Teerölen bestehendes Kondensat an, das über Gaskühler und Teerabscheideapparate aus dem Rohgas abgeschieden und bis zur Weiterverwendung in Teergruben oder Teertürmen gesammelt wird. Daraus resultieren Teerverunreinigungen der Kühl- und Abscheideanlagen, der Rohrleitungen zur Teergrube und der Grubenwände und -sohlen. Während die Produktionsanlagen und in vielen Fällen auch die Rohrleitung aus Metall bestehen, wurden in der Vergangenheit Teergruben aus Beton oder Mauerwerk hergestellt und zumeist ohne Beschichtung ausgeführt. Teeranhaftungen an Metallwerkstoffen sind in der Regel nur oberflächlich. Dagegen können die Schadstoffe PAK, BTEX und Phenole in Beton und Mauerwerk eindringen und zu tiefgehenden Kontaminationen der Grubenwände und -sohlen führen. Beim Abbruch einer Kokerei (Holz 1996) war z.B. das Mauerwerk der Teertürme mit Teerölen durchtränkt, so daß eine Dekontamination der Bausubstanz nicht mehr möglich war. Darüber hinaus können auch im Bereich der Teerverladung Kontaminationen von Gebäuden auftreten.
- Bei Betrieben der Holzverkohlungsindustrie, die auch als Köhlereien bezeichnet werden, sind laut dem Branchenkatalog der LfU (1989) wie bei den Gaswerken und Kokereien Verunreinigungen der Bausubstanz vor allem im Bereich von Lagerbehältern, Produktleitungen und Absetzbecken zu vermuten. Zusätzlich sind

Teeranhaftungen in Produktionsanlagen und Rohrleitungen bei Gebäudedemontagen bzw. -entkernungen zu beachten.

- Die Behandlung von Holz mit Teerölen und Farben auf Teerölbasis (z.B. Carbolineum) als Holzschutzmittel ist ein weiterer kontaminationsträchtiger Anwendungsbereich. In Imprägnierwerken werden Teeröle durch Streichen und Spritzen aufgetragen oder es wird im Tauchverfahren bzw. mit Druckimprägnierung gearbeitet. Als Schadensursachen kommen hierbei Abtropfverluste, die vor allem bei Tauchverfahren in größerem Umfang auftreten, Leckagen von Lagerbehältern und Produktionsanlagen sowie Verluste beim Ab- und Umfüllen oder bei der Handhabung in Frage. Potentiell gefährdet sind daher vorwiegend Fundamente, Bodenplatten sowie Estrich- und Betonfußböden im Bereich der Lagerung, der Trocknung und der Imprägnierarbeiten. Außerdem ist davon auszugehen, daß die Bausubstanz der Tauchbäder kontaminiert ist, sofern keine Spezialbeschichtung vorhanden ist. Weiterhin können Verunreinigungen mit Begleitschadstoffen wie PCP, Lindan, PCB u.ä. vorliegen, die als Additive zugefügt wurden oder durch die Beimengung von Altöl in das Teeröl gelangten.
- Bei der Dachpappenherstellung können ähnliche Verunreinigungen wie bei der Holzimprägnierung auftreten. Vor allem im Bereich der Imprägnierpfannen, in denen die Dachpappe in heißem Teer getränkt wird, muß mit Kontaminationen der Bausubstanz gerechnet werden.
- Aus Teer werden in sogenannten Pechsiedereien über verschiedene Verfahrensschritte wie Waschen, Raffination und Destillation Peche hergestellt. Hierbei fallen als Nebenprodukte Leichtöle, Carbolöle, Naphthalinöle, Anthracenöle usw. an, die weiterverarbeitet werden. Neben Leckagen an Lagerbehältern für Teer und Nebenprodukte sind Handhabungs- und Umfüllverluste sowie die Ablagerung von Rückständen mögliche Schadensursachen für Kontaminationen der Bausubstanz. Außerdem sind Verunreinigungen der Produktions- und Rohrleitungsanlagen durch Teeranhaftungen zu beachten.

Im Rahmen von Schadstoffermittlungen in Gebäuden sind zusätzlich die Verwendung von PAK-haltigen Baumaterialien wie Gußasphalt, teergebundenen Kork- und Styropordämmplatten oder Holzfußbodenbelägen sowie Kontaminationen durch Teeranstriche zur Bauwerksabdichtung zu berücksichtigen. Bei verschiedenen Gebäudeabbrüchen (vgl. Anonym 1996, Holz 1996, Liefländer 1996) wurden entsprechende Baustoffe angetroffen.

6.4 Halogenkohlenwasserstoffe

Halogenkohlenwasserstoffe sind aliphatische oder aromatische Kohlenwasserstoffverbindungen, bei denen ein oder mehrere Wasserstoffatome durch Halogene, d.h. Chlor, Fluor, Brom oder Jod, substituiert wurden. Im folgenden wird eine Auswahl der wichtigsten und in der Gebäudesubstanz häufig festzustellenden Halogenkohlenwasserstoffe behandelt. Dies sind:

- die polychlorierten Biphenyle (PCB),
- die Chlorphenole, insbesondere Pentachlorphenol (PCP),
- die Gruppe der Dioxine und Furane sowie
- die sonstigen Chlorkohlenwasserstoffe, z.B. die aliphatischen Chlorkohlenwasserstoffe (CKW), die Chlorbenzole und
- die Organochlorpestizide, hier vor allem Lindan bzw. γ-Hexachlorcyclohexan (γ-HCH).

6.4.1 Polychlorierte Biphenyle (PCB)

Die Stoffklasse der zu den aromatischen organischen Chlorverbindungen gehörenden polychlorierten Biphenyle (PCB) umfaßt insgesamt 209 Einzelkomponenten, die nach der bei Fiedler et al. (1994) aufgeführten Nomenklatur von Ballschmiter mit Nummern bezeichnet werden. In technischen Mischungen konnten nach Fiedler et al. (1994) bislang 132 Kongenere festgestellt werden.

Die PCB werden ausschließlich durch Chlorierung von Biphenylen, die bis zu 10 Chloratome binden können, technisch hergestellt. Hierbei nimmt mit steigendem Chlorierungsgrad die Lipophilie zu und die Wasserlöslichkeit sowie der Dampfdruck – und damit die Flüchtigkeit – ab. Die PCB sind nach Fiedler et al. (1994), Koss/Forschner (1996) und Römpp (1989) nicht entflammbar, hitzebeständig, chemisch stabil, persistent in der Umwelt, und sie haben eine geringe elektrische Leitfähigkeit.

Die industrielle PCB-Produktion begann 1929 und wurde in Deutschland 1983 beendet (vgl. Fiedler et al. 1994, Römpp 1989). Gesetzlich wurde die PCB-Verwendung mit der Einführung der 10. Verordnung zum Bundesimmissionsschutzgesetz (BImSchG) im Jahre 1978 auf geschlossene Systeme beschränkt. Erst 1989 folgte mit der PCB-, PCT-[6.1] und VC[6.2] -Verordnung das Verbot der Herstellung, des Inverkehrbringens und der Verwendung von PCB. Dieses Verbot wurde 1993 in die Chemikalien-Verbotsverordnung (ChemVerbotsV 1993) und Gefahrstoffverordnung (GefStoffV 1993) übernommen.

Bis zu ihrem Verbot wurden in der BRD nach Angaben von Fiedler et al. (1994) schätzungsweise ca. 40.000 – 50.000 t PCB in offenen und geschlossenen Systemen eingesetzt. Sie waren im Handel mit Chlorgehalten von 20-60 % unter verschiedenen Markennamen, wie z.B. Chlophen® (Fa. Bayer, BRD), Aroclor® (Fa. Monsanto, USA) und Phenoclor® (Fa. Prodolec, F), erhältlich (Fiedler et al. 1994, Römpp 1989).

[6.1] Polychlorierte Terphenyle.

[6.2] Vinylchlorid.

Aufgrund ihrer chemischen und physikalischen Eigenschaften und der vergleichsweise einfachen und preiswerten Herstellung wurden PCB in vielen Bereichen verwendet. In Fiedler et al. (1994), Koss/Forschner (1996), Ockelmann (1994) und Römpp (1989) sind eine Vielzahl von Anwendungsbeispielen aufgeführt. Demnach wurden PCB in geschlossenen Systemen z.B. als

- Isolier- und Kühlflüssigkeit in Kondensatoren, Transformatoren und Gleichrichtern,
- Hydrauliköl,
- Wärmeüberträgeröl in Wärmetauschern und
- Ausdehnungsflüssigkeit in Temperaturfühlern bzw. -reglern

und in offenen Systemen z.B. in Form von

- Weichmachern in dauerelastischen Fugendichtmassen, Lackharzen, Kunststoffen und Klebstoffen,
- feuerhemmenden Imprägniermitteln,
- Flammschutzmitteln für Papier, Gewebe und Holz,
- Industriefetten und -ölen und
- Zusätzen zu Kitten, Wachsen, Asphaltmaterial und Chlorkautschuk

verwendet. Kontaminationen der Bausubstanz können daher sowohl bei der Herstellung der genannten Produkte als auch durch deren Gebrauch entstehen.

Zu den Industriezweigen, die PCB als Grund- oder Betriebsstoff im Fertigungsprozeß benutzten, gehören insbesondere Transformatoren- und Kondensatorenfabriken, chemische Fabriken, Imprägnierwerke, Hydraulikmaschinen und -gerätehersteller. In den meisten Fällen sind PCB-Belastungen auf Leckagen von Behältnissen, Verluste beim Um- und Abfüllen sowie beim Umgang mit PCB-haltigen Flüssigkeiten zurückzuführen. Hiervon sind hauptsächlich Fundamente, Bodenplatten sowie Estrich- und Betonböden im Lager- und Produktionsbereich betroffen.

Bei Imprägnierwerken, die im Tauchverfahren arbeiteten, konnten außerdem PCB-Kontaminationen durch Tropfverluste auftreten. Die Bausubstanz der Gruben und Becken, die als Tauchbäder benutzt wurden, ist in der Regel verunreinigt, sofern sie keine Auskleidungen mit Metallwannen oder Spezialbeschichtungen aufweisen.

Darüber hinaus muß bei Firmen, die Altöle aufbereiten, ebenfalls mit PCB-Kontaminationen gerechnet werden. Dies gilt nicht nur für die Aufbereitung PCB-haltiger Altöle aus Hydraulikanlagen, Transformatoren usw., sondern auch für Motoren- und Getriebeöle, denen durch das Verschneiden mit PCB-haltigen Ölen unkontrolliert PCB zugesetzt wurde.

Der weit verbreitete Einsatz von Produkten, die PCB im geschlossenen oder offenen System enthalten, ist, wie oben schon erwähnt, als weitere Quelle für PCB-Kontaminationen von Gebäuden zu betrachten. Davon betroffen sind Industrie- und Gewerbegebäude, Schulen, Kindergärten, Sporthallen, Krankenhäuser, Büro- und Verwaltungsbauten sowie nach Köppl et. al. (1996) auch privat genutzter Wohnraum.

Aus geschlossenen Systemen können PCB-haltige Öle nur aufgrund von Undichtigkeiten oder Handhabungs- und Füllverlusten beim Entleeren und Neubefüllen freigesetzt werden und zu lokalen Verunreinigungen von Fußböden oder Fundamenten im Umfeld des Gerätestandorts führen.

Demgegenüber wurden offene Systeme in Gebäuden zumeist großflächig an den unterschiedlichsten Stellen eingebaut. Die wichtigsten PCB-haltigen Baumaterialien, die sogenannten PCB-Primärquellen, sind nach Bork:

- dauerelastische Fugenmassen mit PCB-Gehalten von 15 bis zu über 50 %, die in Fugen zwischen Betonfertigteilen, in Wandanschlußfugen von Fenstern, Türen und Fensterbänken, in Gebäudedehnfugen, in Sanitärfugen usw. zu finden sind,
- Akustikdeckenplatten mit Flammschutzmittelbeschichtung (z. B. Deckenplatten der Fa. Wilhelmi), die bis zu ca. 15 % PCB enthalten,
- dämmschichtbildende Anstriche aus Chlorkautschuklacken mit ca. 5 % PCB, und
- Wand- und Deckenfarben, die mit mehreren 1.000 mg/kg PCB belastet sein können.

Der Hauptanwendungszeitraum der dauerelastischen Fugenmassen, die unter dem Namen Thiokol® im Handel erhältlich waren, ist Bork zufolge annähernd identisch mit dem Herstellungszeitraum von 1955-1972. Allerdings waren offene Anwendungen bis zum Inkrafttreten der 10. Verordnung zum BImSchG im Jahre 1978 möglich. Dauerelastische Fugenmassen sind hauptsächlich in Gebäuden zu finden, die in Betonfertigteilbauweise errichtet wurden. Dies gilt z.B. auch für die 215 mit PCB kontaminierten Fernmeldestellen der Deutschen Telekom AG (Anonym 1995).

Im Unterschied zu den geschlossenen Systemen diffundieren PCB aus den PCB-haltigen Baumaterialien gasförmig aus. Dies führt in erster Linie zu Raumluftbelastungen, die bei Überschreiten der von der ARGEBAU (1995) empfohlenen Maßnahmenschwellenwerte beseitigt werden müssen. Gleichzeitig führen die in die Raumluft ausdiffundierten PCB durch Adsorption und Anlagerungen von belastetem Staub zu Sekundärbelastungen von Bau- und Ausstattungsgegenständen.

Die Entfernung von PCB-Primär- bzw. Sekundärquellen ist nicht nur für eine erfolgreiche Gebäudesanierung erforderlich, sondern auch zur Gewinnung unbelasteter, wiederverwertbarer Bauschuttfraktionen bei Gebäudeabbrüchen. Hierbei muß grundsätzlich beachtet werden, daß PCB nicht nur in die Raumluft, sondern auch in die Bausubstanz eindiffundiert ist. Im Bereich von Fugenflanken konnten Failing (1996) und Fengler (1996) unterhalb der dauerelastischen Fugenmasse bis in ca. 1 cm Tiefe erhebliche PCB-Belastungen feststellen. In 5 cm Tiefe konnten PCB noch gemessen werden und erst in 10 cm Tiefe waren sie nicht mehr nachweisbar.

Darüber hinaus können auch die nicht unmittelbar an Primärquellen angrenzenden Beton- und Mauerwerksflächen, z.B. oberhalb von abgehängten Decken, beachtliche PCB-Kontaminationen aufweisen. Um die Verunreinigung von ganzen Bauschuttchargen zu vermeiden, sollten daher bei Untersuchungen der Bausubstanz die Oberflächenbelastung und die Eindringtiefe der PCB überprüft werden.

Abschließend bleibt anzumerken, daß nach Angaben von Fiedler et al. (1994) und Römpp (1989) die verwendeten technischen PCB-Gemische produktionsbedingt Verunreinigungen mit polychlorierten Dibenzofuranen (PCDF) und polychlorierten

Naphthalinen enthalten. Eine Erwärmung von PCB auf Temperaturen über 100 °C führt außerdem zu einer vermehrten Bildung von PCDF und ist daher zu vermeiden.

6.4.2 Pentachlorphenol (PCP)

Das zur Gruppe der Chlorphenole gehörende Pentachlorphenol (PCP) fand aufgrund seiner starken bioziden Wirkung eine weit verbreitete Verwendung. Nach Kurz (1994) wurden PCP seit 1930 in der Landwirtschaft und in der Industrie eingesetzt. Die Herstellung und Verwendung sowie das Inverkehrbringen von PCP wurde mit Inkrafttreten der PCP-Verbotsverordnung von 1989, die 1993 Eingang in die Chem-VerbotsV (1993) und die GefStoffV (1993) fand, untersagt. Bis zu ihrem Verbot im Jahre 1989 kamen das PCP und das Natriumsalz des Pentachlorphenols (PCP-Na) hauptsächlich in folgenden Bereichen zur Anwendung (Kurz 1994, Römpp 1989):

- Holzschutzmittel,
- Konservierungsmittel für Textilien, Leder und Papier,
- Desinfektionsmittel in Sanitär- und Industriereinigern,
- fungizides Additiv in Mineralölen (Schmierölen), Lacken, Farben sowie Klebstoffen und
- Biozid in der Landwirtschaft.

PCP bzw. PCP-Na wurden nach Römpp (1989) durch die Chlorierung von Phenol oder Trichlorphenol bzw. durch die alkalische Hydrolyse von Hexachlorbenzol technisch hergestellt. Die jährliche Verbrauchsmenge von PCP und PCP-Na wird in Kurz (1994) für 1974 mit ca. 1.630 t angegeben. Danach nahm sie bis 1979 auf 741 t ab und lag 1983 nur noch bei 285 t.

Kontaminationen der Bausubstanz können insbesondere bei der Herstellung der oben genannten Produkte sowie bei ihrer Verwendung auftreten. Potentiell gefährdet sind Betriebe wie z.B. Holzschutzmittelfabriken, Holzimprägnierwerke, chemische Fabriken für Konservierungs- und Desinfektionsmittel sowie Betriebe der Lederwaren-, Papier- und Textilindustrie.

In diesen Betrieben sind PCP-Belastungen der Bausubstanz im wesentlichen auf Leckagen von Behältnissen, Verluste beim Um- und Abfüllen sowie beim Umgang mit PCP-haltigen Flüssigkeiten zurückzuführen. Hiervon sind hauptsächlich Fundamente, Bodenplatten sowie Estrich- und Betonböden im Lager- und Produktionsbereich betroffen. Bei den Holzimprägnierwerken muß, wie schon in Kap. 6.3.2 für die Teerölimprägnierwerke beschrieben, mit weiteren Kontaminationen durch Abtropfverluste und durch das Eindringen von Holzschutzmitteln in die Bausubstanz von Tauchgruben bzw. -becken gerechnet werden.

Der weit verbreitete Einsatz PCP-haltiger Holzschutzmittel in Innenräumen und der Einbau industriell mit PCP behandelter Holzwerkstoffe und Teppichböden sind weitere Kontaminationsquellen in Gebäuden, wie Schulen, Kindergärten, Sporthallen, Büro- und Verwaltungsbauten sowie Wohnhäusern. Des weiteren ist zu beachten, daß das aus den Primärquellen in die Raumluft ausdiffundierende PCP wie bei den

PCB (vgl. Kap. 6.4.1) zu einer Sekundärbelastung von ursprünglich unbelasteten Bau- und Ausstattungsgegenständen führt.

Als Holzschutzmittel wurde PCP aufgrund seiner fungiziden Wirkung insbesondere zum Schutz folgender Holzwerkstoffe eingesetzt (Bringzu/Voß 1993, Kurz 1994):

- tragende und aussteifende Holzelemente im Innen- und Außenbereich, wie Dachbalken und -latten, Fachwerkkonstruktionen, Balkone, Wintergärten usw.,
- Außenfenster und -türen und
- großflächige Holzverschalungen im Innen- und Außenbereich.

Die Eindringtiefe von PCP in Holz hängt einerseits von der Aufbringungsform ab, d.h. ob PCP-Holzschutzmittel durch Streichen, Spritzen, Tauchen oder Kesseldruckimprägnieren aufgetragen wurden, und andererseits von dem verwendeten Holz, da bei kernbildenden Holzarten, wie z.B. Kiefernholz, Holzschutzmittel die PCP nach Angaben von Bringzu/Voß (1993) nicht in den Kernbereich eindringen.

Erfahrungsgemäß dringt nach Bringzu/Voß (1993) das PCP beim Streichen oder Spritzen nur ca. 1–3 mm tief ein. Kurz (1994) stellte bei seinen Untersuchungen von Holz, dessen Oberfläche durch Streichen behandelt worden war, fest, daß bis zu einer Tiefe von 2 mm eine erhebliche PCP-Belastung vorlag. Die Belastung nahm bis in 4 mm Tiefe deutlich ab.

Mit dem Imprägnieren im Tauch- und Kesseldruckverfahren werden dagegen größere Eindringtiefen erreicht. Im konstruktiven Holzbau sind Eindringtiefen von einigen Millimetern bis zu wenigen Zentimetern üblich.

Bringzu/Voß (1993) gehen davon aus, daß PCP aufgrund seiner Persistenz trotz des PCP-Verbotes von 1989 noch über Jahrzehnte im Altholz anzutreffen sein wird. Dies trifft auf die alten und neuen Bundesländer gleichermaßen zu. Die Wahrscheinlichkeit, bei Gebäudeabbrüchen oder -sanierungen PCP-behandeltes Holz festzustellen, beziffern Bringzu/Voß (1993) auf 50–100 %.

Bei der Betrachtung des Schadstoffes PCP kommt nach Römpp (1989) und Kurz (1994) der herstellungsbedingten Verunreinigung von PCP mit polychlorierten Dibenzodioxinen und -furanen (PCDD/F) besondere Bedeutung zu. Des weiteren kann als Additiv das γ-Hexachlorcyclohexan (γ-HCH), das auch unter dem Synonym Lindan bekannt ist, auftreten. Die PCDD/F und Lindan können nach den Untersuchungen von Kurz (1994) sogar tiefer als PCP in das Holz eindringen, was z.B. bei der Dekontamination von Holz durch Oberflächenabtrag beachtet werden muß.

6.4.3 Dioxine und Furane

Unter der Sammelbezeichnung Dioxine und Furane werden nach Römpp (1989) die 75 Isomere der polychlorierten Dibenzodioxine (PCDD) und die 135 Isomere der polychlorierten Dibenzofurane (PCDF) zusammengefaßt. Die PCDD/F treten herstellungsbedingt als unerwünschte Begleitschadstoffe in PCB und PCP (s.o.) auf und können sich bei der Erwärmung von PCB (s.o.) oder chlorierten Benzolen bilden.

In Römpp (1989) und Stubenrauch/Hempfling (1994) werden weitere Enstehungsmöglichkeiten genannt, z.B.:

- Großfeuerungs- und Müllverbrennungsanlagen bei der Verbrennung von Kohlenwasserstoffen bei gleichzeitiger Anwesenheit von Chlor oder anderen Halogenen und unter Einhaltung bestimmter Randbedingungen,
- Papierherstellung bei der Chlorbleiche von Zellstoff,
- Metallherstellung und -verarbeitung im Rahmen der Eisenerzverhüttung, Kupferrückgewinnung, Aluminium-Umschmelzung und Stahlerzeugung,
- Kabelverschwelung sowie
- Brandschäden, bei denen chlorhaltige Baumaterialien (Bodenbeläge, Kabelstränge, Kleb- und Dichtschäume) und Ausstattungsgegenstände (Möbel, elektrische Geräte wie Kühlanlagen) verbrannten oder verkohlten.

Aufgrund der bei Stubenrauch/Hempfling (1994) beschriebenen Fähigkeiten der PCDD/F, sich sehr gut an Stäuben und Rußpartikel anzulagern und bei längerer Einwirkung tief in die Bausubstanz von Wänden, Böden und Decken einzudringen, können PCDD/F großflächig in Gebäuden auftreten und zu tiefgreifenden Kontaminationen führen.

Ein weithin bekanntes Beispiel einer industriellen Nutzung, bei der PCDD/F in erheblichen Mengen freigesetzt wurden und zu einer massiven Kontamination der Gebäudesubstanz führten, ist der Fall der Metallhütte Fahlbusch in Rastatt, über deren Sanierung Hettler/Verspohl (1994) in ihrem Beitrag berichten. Durch die thermische Verarbeitung metallhaltiger Rückstände wie Kupfer-, Zinn- und Zinkschrott, Elektroschrott und Kupferkabeln unter Zuführung verschiedener Stäube, Schlacken, Schlämme und Krätzen zu Kathodenkupfer, Nickelsulfat, Mischzinn usw. entstanden in weiten Bereichen der Betriebsgebäude Kontaminationen der Bausubstanz durch PCDD/F und Schwermetalle. Bei der Untersuchung der Bausubstanz mit tiefengestaffelten Proben wurde festgestellt, daß die PCDD/F in Teilbereichen das Mauerwerk komplett verunreinigt hatten.

6.4.4 Sonstige Chlorkohlenwasserstoffe

Die Gruppe der halogenierten Kohlenwasserstoffe umfaßt neben den in den vorangegangen Abschnitten beschriebenen PCB, PCP und PCDD/F eine Vielzahl weiterer chemischen Verbindungen, die bei der Schadstoffermittlung in Gebäuden von Bedeutung sein können. Eine ausführliche Beschreibung der einzelnen Schadstoffe und der von ihnen ausgehenden Gefährdungen für Gebäude kann im vorliegenden Beitrag nicht geleistet werden. Abschließend erfolgt daher für die aliphatischen Chlorkohlenwasserstoffe (CKW), die Chlorbenzole und für Lindan (γ-Hexachlorcyclohexan, γ-HCH) als Vertreter der Organochlorpestizide eine kurze Zusammenstellung der wichtigsten Fakten.

Aliphatische Chlorkohlenwasserstoffe (CKW). Die aliphatischen Chlorkohlenwasserstoffe (CKW), wie z.B. Dichlormethan, Tetrachlorethen (PER), Trichlormethan (Chloroform), Tetrachlorkohlenstoff, und 1,1,1-Trichlorethen (TRI) sind als leichtflüchtig zu bezeichnen. Die Verwendung einiger CKW wurde mit der Verordnung zum Verbot von bestimmten, die Ozonschicht abbauenden Halogenkohlenwasserstoffen (FCKW-Halon-Verbots-Verordnung) von 1991 eingeschränkt bzw. untersagt.

Als universelles Entfettungs-, Reinigungs- und Lösungsmittel werden bzw. wurden die CKW in vielen Branchen verwendet, z.B.

- zur Oberflächenreinigung und -entfettung von Fe- und NE-Metallen,
- zur Reinigung von Textilien und Leder sowie
- als Lösungsmittel in Farben und Lacken.

Die CKW sind daher in metallbe- und -verarbeitenden Betrieben, in der Galvanotechnik, in chemischen Reinigungen, in Lederfabriken, in Lackierereien, in Farb- und Lackfabriken, in Textilfabriken usw. weit verbreitet im Gebrauch.

Aufgrund Ihrer Fähigkeit, Beton und Mauerwerk zu durchdringen, sind Kontaminationen der Bausubstanz mit CKW möglich. Vor allem im Bereich der Lagerhaltung können Leckagen und Verluste bei Füllvorgängen zu Verunreinigungen führen. Zusätzlich können im Anwendungsbereich als weitere Kontaminationsquelle Handhabungs- und Tropfverluste auftreten.

Chlorbenzole. Die Chlorbenzole gehören zur Gruppe der kernchlorierten aromatischen Verbindungen, den Chloraromaten. Je nach Anzahl der am Benzolkern gebundenen Chloratome werden die Chlorbenzole in die Einzelsubstanzen Chlorbenzol, Di-Chlorbenzol, Tri-Chlorbenzol usw. eingeteilt (vgl. Römpp 1989).
Die Chlorbenzole werden nach Angaben des Beratergremiums für umweltrelevante Altstoffe (BUA 1991) und Römpp (1989) für folgende Zwecke verwendet:

- Herstellung von Nitrochlorbenzolen als Vorprodukte für Pflanzenschutzmittel,
- Lösemittel in der chemischen Industrie, z.B. bei der Verarbeitung von Polyesterfasern sowie als Lösemittel für Lacke, Gummi, Wachse und Harze,
- Herstellung von Farbstoffen und Produkte für die Kautschuk- und Kunststoffindustrie,
- Zusatz in Ölen und Schmierstoffen sowie als
- Desinfektionsmittel.

Verunreinigungen sind daher insbesondere in chemischen Betrieben nicht auszuschließen, die Schädlingsbekämpfungsmittel, Farben, Kautschuk u.ä. herstellen.

Schirmer/Schwarz (1995) stellten beispielsweise bei ihren Untersuchungen des Geländes der ehemaligen Fettchemie in Chemnitz Belastungen der Bausubstanz mit Chlorbenzolen fest. Hauptsächlich davon betroffen waren die Fundamentbereiche. Im Betrieb der ehemaligen Fettchemie wurde ab Ende der vierziger Jahre u.a. Holz- und Pflanzenschutzmittel wie DDT, Lindan und Pentachlorphenol hergestellt.

Lindan (γ-HCH). Die Bezeichnung Lindan ist das Synonym für γ-Hexachlorcyclohexan, das nach Römpp (1989) durch die Photochlorierung von Benzol hergestellt wird. Das somit gewonnene technische HCH enthält neben ca. 15 % γ-HCH insbesondere α- und β-HCH. Durch weitere Behandlungsschritte wird γ-HCH aus dem Gemisch isoliert.

Lindan wurde bevorzugt bei der Schädlingsbekämpfung zur Saatgutbehandlung und im Forstwesen zur Bekämpfung rindenbewohnender Schädlinge verwendet (vgl. Römpp 1989). Durch die Beimischung in Holzschutzmitteln, insbesondere den PCP-Holzschutzmitteln (s.o.), gelangte Lindan zu einer ähnlich weiten Verbreitung in Gebäuden wie PCP. Lindan kann durch Diffusionsvorgänge einerseits zur Innenraumluftbelastung beitragen und andererseits weiter in das Holz eindringen.

Weitere Kontaminationen der Bausubstanz mit Lindan sind in der Regel im Bereich der Herstellung zu finden. Beispielsweise wurden bei der Sanierung der ehemaligen Fettchemie Chemnitz von Schirmer/Schwarz (1995) im Fundamentbereich eine ganze Reihe von Organochlorpestiziden, unter anderem neben Lindan auch α- und β-HCH sowie DDT und dessen Abbauprodukte nachgewiesen.

Die Persistenz von Lindan ist nach Römpp (1989) deutlich niedriger als bei anderen hochchlorierten Kohlenwasserstoffen. Die Halbwertszeit soll etwa ein halbes Jahr betragen.

6.5 Schwermetalle

Zu den bei Schadstoffuntersuchungen in den verschiedenen Umweltmedien üblicherweise berücksichtigten Schwermetallen gehören Blei (Pb), Cadmium (Cd), Chrom (Cr III / Cr VI), Kupfer (Cu), Nickel (Ni), Quecksilber (Hg) und Zink (Zn). Als weiteres Element wird in diesem Zusammenhang oft auch Arsen (As) miterfaßt. Charakteristisch für alle Schwermetalle ist ihre Dichte von mehr als 5 g/cm³.

Die Schwermetalle, die geogen zumeist gebunden als Sulfit-, Sulfat-, Oxid- oder Carbonaterze vorliegen, werden in Metallhütten mittels thermischer, chemischer und elektrolytischer Verfahren in reiner Form oder als Legierung gewonnen. Als weitere Rohstoffquelle für Schwermetalle wird zunehmend der Altmetallschrott verwendet.

Das Anwendungsspektrum der Schwermetalle ist sehr vielseitig und umfaßt z.B. folgende Einsatzgebiete:

- Herstellung harter, zäher und korrosionsbeständiger Stahllegierungen (Cr, Ni),
- Beschichtung von Eisenwaren u.a. durch galvanische Prozesse (Cd, Cr, Ni, Zn),
- Produktion von Akkumulatoren (As, Cd, Pb, Ni),
- Anfertigung elektrotechnischer Erzeugnisse, wie Kabel, Kabelummantelungen, Halbleiterprodukte (As, Pb, Cu),
- Herstellung von Schädlingsbekämpfungsmittel (As, Hg, Cu, Zn),
- Herstellung von Farbpigmenten (Cd, Cr, Cu, Hg, Pb, Zn).

Belastungen der Bausubstanz sind dort zu erwarten, wo Schwermetalle im Zuge von Produktionsprozessen gasförmig oder gelöst in Flüssigkeiten verwendet werden und sich damit in einem mobilen bzw. flüchtigen Aggregatzustand befinden. Dies trifft beispielsweise für Metallhütten, Stahlwerke, Gießereien, Verzinkereien, Galvanisierbetriebe, Holzimprägnierwerke und Ledergerbereien zu. In verschiedenen Fällen wurden an solchen Betriebsstandorten Kontaminationen der Gebäudesubstanz und massive Ansammlungen schwermetallhaltiger Stäube festgestellt. Exemplarisch werden nachfolgend einige aus der Literatur bekannte Beispiele vorgestellt:

- In der Metallhütte Fahlbusch wurden nach dem Bericht von Hettler/Verspohl (1994) die Schwermetalle Kupfer, Nickel und Zinn aus Altmetall- und Elektronikschrott zurückgewonnen und für die Herstellung von Kathodenkupfer, Nickelsulfat, Mischzinn usw. wiederverwendet. Bei diesen Untersuchungen wurden in der Bausubstanz des Kupferelektrolysebeckens Schwermetallbelastungen festgestellt (Cu, Ni, Pb, Zn). Zusätzlich waren infolge von Undichtigkeiten schwermetallhaltige Salzlösungen ausgetreten, die im Boden und in den Wänden außerhalb des Elektrolysebeckens ebenfalls zu Kontaminationen führten. Hohe Belastungen mit Cadmium, Blei, Kupfer, Nickel und Zink wurden außerdem in der Bausubstanz der Gebäude festgestellt, in denen die thermischen Verfahrensstufen angeordnet waren. Diese sind auf die Emission gasförmiger Schwermetalle zurückzuführen.
- Bei den Untersuchungen des Betriebsgeländes der BUNA-Werke stellte Grubitzsch (1994) im Bereich der Chloralkali-Elektrolyse und der Acetaldehydfabrik massive Quecksilberbelastungen z.B. der Fußböden und Stützen fest. Neben Stahlbetonbauteilen gehörten dem Bericht zufolge auch das Klinkermauerwerk, die Stahlkonstruktion und verschiedene Ausrüstungsgegenstände zu den mit Quecksilber verunreinigten Materialien. Quecksilber hat im Gegensatz zu den übrigen Schwermetallen die Eigenschaft, aufgrund seines Dampfdrucks auszugasen bzw. in die Bausubstanz einzudringen.
- Im Sanierungsfall Chemische Fabrik Marktredwitz, in der Quecksilber von 1788 bis 1985 zu Herbiziden, Pestiziden und sonstigen quecksilberhaltigen Produkten verarbeitet wurde, konnten im Mauerwerk ebenfalls tiefgreifende und großflächige Quecksilberbelastungen festgestellt werden (vgl. Anonym 1994). Des weiteren wurden Belastungen mit Antimon, Arsen und Blei nachgewiesen.
- Im Fall eines Galvanisierbetriebes, über den Stubenrauch/Kreuder (1996) berichten, entstanden aufgrund der galvanischen Prozesse Verunreinigungen der Bausubstanz durch die Schwermetalle Cadmium, Chrom und Nickel sowie durch Cyanid.

Darüber hinaus können bei Holzimprägnierwerken infolge der Verwendung schwermetallhaltiger Holzschutzmittel Kontaminationen mit Schwermetallen entstehen. Die potentiell gefährdeten Bereiche sind die gleichen, die in Kap. 6.3.2 für die Teerölimprägnierwerke beschrieben sind.

Neben den produktionsspezifischen Verunreinigungen können auch in der mineralischen Bausubstanz, wie z.B. in Beton und Mauersteinen, durch die Zugabe von Hochofenschlacke sowie Filterstäuben Schwermetallbelastungen vorliegen. Auch

Holzwerkstoffe, die für konstruktive Zwecke oder zur Verkleidung im Innen- und Außenbereich verwendet werden, können durch schwermetallhaltige Holzschutzmittel kontaminiert sein. In Bringzu/Voß (1993) sind eine Liste von schwermetallhaltigen Holzschutzmitteln und die Verwendungsbereiche der damit behandelten Holzwerkstoffe zu finden.

6.6 Asbest und künstliche Mineralfasern

6.6.1 Asbest

Die vom griechischen Begriff „asbestos" abgeleitete Bezeichnung Asbest, dessen Bedeutung mit unverbrennbar oder unauslöslich übersetzt werden kann, umfaßt eine Gruppe natürlich vorkommender silikathaltiger faserförmiger Mineralien mit verschieden hohen Anteilen der Elemente Fe, Na, Ca und Mg (vgl. Linster et al. 1996). Die Asbeste werden in die zwei Hauptgruppen Serpentin- und Amphibolasbeste eingeteilt, die sich chemisch und mineralogisch eindeutig unterscheiden.

Hauptvertreter der Gruppe der Serpentinasbeste ist das Chrysotil (Weißasbest), das in der Deutschland ca. 95 % des verwendeten Asbestes ausmachte. Die Amphibolasbeste umfassen neben den wichtigsten Vertretern Krokydolith (Blauasbest) und Amosit (Braunasbest) auch die für die Anwendung in Deutschland unbedeutenden Asbeste Aktinolith, Anthophyllit und Tremolit.

Die Asbeste besitzen eine ganze Reihe wichtiger Eigenschaften, die in vielerlei Hinsicht als nützlich eingestuft wurden, wie z.B.:

- nicht brennbar,
- beständig gegen Hitze, chemischen Angriff (z.B. Säuren), Fäulnis und Korrosion,
- geringe elektrische Leitfähigkeit und hohe thermische Isolierfähigkeit,
- hohe Elastizität und Zugfestigkeit sowie
- spezielle Absorptionsfähigkeiten.

Dies führte zu einer weiten Verbreitung der Asbestanwendung. Es wird geschätzt, daß Asbest in mehr als 3.000 verschiedenen Anwendungsbereichen eingesetzt wurde. Im Bauwesen wurden schwach- und zementgebundene Asbestprodukte beispielsweise im Zuge von Brand-, Schall-, Hitze-/Wärme- und Feuchtigkeitsschutzmaßnahmen, als Fassaden- und Dachverkleidung oder als Rohrleitungen verwendet (vgl. Tabelle 6.3). Die Unterscheidung asbesthaltiger Erzeugnisse in schwach- und zementgebundenen Asbest erfolgt über die Rohdichte des Produktes[6.3].

[6.3] Schwachgebundenes Asbest: Rohdichte < 1.000 kg/m³; zementgebundenes Asbest > 1.400 kg/m³ (Asbestzement). Asbestprodukte mit Rohdichten zwischen 1.000 und 1.400 kg/m³ müssen einzelfallbezogen eingeordnet werden. Dies gilt z.B. für die in der früheren DDR verwendeten Leichtbauplatten Sokalit sowie für die anorganischen Brand- und Feuer-

Tabelle 6.3. Typische Anwendungen von Asbestprodukten im Bauwesen

	Einsatzbereich asbesthaltiger Produkte
Anwendung schwachgebundener Asbestprodukte	
Brandschutzmaßnahmen	Beschichtung von Stahl- und Holzfachwerkkonstruktionen, Stahlbetonstützen (bei Stahl: oft Spritzasbest), Abschottungen von Öffnungen in Brandabschnittswänden für Kabel-, Rohr- und Kanaldurchführungen, Ummantelung von Lüftungs- und Kabelkanälen, Kabelschächten und Kabeltrassen, Füllungen, Dichtungen und Dichtstreifen bei nichttragenden Leichtbauwänden mit Brandschutzanforderungen, Beschichtung von Dächern (innen), Decken, Wänden, Ausfütterung von Türzargen und Füllungen von Brandschutztüren und -toren, Brandabschlüsse in Wänden mit Brandschutzanforderungen (Brandschutzklappen und -türen einschl. Dichtungen)
Schallschutzmaßnahmen	Dach,- Decken- und Wandbeschichtungen (Musiksäle, Theater- und Kongreß- und Technikräume, Werkhallen usw.), Innen- und Außenbeschichtung von Lüftungskanälen, Schalldämmkörper und -platten
Hitze- bzw. Wärmeschutzmaßnahmen	Wärmeschutzbeschichtung von Heizkörpernischen, -verkleidungen und Fenstersimsen, Wärmeschutzplatten in Nachtspeicheröfen, Unterbau von Leuchten, Beschichtung von Decken in Garagen oder Durchfahrten unter beheizten Räumen, Dichtungen an Wärmeerzeugungsanlagen, Armaturen, Rauchrohren, Ofentüren, Kessel- und Kamintüren, Packungen an Schiebern und Ventilen bei Heißdampf- und Hochdruckrohren, Isolierungen von Dampf- und Warmwasserleitungen, Isolierungen von Dampfturbinen, Kesselanlagen, Warmwasserspeichern, Ausdehnungsgefäßen sowie Industrie-, Gießerei-, Hoch- und Schmelzöfen, Kälteisolationen bei Kühlräumen und -behältern
Feuchtigkeitsschutzmaßnahmen	Decken und Wände in Hallenbädern, Decken in Naßräumen (Dusch- und Umkleideräume)
Sonstige Anwendungen	PVC-Fußbodenbeläge (im Kleberücken oder in der Deckschicht), Kunststoffplatten und -fliesen, Speichermassen von Wärmerückgewinnungsanlagen, Stuckmassen an Decken und Wänden, Tapeten, Lüftungsrohre, Isolationen von Schaltanlagen, Kabelummantelungen
Anwendung von Asbestzementprodukten	
Tiefbau	Rohrleitungen für Abwasser und Trinkwasser
Hochbau	Fassadenplatten, Dachwellplatten und -schindeln

---

schutzplatten (Baufatherm bzw. Neptunit), die Rohdichten zwischen 1.000 und 1.400 kg/m³ aufweisen und trotzdem als schwach gebunden eingestuft werden.

Die schwach gebundenen Asbestprodukte haben im Vergleich zu Asbestzementprodukten geringere Bindemittelanteile, so daß bei ihnen die Wahrscheinlichkeit der Faserfreisetzung deutlich größer ist.

Schwach gebundene Asbestprodukte sind:

- Spritzasbest und asbesthaltiger Spritzputz,
- asbesthaltiger Leichtmörtelputz,
- Asbestschnüre und -kordeln,
- Asbestgewebe,
- Asbestpappe,
- Asbestschaumstoffe und
- asbesthaltige Leichtbauplatten (Promasbest) und Brandschutzplatten.

In Deutschland wurden erhebliche Mengen Asbest verwendet. In Linster et al. (1996) wird der Verbrauch Mitte der 70er Jahre mit jährlich ca. 180.000 t angegeben. Er nahm im Folgezeitraum ab.

Erste Einschränkungen der Asbestanwendung wurden 1979 mit dem Aufbringungsverbot von Spritzasbest und 1984 mit dem Verwendungsverbot asbesthaltiger Leichtbauplatten in die Unfallverhütungsvorschriften (UVV) der Berufsgenossenschaften (UVV VBG 119) vorgenommen, die 1986 Eingang in die Gefahrstoff-Verordnung fanden. Im Zuge der Novellierung der Gefahrstoff-Verordnung 1990 wurde durch die Einstufung von Asbest in die Kategorie I der krebserzeugenden Stoffe faktisch ein Herstellungs- und Verwendungsverbot umgesetzt. Mit der Neuauflage der Gefahrstoff-Verordnung (GefStoffV 1993) und der Chemikalien-Verbotsverordnung (ChemVerbotsV 1993) wurde das Herstellen, Verwenden und Inverkehrbringen von Asbest endgültig untersagt. Der Umgang mit asbesthaltigen Stoffen ist damit nur noch bei Abbruch-, Sanierungs- und Instandhaltungsarbeiten und einigen wenigen, zeitlich befristeten Spezialanwendungen erlaubt.

Unter Zugrundelegung der zeitlichen Abfolge der Anwendungsbeschränkungen für Asbest und aufgrund des Baujahrs von Gebäuden kann die Schadstoffermittlung somit gezielt auf bestimmte Anwendungsformen und -bereiche eingegrenzt werden. Die Ermittlung des Sanierungsbedarfs von Gebäuden, soweit kein Abbruch oder keine Modernisierung geplant sind, erfolgt auf Grundlage der Asbest-Richtlinie der ARGEBAU (1989) für schwachgebundene Asbeste.

In den neuen Bundesländern wurden ebenfalls erhebliche Asbestmengen verwendet, unter anderem auch, wie Bloch/Weidner (1996) feststellten, in den Plattenbausiedlungen. Insbesondere Sokalitleichtbauplatten und asbesthaltiges Fugenmaterial wurden in großen Mengen verbaut.

Eine weitere in den neuen Bundesländern häufig anzutreffende Bauweise, über die Lösch (1995) berichtet, sind die in der Metalleichtbaukombinat-Bauweise errichteten Bürogebäude. Für die Verkleidung von Decken, Wänden und Fassaden wurden vielfach Sokalitleichtbauplatten verwendet.

6.6.2 Künstliche Mineralfasern

Die in vielen Fällen als Ersatzprodukte für Asbest verwendeten künstlichen Mineralfasern können wie Asbest gefährliche Faserstäube freisetzen. Als Faserstäube werden Stäube aus anorganischen Fasern definiert, die eine gewisse Fasergeometrie aufweisen[6.4].

Zu den künstlichen Mineralfasern gehören glasige (amorphe) und kristalline Faserarten, die sich nach Packroff (1996) in ihrem Bruchverhalten unterscheiden. Die glasigen künstlichen Mineralfasern umfassen nach Packroff (1996) die folgenden Produkte:

- Mineralwolle aus Glas, Stein oder Schlacke für Wärme-, Kälte- und Schallisolierungen,
- Keramikfaserprodukte für Hochtemperaturisolierungen und Ofenbau,
- Mikroglasfasern für Spezialanwendungen, wie z.B. Filtermaterialien und
- Textilglasfaserprodukte und textilglasfaserverstärkte Werkstoffe.

Demgegenüber werden kristalline künstliche Mineralfasern in deutlich geringeren Mengen z.B. als Whisker[6.5] in faserverstärkten Werkstoffen und als polykristalline Fasern in Keramikfaserprodukten (Hochtemperaturisolierung) verwendet (vgl. Packroff 1996).

Nach dem Einstufungskonzept der TRGS 905 (AGS 1995) sind die Faserstäube der glasigen und kristallinen Keramikfaserprodukte und die Mehrzahl der bislang verwendeten Stein- und Glaswollen als krebserzeugend einzustufen. Packroff (1996) berichtet, daß seit Mitte 1995 vor allem im Glaswollbereich neue Produkte mit einem Kanzerogenitätsindex KI > 40 und damit nach den derzeitigen Erkenntnissen ohne krebserzeugende Wirkung auf dem Markt erhältlich sind, und daß im Bereich der Steinwollen sowie der Mikroglas- und Keramikfasern Weiterentwicklungen stattfinden.

Bei der Schadstoffermittlungen in Gebäuden sind aufgrund der aufgezeigten Gefährdungen nicht nur die asbesthaltige Produkte sondern auch die künstlichen Mineralfaser-Produkte, insbesondere die vor 1995 verwendeten, zu erfassen.

[6.4] Länge L >> 5 µm, Dicke D < 3 µm und Verhältnis L:D > 3; gilt nach TRGS 905 (AGS 1995) für natürliche und künstliche Fasern, d.h. Asbest und künstliche Mineralfasern.

[6.5] Dünne Kristallfasern, die zur Herstellung von Werkstoffen mit außerordentlicher Zugfestigkeit verwendet werden.

6.7 Schlußbemerkung

Die exemplarische Auswahl der in Gebäuden auftretenden Schadstoffe zeigt, daß das Spektrum der möglicherweise in der Gebäudesubstanz anzutreffenden Umweltchemikalien sehr groß ist. Eine umfassende Abhandlung aller relevanten Schadstoffe und der davon betroffenen Bauteile hätte den Rahmen des gesamten Buchs gesprengt. Unter anderem mußte auf Angaben zur Toxizität der einzelnen Stoffe ganz verzichtet werden.

Wie der Beitrag verdeutlicht, wurden verschiedene chemische Substanzen nur in einem bestimmten Zeitraum hergestellt und verwendet. Das Baujahr eines Gebäudes gibt damit Anhaltspunkte für die Wahrscheinlichkeit des Auftretens von Schadstoffen. Ähnliche Hinweise ergeben sich oft aufgrund der Nutzungen des Gebäudes, wobei hier insbesondere die Mehrfachnutzungen und Umbaumaßnahmen von Bedeutung sein können.

Im Vorfeld von Schadstoffermittlungen durch Gebäudebegehungen und Bausubstanzuntersuchungen ist es daher ratsam, eine historische Erkundung der früheren Nutzung vorzuschalten, um die Produktionsprozesse, die eingesetzten und erzeugten Stoffe, die Gebäudefunktionen, die Lage von Gruben, Becken und Rohrleitungen usw. zu erfassen. Darauf aufbauend können gezielte Untersuchungen der Bausubstanz und ggf. der Produktionsanlagen durchgeführt und ein an den jeweiligen Standort angepaßtes Analysenprogramm entwickelt werden.

6.8 Literatur

AGS (1995): TRGS 905: Verzeichnis krebserzeugender, erbgutverändernder oder fortpflanzungsgefährdender Stoffe nach § 52 Abs. 3 GefStoffV. Erarbeitet vom Ausschuß für Gefahrstoffe und bekanntgegeben vom Bundesminister für Arbeit und Sozialordnung im Bundesarbeitsblatt (BArBl) 4/1995 und 6/1995 (Änderung).

ALTMANN, B.-R. (1993): Mobilitäts- und Transportverhalten von Mineralölen in Böden. In: DECHEMA e.V. (Hrsg.): Bewertung und Sanierung mineralölkontaminierter Böden, 10. DECHEMA – Fachgespräch Umweltschutz vom 24.–26. Juni 1992 in Leipzig, S. 516–522, Frankfurt, 1993.

ANONYM (1994): Der Sanierungsfall Chemische Fabrik Marktredwitz. In: TerraTech – Zeitschrift für Altlasten und Bodenschutz, 3. Jahrgang, Heft 1, S. 40–41, 1994.

ANONYM (1995): Aufwendige PCB-Sanierung bei der Deutschen Telekom. In: Ökologische Briefe Nr. 24 vom 14. Juni 1995.

ANONYM (1996): Abbruch der Nadelfabrik Lammertz in Aachen. In: TerraTech – Zeitschrift für Altlasten und Bodenschutz, 5. Jahrgang, Heft 1, S. 43–44, 1996.

ARGEBAU (1989): Richtlinien für die Bewertung und Sanierung schwach gebundener Asbestprodukte in Gebäuden (Asbest-Richtlinien). In: Mitteilungen des Institutes für Bautechnik, erarbeitet von der Arbeitsgemeinschaft der für das Bau-, Wohnungs- und Siedlungswesen zuständigen Minister der Länder (ARGEBAU), 20. Jahrgang, Nr. 6, S. 186–192, Berlin 1989.

ARGEBAU (1995): Richtlinie für die Bewertung und Sanierung PCB-belasteter Baustoffe und Bauteile in Gebäuden (PCB-Richtlinie). In: Mitteilungen Deutsches Institut für Bautechnik, erarbeitet von der Projektgruppe „Schadstoffe" der Fachkommission Baunormung der Arbeitsgemeinschaft der für das Bau-, Wohnungs- und Siedlungswesen zuständigen Minister der Länder (ARGEBAU), 26. Jahrgang, Nr. 2, S. 50–60, April 1995.

BLOCH, A., WEIDNER, M. (1996): Wohnbausanierung – aus der Praxis. In: Spezialisten entsorgen Gefahrstoffe im Hochbau, Hrsg. Güteschutzgemeinschaft für Asbestdemontage- und Entsorgungstechnik e.V. – ADE, S. 34, Berlin, 1996.

BORK, M.: Forschungsbericht (T 2535): PCB-haltige Dichtungsmassen. Auswertung verschiedener Sanierungsversuche zur Erstellung einer Richtlinie über Untersuchungs- und Sanierungsmaßnahmen. IRB-Verlag des Informationszentrums Raum und Bau der Fraunhofer-Gesellschaft, Stuttgart.

BREUER, H. (1989): dtv-Atlas zur Chemie. Allgemeine und anorganische Chemie (Band 1) sowie Organische Chemie und Kunststoffe (Band 2), 4. / 5. Auflage, dtv-Verlag, München, 1989 / 1990.

BRINGEZU/VOß: Hinweise zur Entsorgung von holzschutzmittelbehandeltem Altholz – Müll und Abfall, Heft 10/1993

BUA (1991): Chlorbenzol. In: Stoffbericht Nr. 54 des Beratergremiums für umweltrelevante Altstoffe (BUA) der Gesellschaft der Deutschen Chemiker, VCH Verlagsgesellschaft, Weinheim, 1991.

ChemVerbotsV (1993): Verordnung über Verbote und Beschränkungen des Inverkehrbringens gefährlicher Stoffe, Zubereitungen und Erzeugnisse nach dem Chemikaliengesetz (Chemieverbotsverordnung) vom 14.10.1993. In: Bundesgesetzblatt BGBl. I S. 1720, zuletzt geändert durch Gesetz vom 25.7.1994, BGBl. I S. 1689.

EDEL, H.-G., WEBER, W. (1995): Kontaminationen durch petrochemische Produkte. In: TerraTech – Zeitschrift für Altlasten und Bodenschutz, 4. Jahrgang, Heft 3, S. 65–68, 1995.

FAILING, M. (1996): PCB-Gebäudesanierung – Strategie, Beispiele und Kosten. In: Spezialisten entsorgen Gefahrstoffe im Hochbau, Hrsg. Güteschutzgemeinschaft für Asbestdemontage- und Entsorgungstechnik e.V. – ADE, S. 67–70, Berlin 1996.

FENGLER, K. (1996): PCB-Sanierung im Hochbau. In: Spezialisten entsorgen Gefahrstoffe im Hochbau, Hrsg. Güteschutzgemeinschaft für Asbestdemontage- und Entsorgungstechnik e.V. – ADE, S. 49–51, Berlin 1996.

FIEDLER, H., LAU, C., SCHULZ, S., WAGNER, C., HUTZINGER, O., TRENCK, K. T. v.d. (1995): Stoffbericht: Polychlorierte Biphenyle (PCB): Analytik, Toxikologie und Umweltverhalten. In: Landesanstalt für Umweltschutz Baden-Württemberg (Hrsg.), Texte und Berichte zur Altlastenbearbeitung, Band 16/1995, Karlsruhe, 1995.

GefStoffV (1993): Verordnung zum Schutz vor gefährlichen Stoffen (Gefahrstoffverordnung) vom 26.10.1993. In: Bundesgesetzblatt BGBl. I S. 1782, ber. S. 2049, zuletzt geändert durch Verordnung vom 19.9.1994, BGBl. I S. 2557.

GRUBITZSCH, J. (1994): BUNA: Modellprojekt zur Sanierung einer Quecksilber-Altlast. In: TerraTech – Zeitschrift für Altlasten und Bodenschutz, 3. Jahrgang, Heft 1, S. 38–39, 1994.

HAGfGesErz (1992): Polycyclische aromatische Kohlenwasserstoffe – Gesundheitsgefährdung am Arbeitsplatz. Hrsg.: Hessische Arbeitsgemeinschaft für Gesundheitserziehung in Marburg in Zusammenarbeit mit dem Hessischen Ministerium für Frauen, Arbeit und Sozialordnung, Wiesbaden, 1992.

HELLMANN, J., HOGREBE, C., MÖLLER, K.-W. (1996). Konversion einer Kaserne zur Solarstadt – der Lenné-Park Potsdam. In: BrachFlächenRecycling, 3. Jahrgang, Heft 3/1996, S. 31–36, Verlag Glückauf, Essen August 1996.

HEMPFLING, R., STUBENRAUCH, S. (1994): Schwermetallbelastungen in Gebäuden am Beispiel von Quecksilber. In: R. Hempfling, S. Stubenrauch (Hrsg.): Schadstoffe in Gebäuden – Erkennen, Bewerten, Sanieren, Vermeiden –, S. 155–166, Eberhard Blottner Verlag Taunusstein, 1994.

HETTLER, A., VERSPOHL, J. (1994): Die Sanierung der ehemaligen Metallhütte Carl Fahlbusch in Rastatt: Eine Übersicht. In: WLB – Wasser-Luft-Boden 38, S. 74–78, 1994.

HOFFMANN, K. (1993): Gefährdungsabschätzung und Sanierungskonzeptionen für PAK-kontaminierte Böden. In: Altlastenspektrum, Heft 2/93, S. 93–99.

HOLLERBACH, A. (1993): Herkunft und Hintergrundbelastung von Kohlenwasserstoffen in der Umwelt. In: DECHEMA e.V. (Hrsg.): Bewertung und Sanierung mineralölkontaminierter Böden, 10. DECHEMA – Fachgespräch Umweltschutz vom 24.–26. Juni 1992 in Leipzig, S. 555–565, Frankfurt, 1993.

HOLZ, H. (1996): Kontrollierter Rückbau von Industriekomplexen am Beispiel der ehemaligen Zeche und Kokerei Anna in Alsdorf. In: TerraTech – Zeitschrift für Altlasten und Bodenschutz, 5. Jahrgang, Heft 1, S. 48–50, 1996.

KÖPPL, B. Dr., JABLONSKI, E. Dr., PILOTY, M. Dr. (1996): Polychlorierte Biphenyle im Wohnzimmer ignoriert – vergessen – verdrängt. In: Spezialisten entsorgen Gefahrstoffe im Hochbau, Hrsg. Güteschutzgemeinschaft für Asbestdemontage- und Entsorgungstechnik e.V. – ADE, S. 49–51, Berlin, 1996.

KOSS, G., FORSCHNER, S. (1996): PCB in der Innenraumluft – Bewertung und Maßnahmen zum Schutz der Gesundheit. In: Spezialisten entsorgen Gefahrstoffe im Hochbau, Hrsg. Güteschutzgemeinschaft für Asbestdemontage- und Entsorgungstechnik e.V. – ADE, S. 12–15, S. 47–48, Berlin, 1996.

KURZ, R. (1994): Pentachlorphenol als Biozid in Bauhölzern und Einrichtungsgegenständen. In: R. Hempfling, S. Stubenrauch (Hrsg.): Schadstoffe in Gebäuden – Erkennen, Bewerten, Sanieren, Vermeiden –, S. 139–153, Eberhard Blottner Verlag, Taunusstein, 1994.

LfU (1989): Branchenkatalog zur historischen Erkundung von Altstandorten. In: Materialien zur Altlastenbearbeitung Band 3, Hrsg.: Landesanstalt für Umweltschutz Baden-Württemberg, Karlsruhe, 1989, verwendet als EDV-Datenbank in der Version von 1993.

LEHMANN, D., PALAPYS, M. (1994): Rückbau von Industriegebäuden. In: TerraTech – Zeitschrift für Altlasten und Bodenschutz, 3. Jahrgang, Heft 2, S. 46–49, 1994.

LIEFLÄNDER, W. (1996): Gefahrstoffe im Hochbau. In: Spezialisten entsorgen Gefahrstoffe im Hochbau, Hrsg. Güteschutzgemeinschaft für Asbestdemontage- und Entsorgungstechnik e.V. – ADE, S. 77–79, Berlin, 1996.

LINSTER, W., SCHMIDT, A. NOWAK, T. (1996): Asbest – Kompendium für Betroffene, Planer und Sanierer. 2. überarbeitete und aktualisierte Auflage, C.F. Müller Verlag, Heidelberg, 1996.

LÖSCH, A. (1995): Asbestentsorgung und Abriß eines MLK-Gebäudes – Ein Erfahrungsbericht. In: Spezialisten entsorgen Gefahrstoffe im Hochbau, Hrsg. Güteschutzgemeinschaft für Asbestdemontage- und Entsorgungstechnik e.V. – ADE, S. 56–57, Berlin, 1995.

OCKELMANN, G. (1994): PCB in Fugendichtmassen – Eine Kontaminationsquelle für Gebäude. In: R. Hempfling, S. Stubenrauch (Hrsg.): Schadstoffe in Gebäuden – Erkennen, Bewerten, Sanieren, Vermeiden –, S. 131–138, Eberhard Blottner Verlag Taunusstein, 1994.

PACKROFF, R. (1996): Faserstäube am Arbeitsplatz. In: Spezialisten entsorgen Gefahrstoffe im Hochbau, Hrsg. Güteschutzgemeinschaft für Asbestdemontage- und Entsorgungstechnik e.V. – ADE, S. 12–15, Berlin, 1996

RISS, A. (1993): Sanierungskonzept Flugplatz Ramstein. In: DECHEMA e.V. (Hrsg.): Bewertung und Sanierung mineralöl-kontaminierter Böden, 10. DECHEMA – Fachgespräch Umweltschutz vom 24.–26. Juni 1992 in Leipzig, S. 235–244, Frankfurt, 1993.

RÖMPP (1989): Chemie Lexikon Römpp. J. Falbe, M. Regitz (Hrsg.), 9. erw. u. neubearb. Auflage, Georg Thieme Verlag, Stuttgart – New York, 1989.

SCHIRMER, B., SCHWARZ, R. (1995): Flächenrecycling auf dem Gelände der ehemaligen Fettchemie in Chemnitz. In: TerraTech – Zeitschrift für Altlasten und Bodenschutz, 4. Jahrgang, Heft 6, S. 52–56, 1995.

STARKE, U., HERBERT, M., EINSELE, G. (1991): Polyzyklische aromatische Kohlenwasserstoffe (PAK) in Boden und Grundwasser, Teil I: Grundlagen zur Beurteilung von Schadensfällen. In: Rosenkranz, D., Bachmann, G. et al. (Hrsg): Bodenschutz – Ergänzbares Handbuch der Maßnahmen und Empfehlungen für Schutz, Pflege und Sanierung von Böden, Landschaft und Grundwasser, Erich-Schmidt Verlag Berlin, 1991.

STUBENRAUCH, S., HEMPFLING, R. (1994): Dioxin in der Bausubstanz. In: R. Hempfling, S. Stubenrauch (Hrsg.): Schadstoffe in Gebäuden – Erkennen, Bewerten, Sanieren, Vermeiden –, S. 117–130, Eberhard Blottner Verlag Taunusstein, 1994.

STUBENRAUCH, S., KREUDER, S. (1996): Untersuchung, Bewertung, Dekontamination: Rückbau eines ehemaligen Galvanikbetriebes. In: TerraTech – Zeitschrift für Altlasten und Bodenschutz, 5. Jahrgang, Heft 4, S. 49–53, 1996.

7 Beschreibung der typischen Rückbauverfahren: Demontage, Dekontamination, Abbruch

Dipl.-Ing. Hubert Schramm, Dipl.-Geol. Ulrich Lieser
AHU – Büro für Hydrogeologie und Umwelt GmbH, Kirberichshofer Weg 6, 52066 Aachen

7.1 Arbeitsschritte beim Rückbau

Die qualitativen Hauptziele für abzubrechende Gebäude sind die *Abfallvermeidung*, die *Abfalltrennung* sowie die *Vermeidung von Emissionen*. Bei der Abwicklung und Planung von Projekten spielt die Organisation der Arbeiten und die Frage des Arbeitsschutzes eine wichtige Rolle.

Beim Rückbau kontaminierter Gebäude trifft man häufig nicht nur auf *eine* Schadstoffgruppe, sondern auf eine Vielzahl unterschiedlicher Schadstoffe und Schadstoffherde. Hier ist es sinnvoll, die Rückbaumaßnahmen nacheinander in der Reihenfolge der Gefährdungs- bzw. Entsorgungspotentiale vorzunehmen, also z. B. Entrümpeln, Asbestzemententsorgung, Schwermetall- und Rußdekontamination (Dioxin). Die Arbeitsschutzmaßnahmen sind dann jeweils zu erhöhen, und die Anforderungen an die Entsorgung ändern sich.

7.1.1 Ausbau von sortenreinen Stoffen

Sortenreine Stoffe, die nicht zusammen mit den mineralischen Reststoffen verwertet werden können, sind vor dem Abbruch auszubauen. Es handelt sich z. B. um:

- Türen und Zargen,
- Fenster und Rahmen,
- Glas,
- Bodenbeläge: PVC-Teppiche, -Platten (außer Beton etc.),
- Kunststoffe, Lampen, Aufzugs-, Heizungs- und sonstige haustechnische Anlagen,
- Isolationsmaterialien,
- lose bzw. abbröckelnde Anstriche,
- auf Putz liegende Installationsleitungen und Schalt- bzw. Steuereinrichtungen
- sowie Heizungsanlagen.

Diese „reinen Stoffe“ können relativ einfach einer Wiederverwertung (z. B. Stahlschrott) zugeführt werden. Zukünftig ist hier auch verstärkt an Produktrecycling durch den bauteilorientierten Rückbau von Gebäuden zu denken (vgl. Kap. 13).

7.1.2 Ausbau von kontaminierten Materialien

Aufgrund von Projekterfahrungen kann die Reihenfolge der 18 Rückbauschritte als Leitlinie für die Abwicklung von Abrißmaßnahmen dienen:

(1) Sichern baufälliger Gebäudesubstanz nach statischen Erfordernissen unter Berücksichtigung des Lastfalls „Rückbauarbeiten“.

(2) Staubdichtes Verschließen der Fenster- und Maueröffnungen mittels Kunststofffolien oder Einhausung und Einsatz von Unterdruckanlagen nach Immissionsschutzerfordernissen. Errichtung der für den Arbeitsschutz erforderlichen Einrichtungen (z. B. Schwarz-Weiß-Anlage).

(3) Manuelles, möglichst staubfreies Entrümpeln bzw. Entfernen etwa vorhandener hausmüllähnlicher Abfälle (z. B. Sperrmüll), Schrott und anderer Abfälle, ggf. Entstauben dieser Abfälle vor Ausschleusung aus dem Gebäude.

(4) Ausbau nichtkontaminierter Bauteile wie Installationen, Türen, Fenster etc. Eventuell kann es auch sinnvoll sein, dies zu einem späteren Zeitpunkt auszuführen, wenn die Fenster z. B. gleichzeitig als Einhausung dienen.

(5) Manuelles Aufnehmen von kontaminiertem Material, das lose vorliegt, z. B. Gießereisande, Schüttgüter.

(6) Absaugen von schadstoffhaltigen Stäuben und vergleichbaren Materialien, die nicht in die Bausubstanz eingedrungen sind, mit Hilfe von Industriesauganlagen.

(7) Abbürsten und Abwischen von Flächen mit Kontaminationen auf der Oberfläche, die sich durch das Absaugen nicht entfernen lassen (z. B. Ruß).

(8) Auslaugen von (porösen) Bauteilen. Hierbei sollte der Verfahrenserfolg im Vorfeld, z. B. an einer Probefläche, geklärt sein.

(9) Abstemmen, Abspitzen von Bausubstanz – vor allem in Wand-, Decken- und Stützenbereichen, die oberflächennah kontaminiert sind.

(10) Fräsen, Schälen von flächigen Kontaminationen der Bausubstanz mit definierter Abtragsstärke, hauptsächlich im Fußbodenbereich.

(11) Strahlen mit festen Strahlmitteln zum Abtrag von dünnen oberflächlichen Kontaminationen, meist mit anschließendem Absaugen der Arbeitsbereiche wegen der großen Staubbildung.

(12) Strahlen mit flüssigen Strahlmitteln zum Abtrag von stark verkrusteten, harten und in die Bausubstanz eingedrungenen oberflächlichen Kontaminationen. Die Aufnahme der großen Mengen an Strahlflüssigkeiten ist hierbei entsprechend vorzubereiten.

(**13**) Demontage von kontaminierten Bauteilen, die werkgefertigt sind und sich in kompletten Einheiten ausbauen lassen.

(**14**) Manueller Ausbau von vor Ort gefertigten kontaminierten Bauteilen wie zum Beispiel mit Schadstoffen durchtränkte Zwischenwände.

(**15**) Trennen und Zerlegen von kontaminiertem Material, meist Stahlträger oder Anlagentechnik.

(**16**) Maschineller Teilabbruch von kontaminierten Bauwerksbereichen, die sich ohne Schadstoffimmissionen und Zerstörung des Gesamtgebäudes abbrechen lassen.

(**17**) Ausbau mit Spezialgeräten, zum Beispiel beim Abbruch von kontaminierten Kaminen oder Kaminbereichen.

(**18**) Teilsprengung von kontaminierten Bauwerksteilen (z. B. Kaminsegment) unter Berücksichtigung der hohen Gefahr kontaminierter Staubimmissionen.

Diese einzelnen Arbeitsschritte bzw. Verfahren sind in Abb. 7.1 zusammengestellt.

7.1.3 Restabbruch nach dem Ausbau kontaminierter Materialien

Ein herkömmlicher Abbruch erfolgt, wenn die oben aufgeführten Verfahren zu einer nicht oder nur gering belasteten verbleibenden Bausubstanz geführt haben. Hierzu bietet sich eine Vielzahl von Verfahren an, wie sie in der Literatur ausreichend beschrieben sind und auch seit Jahren praktiziert werden. Da diese „normalen" Abbrucharbeiten keinen besonderen Bezug zu typischen Rückbauverfahren der Altlastensanierung haben, wird in diesem Beitrag nicht weiter auf Abbruchverfahren eingegangen. Es handelt sich um Verfahren nach anerkannten Regeln der Technik wie Einschlagen, Eindrücken, Sprengen etc., üblicherweise mit Werkzeugen des Tiefbaus wie Seilbagger mit Abrißbirne, Hydraulikbagger, Dynamit etc.

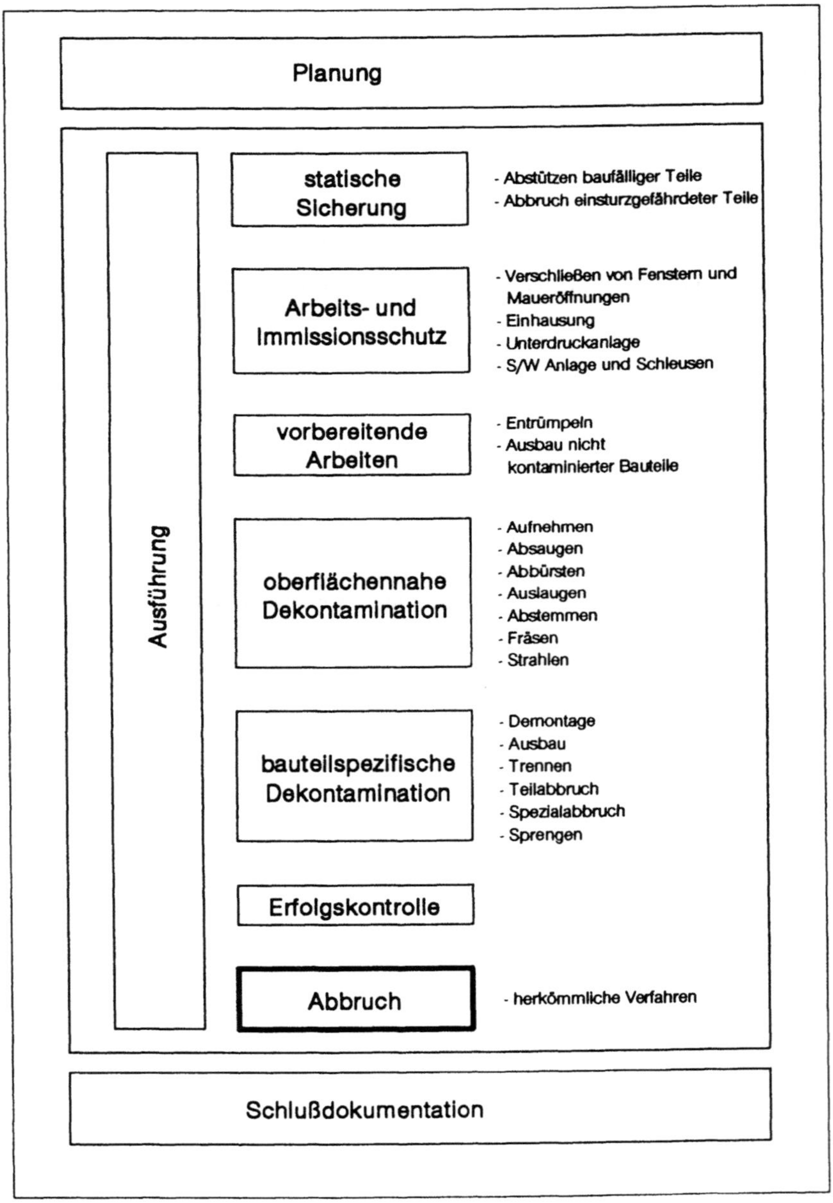

Abb. 7.1. Arbeitsschritte beim Rückbau

7.2 Rückbauverfahren bei kontaminierten Materialien

Es gibt eine Vielzahl von Verfahren zur Separierung von Materialien in Bauwerken. Das Grundprinzip aller Verfahren besteht im Lösen, Trennen und Aufnehmen von Material. Diese Verfahren werden meist schon lange, allerdings mit anderen Zielsetzungen (z. B. in der Metallbearbeitung) eingesetzt und hier auf die Separierung schadstoffhaltiger Materialien übertragen. Häufig werden diese Verfahren auch nacheinander (z. B. Abbürsten mit anschließendem Absaugen) oder in einer Kombination mehrerer Verfahren (z. B. Strahlen mit einem Gemisch aus flüssigen und festen Strahlmitteln) angewandt. Die Verfahren können gegliedert werden in

- Reinigungsverfahren,
- Abtragsverfahren,
- Ausbauverfahren und
- Sonderverfahren.

Sie werden nachfolgend aufgelistet, beschrieben und mit Fallbeispielen veranschaulicht.

7.2.1 Reinigungsverfahren

Manuelles Aufnehmen. Lösen und Aufnehmen von Materialien ohne Anhaftung an die Bausubstanz (z. B. Gießereisand) mittels Schaufeln, Besen etc.

In der Regel wird manuell mit einfachsten Geräten (Besen, Schaufel, Kehrblech) gearbeitet. Dies läßt sich bei Schüttgütern, die keine großen Staubemissionen verursachen, gut anwenden. Die Kosten sind gering und hauptsächlich auf die Personalkosten bezogen.

Beispiel: Beim Rückbau einer Metallbearbeitung wurden mit diesem Verfahren mit Mineralöl- und Halogenkohlenwasserstoffen belastete Schleifschlämme aufgenommen.

Absaugen. Lösen und Aufnehmen von Materialien ohne feste Anhaftung an die Bausubstanz mittels Unterdruck und Transport in einem Gas- oder Flüssigkeitsmedium mit anschließender Separierung (Filter) vom Transportmedium und von Schwebstoffen.

In der Regel werden Industriesauger mit entsprechenden Abscheidesystemen und Auffanggefäßen eingesetzt, die eine staubfreie Entleerung und sichere Entsorgung ermöglichen. Die Sauger unterliegen Anforderungen je nach Art der Stäube (Gesundheitsschutz und Explosionsschutz). Häufig eingesetzt werden diese Verfahren bei der Asbestsanierung. Die Kosten sind hauptsächlich auf die Personalkosten, bei großen Flächen auf die Fläche bezogen.

Beispiel: Beim Rückbau einer Galvanik wurden mit diesem Verfahren schwermetallhaltige Stäube (Chrom, Kupfer, Nickel) auf Wand- und Bodenflächen aufgenommen.

Abbürsten und Abwischen. Lösen und Abtrag von Materialien mit leichter Anhaftung an die Bausubstanz mittels Drahtbürsten (z. T. rotierend) oder Reinigungsgewebe (feuchte oder trockene Tücher) und anschließende Aufnahme der abgetragenen Materialien (teilweise an Bürsten oder Gewebe gebunden).

In der Regel wird manuell mit einfachsten Geräten (Bürsten oder Tücher) gearbeitet. Dies läßt sich bei Kontaminationen durch flächige Anhaftungen gut anwenden, z. B. bei der Brandschadenssanierung. Zum Teil werden auch maschinell betriebene rotierende Bürsten oder feuchte Reinigungsgeräte eingesetzt. Häufig wird das maschinelle Abbürsten mit dem Absaugen kombiniert. Die Kosten verhalten sich wie beim vorgenannten Verfahren.

Beispiel: Beim Rückbau eines Autoreifenlagers, in dem Brandschäden länger zurücklagen, wurde mit diesem Verfahren dioxinhaltiger Ruß von Wand- und Deckenflächen abgereinigt.

Auslaugen. Lösen von Materialien, welche in die Bausubstanz eingedrungen sind, mittels Reinigungsflüssigkeiten, zum Teil mit Lösungsvermittler (z. B. Tenside) oder Emulgatoren sowie den biologischen Abbau fördernden Zusätzen (z. B. Nährlösungen, Bakterienkulturen) und anschließende Aufnahme der gelösten Materialien in der Auslaugflüssigkeit.

In der Regel wird ein flüssiges Wirkpräparat (z. B. Lösungsmittel, Tenside) dünn aufgetragen, dringt in die Bausubstanz ein und „unterkriecht" die Kontamination (meist Öl). Bei Zugabe von Wasser schwemmt die Kontamination dann aus und kann aufgenommen werden. Dieses Verfahren ist nur bei entsprechender Kontamination, meist mit Mineralölen, geringen Eindringtiefen (maximal ca. 20 cm) und entsprechender Flüssigkeitswegsamkeit (Porosität) erfolgreich einsetzbar. Je nach Wirkungserfolg muß dieser Vorgang mehrfach wiederholt werden. Die Kosten richten sich nach Fläche sowie Anzahl und Dauer der Einwirkung.

Beispiel: Beim Rückbau einer Kfz-Werkstatt wurden mit diesem Verfahren mit Mineralölen verunreinigte Betonbodenflächen oberflächennah dekontaminiert.

7.2.2 Abtragsverfahren

Abstemmen, Abspitzen. Lösen von Teilen der Bausubstanz und dickeren festen Anhaftungen mittels manuell, pneumatisch oder hydraulisch betriebener Meißelwerkzeuge und anschließende Aufnahme der Materialien.

In der Regel wird mit Preßlufthammer oder an einem Bagger angebrachtem Hydraulikhammer, teilweise auch mit Hammer und Meißel gearbeitet. Dies Verfahren ist gut geeignet für Bausubstanz bestehend aus Baumaterialien, die unterschiedliche Härten aufweisen, also z. B. Putz oder Estrich auf Beton. Das Verfahren ist sehr aufwendig und bei großen Flächen nicht sehr wirtschaftlich. Meist ist es sinnvoll, nach Stunden abzurechnen.

Beispiel: Beim Rückbau einer Galvanik wurden mit diesem Verfahren Chrom-VI-haltiger Putz und Beton gelöst und anschließend entsorgt.

Fräsen, Schälen. Abtragen von Teilen der Bausubstanz und gleichmäßig starken dickeren Anhaftungen mittels rotierender Abtragswerkzeuge oder Schneidwerkzeugen (teilweise beheizt) und anschließende Aufnahme der Materialien.

In der Regel wird mit schnell rotierenden Werkzeugen gearbeitet. Dies Verfahren ist gut geeignet für den flächenhaften Abtrag von Bausubstanz in definierten Abtragsstärken, z. B. bei Bodenflächen. Je Arbeitsgang kann dabei eine definierte Abtragsstärke genau entfernt werden. Das Verfahren ist häufig direkt mit einer Absaugung kombiniert. Die Kosten richten sich nach eingesetzten Geräten, Fläche und Anzahl der Arbeitsgänge.

Beim Fräsen stören Bewehrungseisen. Die Abtragstiefe ist bei bewehrten Bauelementen durch die Lage der Eisen begrenzt.

Beispiel: Beim Rückbau einer Lagerhalle wurde mit diesem Verfahren teerhaltiger Gußasphalt (PAK) von unbelastetem Betonboden getrennt.

Strahlen mit festen Strahlmitteln. Abtragen von Teilen der Bausubstanz (z. B. Anstriche) und dünneren Anhaftungen mittels beschleunigter fester Strahlmittel (z. B. Quarzsand) und anschließende Aufnahme des Strahlgutes.

In der Regel wird ein hartes und kantiges Strahlmittel mit Druckluft beschleunigt und durch eine von Hand oder maschinell gerichtete Lanze auf die abzustrahlende Fläche geleitet. Das Strahlmittel trägt beim Auftreffen Material ab und vermischt sich mit der abgetragenen Substanz. Das Verfahren ist häufig direkt mit einer Absaugung kombiniert, und das Strahlmittel läßt sich teilweise rückgewinnen. Dies Verfahren ist gut geeignet für Bausubstanz bestehend aus Baumaterialien, die unterschiedliche Härten aufweisen und in dünnen Schichten aufgetragen sind, also z. B. für Anstriche auf Stahl. Bei diesem Verfahren ist allein durch das Arbeitsverfahren mit einer starken Staubbildung zu rechnen, es ist immer entsprechender Immissions- (Einhausung) und Arbeitsschutz (Schutzkleidung und Atemschutz) zu beachten. Die Kosten verhalten sich wie beim vorgenannten Verfahren.

Beispiel: Beim Rückbau eines Kamins einer ehemaligen Verschwelung von Altbatterien zum Recycling der Metalle wurden mit diesem Verfahren dioxinhaltige Asche- und Rußverkrustungen abgelöst.

Strahlen mit flüssigen Strahlmitteln. Abtragen von Teilen der Bausubstanz und dünneren Anhaftungen mittels beschleunigter flüssiger Strahlmittel (z. B. Hochdruckwasserstrahl) und anschließende Aufnahme des Strahlgutes.

In der Regel wird Wasser als Strahlmittel unter hohem Druck durch eine von Hand oder maschinell gerichtete Lanze beschleunigt und auf die abzustrahlende Fläche geleitet. Das Strahlmittel trägt beim Auftreffen Material ab und vermischt sich mit der abgetragenen Substanz. Das Verfahren ist häufig direkt mit einer Absaugung kombiniert und das Strahlmittel läßt sich teilweise rückgewinnen oder aufbereiten. Dies Verfahren ist beim Abtrag harter Verkrustungen und auch bei kontaminiertem Beton mit mehreren Zentimetern Eindringtiefe erfolgreich. Eine Schwierigkeit stellt immer die Aufnahme und Behandlung der anfallenden großen Flüssigkeitsmengen dar. Bei der Reinigung von (ehemaligen) Abwasseranlagen ist dies häufig relativ einfach zu bewerkstelligen. Die Kosten verhalten sich wie beim vorgenannten Verfahren.

Beispiel: Beim Rückbau eines Klärbeckens einer Abwasserreinigung von metallurgischen Prozessen wurden mit diesem Verfahren schwermetallhaltige Verkrustungen an Beckenwandung und Boden entfernt.

7.2.3 Ausbauverfahren (Teilabbruch)

Demontage. Lösen von Bauteilen in umgekehrter Reihenfolge des Anbringens von Bauteilen, die nicht vor Ort gefertigt wurden.

In der Regel werden Kleinwerkzeuge wie bei der Montage verwandt und die Bauteile wie bei der Montage z. B. mit entsprechenden Hebezeugen (Kran etc.) transportiert. Das Verfahren wird häufig bei baustoffimmanenten Verunreinigungen von werkgefertigten Fertigbauteilen angewandt. (z. B. Welleternit, Asbestzementplatten). Die Konstruktion des Bauwerks ist für die Durchführbarkeit dieser Methode von entscheidender Bedeutung. Die Kosten richten sich nicht hauptsächlich nach der häufig sehr einfachen reinen Demontage; entscheidend ist vielmehr die Erreichbarkeit der Befestigungsmittel und der Einsatz von Hebezeugen.

Beispiel: Beim Rückbau einer Vielzahl von gewerblichen Gebäuden wurden mit diesem Verfahren asbestzementhaltige Dach- und Wandverkleidungen entfernt.

Manueller Ausbau. Zerlegung von vor Ort gefertigten Bauwerksteilen und Aufnahme des Materials.

In der Regel wird mit Preßlufthammer oder an einem Bagger angebrachtem Hydraulikhammer, teilweise auch mit Hammer und Meißel gearbeitet. Dies Verfahren ist gut geeignet für nichttragende Bauwerksteile, die komplett kontaminiert sind und vor Ort gefertigt wurden, z. B. für leichte Trennwände aus gemauertem Bimsstein. Das Material wird anschließend mit entsprechendem Ladegerät oder von Hand aufgenommen. Bei tragender Bauwerkskonstruktion ist diese Methode wegen erforderlicher Sicherheitsmaßnahmen meist nicht wirtschaftlich einsetzbar. Die Kosten richten sich hauptsächlich nach Material, Menge und Erreichbarkeit. Eine Abrechnung auf Basis von Flächen (mit definierter Stärke) oder Volumen ist hier sinnvoll.

Beispiel: Beim Rückbau des Kamins eines Dampfkessels wurde mit diesem Verfahren die mit PAK belastete gemauerte Innenschale von den restlichen Kaminbaustoffen getrennt.

Trennen (Schneiden, Brennen). Durchtrennen, meist von Metallen (z. B. Anlagenteile), mittels Temperaturerhöhung bis zur Verflüssigung oder Nachlassen der Festigkeit oder mittels Sägen, Schleifscheiben etc. und Aufnahme der abgetrennten Materialien.

In der Regel wird mit entsprechenden manuell (selten auch maschinell) geführten Brennern oder Brennlanzen mit einer offenen Flamme gearbeitet. Dies Verfahren ist gut geeignet für die Zerlegung von Stahlkonstruktionen. Eine Explosions- oder Brandgefahr muß sicher ausgeschlossen werden. Ebenso sind mögliche Zersetzungsprodukte beim Einsatz offener Flammen (z. B. Dioxin aus der Verschwelung chlororganischer Substanzen) zu berücksichtigen. Die Kosten sind je nach örtlichen Gegebenheiten sehr unterschiedlich. Meist ist es sinnvoll, nach Stunden abzurechnen. Ansonsten bietet sich auch eine Pauschalabrechnung nach Ortsbesichtigung an.

Beispiel: Beim Rückbau einer Filteranlage einer Batteriefabrik wurden mit diesem Verfahren stark mit Blei belastete Anlagenteile mittels Schneidbrenner separiert.

Maschineller Teilabbruch. Ausbau durch Zerstörung von Bauwerksteilen ohne Zerstörung des gesamten Tragwerks (z. B. nicht aussteifende Decken) durch Maschineneinsatz (z. B. Hydraulikmeißel) und Aufnahme des Materials.

In der Regel wird hier mit gleichem Gerät wie beim herkömmlichen Abbruch (Abbruchbirne, Bagger etc.) gearbeitet. Dies Verfahren bietet sich an, wenn bestimmte (auch tragende) Bauwerksbereiche komplett oder großflächig kontaminiert sind, und das Gesamtgebäude durch diesen Teilabbruch nicht komplett zum Einsturz mit anschließender Vermischung aller Abbruchmassen gebracht wird. Beispielsweise läßt sich so eine oberste Geschoßdecke ausbauen. Dies Verfahren stellt hohe Ansprüche an Sicherheitstechnik und statische Beurteilung der Gebäudesubstanz. Die Kosten verhalten sich wie im vorgenannten Verfahren.

Beispiel: Beim Rückbau einer Produktionshalle einer Batteriefabrik wurde mit diesem Verfahren eine mit metallischem Blei durchsetzte Geschoßdecke entfernt.

Ausbau mit Spezialabbruchgeräten (Schere etc.). Abgreifen oder Abquetschen von Bauwerksteilen (z. B. Kaminabschnitte) mittels Hydraulikscheren oder sonstigen Spezialabbruchgeräten und Aufnahme des gelösten Materials.

In der Regel wir hier mit speziellen Großwerkzeugen (Hydraulikschere auf Großbagger) gearbeitet. Dies Verfahren bietet sich an, wenn bestimmte (auch tragende) Bauwerksbereiche komplett oder großflächig kontaminiert sind. Dabei wird das Gesamtgebäude durch diesen Abtrag nicht zum Einsturz gebracht. Beispielsweise läßt sich so ein Kaminabschnitt ausbauen. Dies Verfahren stellt hohe Ansprüche an Sicherheitstechnik und statische Beurteilung der Gebäudesubstanz. Die Kosten verhalten sich wie im vorgenannten Verfahren.

Beispiel: Das Verfahren wurde beim Abbruch eines kontaminierten Kamins in Erwägung gezogen, jedoch aus Kostengründen nicht realisiert.

Sprengen. Lösen von Bauwerksteilen (z. B. Betonsilos) mittels Sprengladungen (z. B. Schneidladungen) und anschließende Aufnahme des Materials.

In der Regel wird hier mittels Sprengladungen gearbeitet, die einen Teil des Gesamtbauwerks abtrennen oder zum Einsturz bringen. Dies Verfahren bietet sich an, wenn bestimmte (auch tragende) Bauwerksbereiche komplett oder großflächig kontaminiert sind. Beispielsweise läßt sich so ein massiver außenliegender Bauteil (z. B. Betonsilo) vom Rest des Gebäudes trennen. Dies Verfahren erfordert lange Erfahrungen und beinhaltet große Unwägbarkeiten (Versagen der Sprengladung, falsche Einschätzung der Statik). Eine starke, aber kurze Staubentwicklung ist meist nicht zu vermeiden; falls sich dabei kontaminierter Staub ausbreiten könnte, sollte das Verfahren aus Immissionsschutzgründen nicht eingesetzt werden. Die Kosten sind sehr unterschiedlich und können erst nach Ortsbesichtigung und Durchsicht aller Unterlagen seriös kalkuliert werden.

Eine praktizierte Anwendung dieses Verfahrens beim Rückbau kontaminierter Gebäude ist nicht bekannt, jedoch mit den beschriebenen Vorbehalten denkbar.

7.2.4 Sonderverfahren

Es sind noch eine Vielzahl weiterer Verfahren und vor allem Verfahrenskombinationen möglich oder denkbar. Eine vollständige Auflistung erscheint in diesem Rahmen nicht sinnvoll. Eine kleine Auswahl von in der Praxis bereits angewendeten Verfahren ist nachfolgend aufgeführt:

Absorbieren und Aufnehmen von Kontaminationen. Trennen und Lösen von Materialien ohne feste Anhaftung an die Bausubstanz durch Zugabe von Absorptionsmittel und Aufnahme des Gemisches aus Absorptionsmittel und Kontamination.

In der Regel wird hier mittels Zugabe von Absorptionsmitteln der aufzunehmende Schadstoff in eine Form oder Verbindung überführt, die eine leichte Aufnahme ermöglicht. Ein solches Verfahren ist beispielsweise die Aufnahme von metallischem Quecksilber mittels eines silberhaltigen Schnellabsorptionsmittels (z. B. Mercurisorb®) mit anschließendem Aufsaugen absorbierten Quecksilbers in Form von Salz- und Amalgamverbindungen. Die Kosten sind in der Regel durch die Absorptionsmittel hoch und je nach örtlichen Gegebenheiten sehr unterschiedlich.

Beispiel: Beim Rückbau eines Turbinenhauses wurden mit diesem Verfahren Quecksilberverunreinigungen aus der zerstörten Schaltanlage aufgenommen.

Verspröden, Zerschlagen und Aufnehmen von Kontaminationen. Trennen (und Lösen) von zähen, an der Bausubstanz festanhaftenden Kontaminationen durch Verspröden und Aufnahme des Materials.

In der Regel wird hier durch entsprechende Tiefkühlung (z. B. durch flüssigen Stickstoff) ein ansonsten weiches und/oder elastisches schadstoffhaltiges Material (z. B. Entgummierung schwermetallkontaminierter Oberflächen) versprödet. Diese Methode ist nur bei Materialien möglich, die bei Tiefkühlung mit einer entsprechenden Versprödung oder Abplatzung reagieren. Die Kosten sind in der Regel durch diese aufwendige Technik hoch und je nach örtlichen Gegebenheiten sehr unterschiedlich. Dies Verfahren ist jedoch in einigen Spezialfällen deutlich wirtschaftlicher als konventionelle Methoden. Meist ist es sinnvoll, eine Abrechnung nach laufenden Metern Fuge oder nach Objektanzahl durchzuführen.

Beispiel: Dies Verfahren wird meist bei Sanierungsmaßnahmen von PCB-haltigen Dehnungsfugen weitergenutzter Gebäude eingesetzt, ist jedoch auch bei Rückbaumaßnahmen in Anwendung.

Brechen und Verfestigen von kontaminierten Bauteilen. Manueller Ausbau oder maschineller Abbruch von mit Schadstoffen kontaminierter Bausubstanz und Brechen mit einer kleinen Brechereinheit innerhalb der Einhausung, Ausschleusen des gebrochenen Materials mittels Saugleitung (Unterdruck) und sofortige Verfestigung (mineralisches Bindemittel) in Transportgebinden. Meist ist es sinnvoll, nach Kubikmetern abgebrochener Masse und Kubikmetern verfestigter Masse abzurechnen.

Beispiel: Beim Rückbau eines Kesselhauses wurde mit diesem Verfahren das Mauerwerk der Kesselummantelung, welches mit Asbestschnüren durchsetzt und gedichtet war, ausgebaut.

7.3 Verfahrensauswahl

Die Auswahl der Verfahren hat sich jeweils an den besonderen Bedingungen des Standortes zu orientieren. Dies erfolgt üblicherweise im Rahmen der Planung auf der Grundlage möglichst solider Daten (vgl. Kap. 4). Die Entscheidung für ein Verfahren ist immer eine Einzelfallentscheidung. Wichtige Entscheidungskriterien sind in der Abb. 7.2 zusammengestellt.

Bei tragenden Bauteilen ist zu beachten, daß möglichst Verfahren angewendet werden, die die Tragfähigkeit der Bauteile nicht reduzieren.

Aufgrund der Schadstoffeigenschaften ist es nicht ratsam, bestimmte Rückbauverfahren anzuwenden (z. B. Verfahren mit Staubemissionen bei ungebundenem Asbest).

Kriteriengruppe		Aufnehmen	Absaugen	Abbürsten/Abwischen	Auslaugen	Abstemmen	Fräsen, Schälen	festes Strahlen	flüssiges Strahlen	Demontage	Ausbau	Trennen	Teilabbruch	Spezialabbruch	Sprengen	Bemerkungen
Statik	tragende Bauteile	+	+	+		o*	o*	+	+	-	-	-	-	o*	o*	* ggf. Sicherung gegen Einsturzgefahren
	nichttragende Bauteile									+	+	+	+	+		
Lokalität und Haftung der Schadstoffe	im Baustoff	-	-	-	-	o	o	-	-	+	+		+	+	+	z. B. Asbestzement
	auf der Oberfläche (ohne Anhaftung)	+	+	+	o	-	-	o	o	-	-	-	-	-	-	z. B. Staub
	auf der Oberfläche (mit Anhaftung)	o	-	+	+	+	+	+	+	-	-	-	-	-	-	z. B. Abwasserbecken
	oberflächennah	-	-	o	+	+	+	+	+	-	-	-	-	-	-	z. B. Teeröle
	im gesamten Baukörper	-	-	-	-	-	-	-	-	o	o	o	+	+	o	z. B. CKW in Beton
typische Schadstoffgruppen	Schwermetalle	+	+	+	o*	+	+	+	+	+	+	+	+	+	o	* z. B. bei CrVI
	Mineralöle	-	-	o	+	+	+		o	o	+	o	o	o	o	
	PAK	-	-	o	o	+	+	+	+	o	+	-	o	o	-	
	Asbest gebunden	o	-	-	-	-	-	-	-	+	+	-	-	-	-	
	Asbest ungebunden	o	+	o	-	o	o	o	o	+	o	-	-	-	-	
	Chlororganika (Dioxin)	o	o	+	-	o	-	+	o	o	o	-	-	-	-	
besondere Materialeigenschaften	Staub- oder Faserfreisetzung	o*	+	+*		o*	+*	+*	+	o	+	o*	-	-	-	* Emissionen von Schadstoffen verhindern (Einhausung, Unterdruck)
	brennbar	+	o*	o	o	-	-	o	+*	+	o*	-	-	-	-	* Ex-Schutz beachten (Geräte)

- ungeeignet
o bedingt geeignet
+ gut geeignet
bei unbekannt oder keiner Auswirkung: keine Eintragung

Abb. 7.2. Entscheidungskriterien für den Einsatz von Rückbauverfahren

7.4 Literatur

BREDENBALS, B., WILLKOMM, W. (1993): Kontaminierte Bauteile – vermeiden, erkennen, aufbereiten. Umweltfachbeitrag Dekontaminierung. In: Straßen und Tiefbau s+t 47, 4, S. 26–30.

EBEL, W. (1993): Wiedernutzbarmachung eines ehemaligen metallverarbeitenden Betriebes unter Einsatz verschiedener Sanierungsverfahren. In: Handbuch der Altlastensanierung, Economica-Verlag, 17. Lieferung, Heft 12, S. 1–21.

HEMPFLING, R., STUBENRAUCH, ST. (Hrsg.) (1994): Schadstoffe in Gebäuden: Erkennen, Sanieren, Vermeiden. Blottner Verlag, Taunusstein.

HETTLER, A., VERSPOHL, J. (1995): Rückbau von Gebäuden und Anlagen einer Kupferelektrolyse mit Bodensanierung. In: altlasten spektrum Heft 1/95, S. 18–23.

HETTLER, A., VERSPOHL, J. (1994): Sanierung der dioxinbelasteten Metallhütte Carl Fahlbusch: Eine Übersicht. In: WLB Wasser, Luft, Boden, Heft 3, S. 74–78.

KLOSE, B. (1996): Selektiver Rückbau. In: Baustoff-Recycling + Deponietechnik, 12. Jahrgang, Heft 2, S. 12–15.

KUHNE, V. (1993): Rückbau- und Abbruchtechnologien im Industriebau – Überblick zur Problementwicklung. In: Industriebau, Heft 6, S. 430–433.

LEHMANN, D. (1993): Gefährliche Altlast. Besonderheiten beim Abbruch der ehemaligen Stern-Brauerei Essen. In: Industriebau, Heft 6, S. 444–448.

MÜLLER, A., WALLRODT, K. (1996): Spezifische Stoffströme beim selektiven Gebäuderückbau. In: Baustoff-Recycling + Deponietechnik, 12. Jahrgang, Heft 2, S. 9–11.

RETHAGE, H., BREITHOR, W. (1994): Intelligenter Abbruch. Recycling und Verwertung am Beispiel „Neue Mitte Oberhausen". In: Energie, 46. Jahrgang, Nr. 3, S. 42–45.

SCHRAMM, H. (1993): Sanierung des dioxinverunreinigten Kamins einer Akkumulatorenfabrik. – In: altlasten spektrum, hrsg. vom Ingenieurtechnischen Verband Altlasten e.V. ITVA, 2. Jahrgang, Heft 4, S. 221–226, Erich Schmidt Verlag, Berlin.

SCHRAMM, H.: Sanierung einer Akkumulatorenfabrik für ein Dienstleistungs- und Technologiezentrum. Vortrag zur Fachtagung Altlasten „Möglichkeiten der Sanierung von Altstandorten" am 26./27.09.1991 in Offenbach. Umweltinstitut Offenbach GmbH.

SCHRAMM, H., GIEBEL, M., ISHORST, R. (1996): Projektsteuerung im Rahmen des Flächenrecyclings am Beispiel der Entwicklung des ehemaligen Werk 2 der Hüls AG in Herne. – In: Entsorgungspraxis, Jahrgang 1996, Heft 3, Bertelsmann Fachzeitschriften GmbH, Gütersloh.

SCHRAMM, H., SCHREY, J.; MEINERS, H.G. (1995): Sanierung der durch eine Galvanik kontaminierten Gebäude- und Bodenbereiche bei den Motorradwerken Zschopau. – In: altlasten spektrum, hrsg. vom Ingenieurtechnischen Verband Altlasten e.V. ITVA, 5. Jahrgang, Heft 1, S. 25–31, Erich Schmidt Verlag, Berlin.

UMWELTAMT DÜSSELDORF (Hg.) (1995): Geordneter Rückbau und Abbruch von baulichen Anlagen. Entwurf. UA, Untere Wasser- und Abfallwirtschaftsbehörde.

WÄCHTER, H.: Handhabungskonzepte für den industriellen Rückbau: Die gutachterliche Begleitung von Abbruchmaßnahmen. In: Industriebau, Heft 6, 1993, S. 435–440.

8 Rückbau der ehemaligen Halberger Hütte in Ludwigshafen

Dr. Wolfgang Kolb, Dr. Philippe Rohou
ASAL Ingenieure GmbH, Barbarossastraße 30, 67655 Kaiserslautern

8.1 Standort und Rahmenbedingungen

Das Gelände der ehemaligen Halberger Hütte umfaßt ein etwa 7 ha großes Areal am Rheinufer in Ludwigshafen. Es handelt sich dabei um einen seit Ende des vergangenen Jahrhunderts produzierenden und 1988 stillgelegten Gießereikomplex. Zum Zeitpunkt der Schließung waren Betriebs- und Bürogebäude komplett vorhanden und Produktionsanlagen größtenteils noch installiert (s. Abb. 8.1).

Das auf dem Gesamtgelände sowie innerhalb der Gebäudesubstanz vorliegende Gefährdungspotential bestand in erster Linie aus dem nutzungsspezifischen Schadstoffspektrum der branchentypischen Schmier- und Hilfsstoffe und prozeßbedingten Verunreinigungen und Ablagerungen sowie dem der verwendeten Baustoffe an sich.

In den mehr als 100 Produktionsjahren der Halberger Hütte wurde Roheisen und Stahlschrott überwiegend in Kupolöfen, teilweise in Elektro- und Trommelöfen erschmolzen und zu Motorenteilen, Pumpengehäusen und zahlreichen anderen Produkten gegossen. Hierbei fielen Schmelzschlacken, Reste von Ofenausmauerungen und Stäube aus der Absaugung bzw. den Filteranlagen an. Ursprünglich wurden die Gießformen aus auf dem Gelände gegrabenen Material hergestellt. Später wurden die Formen aus Grubensanden des Rheinlandes und der Westpfalz gefertigt, die natürlichen Ton als Bindemittel und Steinkohlestaub als reduzierendes Trennmittel enthielten. Die zugehörigen Kerne für die Innenkonturen der Gußteile wurden aus gewaschenem Sand, Leinölen, Melassen, Zement- und Wasserglasbindemitteln hergestellt und durch Erwärmung verfestigt. Beim Gießen verbrannten die organischen Bindemittelanteile. Der Sand wurde größtenteils im Umlauf gefahren (≥ 90 %). Der Überschußsand wurde für Geländeaufschüttungen der Werksflächen verwendet. Die Kernfertigung wurde 1965 auf das Croningverfahren (heißhärtende Phenoplaste) umgestellt. Die Kernreststoffe wurden regeneriert oder teilweise auch im Tiefbau verwendet. Während die hochgebrannten Reststoffe wie Altsande und Schlacken sehr geringe Mengen an Schwermetallen und organischen Stoffen enthalten, reichern sich je nach Gehalt der verwendeten Gießereirohstoffe in den Stäuben des Kupolofenabgases die Schwermetalle Blei, Zink, Zinn, Quecksilber und Cadmium an.

Abb. 8.1. Teilansicht der Außenanlagen (Kranbahn und Schrottbunker)

An Ölen verwendete man vor 1965 Schmieröle für Maschinen, Leinöle und verwandte Harze als Kernbindemittel und schweres Heizöl für die Dampferzeugeranlage. Hauptenergieträger war jedoch Koks, aus dem z. T. Koksgas in einem Gasgenerator erzeugt wurde. Als Energieträger der erst in den letzten Jahrzehnten in Betrieb genommenen neuen Kupolofenanlage wurde zur Windvorwärmung auch verstärkt leichtes Heizöl eingesetzt. Bis ca. 1965 wurde eine Härterei betrieben, in der mit Cyanid- und Nitrit-Salzen gearbeitet wurde (zusammengefaßt aus LGU 1991).
Die aus dem Betrieb der Gießerei entstandenen Verunreinigungen lassen sich somit in zwei Kategorien zusammenfassen:

- Verunreinigungen durch branchenspezifisch eingesetzte Stoffe (z. B. Schmier- und Hilfsmittel):
  - Leckagen von Rohrleitungen und Lagerbehältern,
  - Überfüllungen von Tanks und sonstigen Behältern,
  - Tropf- und Kleckerverluste,
  - Undichte Abwasser- und Rohrleitungssysteme,
  - Unfälle beim Transport wassergefährdender Substanzen,
  - kontaminierte Löschwässer,
  - unsachgemäßer und sorgloser Umgang mit den Stoffen.

- Prozeßbedingte Verunreinigungen innerhalb der Gebäudesubstanz und Produktionsanlagen:
  - Imprägnationen und Inkrustierungen an Mauerwerk, Dach- und Tragwerkskonstruktionen sowie Fundamentplatten etc. durch Stäube und Dämpfe,
  - Schlacke und Asche in Schmelzöfen oder Heizanlagen,
  - Rückstände aus Rauchgasfilteranlagen,
  - Ablagerungen prozeßbedingter Rückstände auf dem Gelände,
  - Auffüllung der ehemaligen Sandgrube.

Die Gebäudesubstanz der Büro-, Werkstatt- und Produktionskomplexe bestand in erster Linie aus – der typischen Architektur des beginnenden Industriezeitalters entsprechend – mit Ziegeln ausgefachtem Stahlfachwerk. Aus den während der Nachkriegszeit vorgenommenen Um- oder Anbauten resultiert jedoch ein erhebliches Gefährdungspotential der nachfolgend aufgeführten Baustoffe:

- Asbestprodukte, sowohl schwach gebunden (Spritzasbest, Matten, Pappen, Dichtungsgewebe, Brandschutzgewebe etc.) als auch als Asbestzement (Wellplatten, Tafeln, Fassadenverkleidung etc.),
- Steinwolleprodukte, insbesondere im Bereich der Wärmedämmung und Isolation als Ersatz bzw. Ergänzung für schwach gebundene Asbestmaterialien,
- Dachpappe auf Teerbasis als Abdichtung flach geneigter Dächer,
- teerhaltige Ummantelung von Rohrleitungsisolierungen (häufig aus Glaswolle),
- teerhaltige Schwarzdecken von Fahrstraßen innerhalb der Betriebsgelände,
- getränkte Hölzer als Baustoff für Dachkonstruktionen, Wandverkleidungen, Stützen, Pfosten, Schienenschwellen etc.,
- sonstige imprägnierte oder chemisch behandelte Materialien (z. B. imprägnierte Dachziegel aus minderwertigen Rohstoffen),
- Schlacke und andere Reststoffe als Geh- und Fahrwegbefestigungen,
- Schlacke als Zuschlagsstoff für die Betonherstellung.

Im November 1991 – 3½ Jahre nach der Schließung – wurde die Firma ASAL Ingenieure GmbH in Kaiserslautern beauftragt, eine Rückbau- und Sanierungskonzeption sowohl für die Gebäudesubstanz als auch für den Untergrund des Geländes zu erstellen, um die Fläche nach einer weitestgehenden Verringerung des Gefährdungspotentials einer geplanten Neunutzung an diesem wirtschaftlich äußerst interessanten Standort im Zentrum von Ludwigshafen zuzuführen.

Bereits bei den ersten Ortsbegehungen hatte sich herausgestellt, daß aufgrund der vorliegenden Situation ein herkömmlicher Abbruch bzw. Rückbau selbst unter Berücksichtigung der üblichen Separierung und getrennten Entsorgung bekannter Altbaustoffe schon alleine aus betriebswirtschaftlicher Sicht nicht durchzuführen war. Erste stichprobenartige Analysen an Proben der insbesondere im Inneren der Produktionskomplexe durch Staub und Inkrustierungen verunreinigten Baumaterialien ergaben hohe Konzentrationen an Schwermetallen und Phenolharzrückständen, so daß eine Weiterverwendung des unbehandelten Bauschutts – z. B. als Füll- oder Einbaumaterial – aufgrund des vorliegenden Schadstoffpotentials nicht möglich gewesen wäre und die Entsorgung auf z. B. einer Hausmülldeponie drastische Mehrkosten durch hohe Deponiegebühren nach sich gezogen hätte. Der Rückbau mußte demnach mit dem Ziel einer schrittweisen und selektiven Dekontaminierung der Gebäudesubstanz erfolgen, die es ermöglicht, eine optimale Trennung wiederverwertbarer Roh- und Reststoffe von allen besonders überwachungsbedürftigen Abfällen sowohl im Sinne der Abfallgesetze als auch unter Berücksichtigung wirtschaftlicher Gesichtspunkte vorzunehmen.

Für die hier anstehende Aufgabe wurde somit ein mehrphasiges Rückbaukonzept mit dem Ziel erarbeitet, die aufgrund der stetigen Verknappung von Deponieraum immens steigenden Entsorgungskosten durch ein hohes Maß der Rückgewinnung wiederverwertbarer Materialien zu kompensieren.

8.2 Vorbereitung und Planung, die Rückbaukonzeption

Angesichts der vielschichtigen Problematik im Rahmen der Rückbaumaßnahme bestand die Aufgabe für den Planer in erster Linie darin, die vorliegende Situation zu erfassen, darzustellen und geeignete Maßnahmen für die Räumung des Geländes zu erarbeiten und ein detailliertes und überschaubares Leistungsverzeichniss in Einzelschritten zu erstellen. Hierbei mußten sowohl wirtschaftliche Gesichtspunkte als auch gesetzliche Vorgaben berücksichtigt werden.

Die Grundlage für die Planungsvorbereitung bildete hierbei zunächst die Auswertung sämtlicher vorhandener Planunterlagen zur Bausubstanz, zu den Produktionsanlagen, Versorgungsleitungen etc. Parallel dazu durchgeführte historische Recherchen im Hinblick auf betriebsinterne Verlagerungen, Ablagerung von Reststoffen innerhalb des Betriebsgeländes, direkte oder indirekte Kriegseinwirkungen sowie insbesondere Produktionsverfahren und die dabei eingesetzten oder freiwerdenden Stoffe ergänzten diese Informationen in einem vorläufigen Inventarplan. Diesem Inventarplan ging somit ein umfangreiches Studium meterdicker Stapel von Aktenordnern und Planunterlagen voraus, ohne daß hierzu Ortsbegehungen erforderlich waren.

Nach dem Aktenstudium wurden die hierbei erfaßten Daten mit den Gegebenheiten vor Ort verglichen. Das Kernstück dieser Ortsbegehungen bildet die Ermittlung von Informationslücken, d. h.:

- Wie vollständig sind die Planunterlagen im Hinblick auf die für die Rückbaumaßnahme maßgeblichen Gesichtspunkte?
- Welche Art von Untersuchungen müssen an welchen Stellen durchgeführt werden, um ausreichende Informationen zur Planung der Gesamtmaßnahme zu erhalten?

Diese Aufgabenbeschreibung für weitere Untersuchungen wurde in einem Defizitplan zusammengefaßt.

Die weiterführenden Untersuchungen vor Ort bestanden hauptsächlich aus einer intensiven Bestandsaufnahme. Aus den hier noch recht umfangreich vorhandenen Planunterlagen konnten zwar grundlegende Daten zu dem umbauten Gebäudevolumen, Grundrissen sowie außerordentlich wertvolle Informationen zu vielerorts bestehenden unzugänglichen Unterflurbauwerken und -anlagen entnommen werden; Angaben zu verwendeten Baumaterialien sowie exakte und detaillierte Aufmaße hinsichtlich der beim Rückbau anfallenden Massen wurden jedoch nur auf der Basis von Ortsbegehungen gewonnen. Besonders zu erwähnen sind hierbei die selbstverständlich in den Planunterlagen in keinster Weise erfaßten nutzungsspezifischen Rückstände aus oder innerhalb von Produktionsanlagen, Stäube, Schlacken etc., abgelagerte Reststoffe sowie die seit dem Zeitpunkt der Schließung des Betriebes überall auf dem Gelände akkumulierten wilden Ablagerungen. Das Spektrum der wilden Ablagerungen reichte hier angefangen von harmlosen Pappkartons, Stapeln alter Zeitungen bis zu Kühlschränken und Autowracks in nicht unbeträchtlichem Ausmaß.

Die ebenfalls im Rahmen der Bestandsaufnahme festgestellten oberflächlichen Kontaminationen an Mauerwerk, Dach- und Tragwerkskonstruktionen, Fundamentplatten etc. durch das nutzungsspezifische Schadstoffspektrum und aufgrund des jahrzehntelangen Einsatzes von Kühl-, Schmier- und sonstigen Hilfsstoffen sowie kontaminierte Altbaustoffe wurden beprobt und nach einer auf den Ergebnissen der Planungsvorbereitung beruhenden Parameterliste analysiert.

Das Ziel der weiterführenden Untersuchungen war die Erstellung eines Inventarplanes mit einer detaillierten Aufstellung sämtlicher auf dem Gelände befindlicher Stoffgruppen, anfallender Massen, unbelasteter/belasteter Materialien unterschiedlicher Belastungsgrade sowie deren Gefährdungspotential. In Abb. 8.2 sind die grundlegenden Inhalte des Inventarplanes zusammengefaßt.

- Sämtliche Gebäude- und Anlagenteile in jedem Winkel erfaßt
- Unterflurbauwerke und -anlagen bekannt
- Liste verwendeter Altbaustoffe erstellt, Ort der Verwendung bekannt
- Altbaustoffe beprobt, Gefährdungspotential erkannt
- Nutzungsspezifische Gefährdungspotentiale bekannt
- Kontaminierte Bereiche erfaßt, beprobt und eingegrenzt
- Gefährdungspotential freiliegender Abfälle und sonstiger Reststoffe erfaßt
- Massen anfallender unbelasteter Materialien ermittelt (m^2, m^3, t)
- Massen anfallender belasteter Materialien unterschiedlicher Belastungsgrade ermittelt (m^2, m^3, t)

Abb. 8.2. Inhalte des Inventarplanes

Auf der Grundlage der Ermittlung des nutzungsspezifischen Gefahrenpotentials sowie des Gefahrenpotentials der Altbaustoffe, d. h. Art und Konzentration der auf dem Gelände vorliegenden Schadstoffe, der Kenntnis über mögliche Bindungen dieser Schadstoffe an Gebäude- und Anlagenteile sowie der Kenntnis des baulichen Zustandes der Gebäudesubstanz wurde für Arbeits- und Emissionsschutz ein Maßnahmenkatalog zusammengestellt und mit den Fachbehörden abgestimmt. Neben den im allgemeinen Baustellenbetrieb üblicherweise von den Vorschriften der gesetzlichen Unfallversicherungsträger vorgegebenen Unfallverhütungsvorschriften (UVV) und weiteren Vorschriften aus einschlägigen DIN-Normen beinhaltete dieser Maßnahmenkatalog speziell für den Rückbau der Halberger Hütte ausgearbeitete Betriebsanweisungen hinsichtlich gefahrstoffspezifischer Vorschriften zur persönlichen Schutzausrüstung und zur Emissionsminderung sowie entsprechende Regelungen aus dem Chemikaliengesetz und den Technischen Regeln für Gefahrstoffe (TRGS).

Nach den Bauordnungen der Bundesländer sowie den entsprechenden Verordnungen und Erlassen gehört sowohl der konventionelle Abbruch als auch der selektive Rückbau zu den genehmigungspflichtigen Vorhaben, so daß bei der komplexen Rückbaumaßnahme der ehemaligen Halberger Hütte eine frühzeitige Zusammenarbeit mit den zuständigen Fachbehörden angestrebt werden mußte. Zur gesetzeskonformen und kostengerechten Umsetzung der Maßnahme war es hier unerläßlich, administrative Vorgaben bereits im Vorfeld des Rückbaus mit in die Konzeption einzubeziehen, wobei in enger Abstimmung mit den Fachbehörden Entsorgungswege ausgearbeitet und festgelegt wurden.

Das maßgebliche Kernstück der Rückbauplanung jedoch ist die Ausarbeitung der Rückbaustrategie. Nach Klärung in Frage kommender Entsorgungswege sowie der Zusammenstellung der Arbeits- und Emissionsschutzmaßnahmen beinhaltet diese die Grundlage zur Aufstellung der Ausschreibungsunterlagen.

8.3 Der Rückbau

Nach § 9 VOB/Teil A sind die zu erbringenden Leistungen so eindeutig und erschöpfend zu beschreiben, daß jeder Bewerber in der Lage ist, die erforderlichen Maßnahmen – insbesondere auch die Schutz- und Sicherungsmaßnahmen – erkennen und kalkulieren kann. Dem Auftragnehmer soll kein ungewöhnliches Wagnis aufgebürdet werden für Umstände und Ereignisse, auf die er keinen Einfluß hat und deren Einwirkungen auf Preise und Fristen im voraus nicht abzuschätzen sind.

Die lückenlose Aufstellung sämtlicher während des Rückbaus auszuführenden Leistungsschritte unter Berücksichtigung der zu diesem Zeitpunkt bereits erarbeiteten und abgestimmten Arbeits- und Emissionsschutzmaßnahmen ist die grundlegende Voraussetzung für die Ausarbeitung der Leistungsverzeichnisse und somit für eine beschränkte oder öffentliche Ausschreibung der erforderlichen Arbeiten. Die Berücksichtigung der detailliert ermittelten Massen sowie die Vorgabe sämtlicher Einzelleistungen und Entsorgungswege bietet hierbei eine im Hinblick auf die Preisangebote für die Rückbauarbeiten größtmögliche Überschaubarkeit der Kalkulationsgrundlage sowohl für den Auftraggeber als auch für den Bauunternehmer. Ansatzpunkte für Spekulationen werden somit weitestgehend eingeschränkt und eine optimale Steuerung und Überwachung auszuführender Arbeiten ist sichergestellt.

Die Ausarbeitung der Leistungsverzeichnisse erfolgte beim Rückbau der Halberger Hütte dahingehend, daß die Durchführung der Maßnahme in einer straff vorgegebenen Reihenfolge realisiert werden konnte:

- Baustelleneinrichtung unter Berücksichtigung der Arbeits- und Emissionsschutzmaßnahmen
  - Zäune, Baustraßen, Versorgungseinrichtungen, Schwarz-Weiß-Anlagen, Maßnahmen zur Emissionsminderung, Lagerplätze.

- Allgemeine Vorarbeiten
  - sammeln und sortieren freiliegender Abfälle außerhalb der kontaminierten Bereiche, Entfernung der Anlagen und Einrichtungen, welche für den Ablauf der Kontaminationsarbeiten störend sind.
- Dekontaminationsarbeiten
  - Grobreinigung (absaugen der schwermetall- und phenolhaltigen Stäube) der Betonfundamentplatten in den kontaminierten Bereichen,
  - Entstaubung der Produktionsanlagen und Werkstatteinrichtungen,
  - ausmeißeln der Schlacken aus Gießereipfannen und Schmelzöfen,
  - auskernen der Produktionshallen und Werkstätten,
  - abfräsen der oberflächig kontaminierten Bausubstanz,
  - Absaugung des Fräsgutes,
  - Beseitigung der lokalen (Mineralölkohlenwasserstoff-) Verunreinigungen,
  - Endreinigung,
  - Qualitätskontrolle.
- Demontagearbeiten
  - Demontage und Sortierung der belasteten Altbaustoffe (Asbestzementplatten, Teerpappe, Isolierungen etc.),
  - Demontage sonstiger Bauteile (Türen, Fenster etc.).
- Abbruch der Rumpfgebäude
  - konventioneller Abbruch der dekontaminierten und ausgekernten Rumpfgebäude durch Abgreifen, Einschlagen und Eindrücken,
  - Sortierung anfallender Materialien.
- Transport zu Entsorgungsstellen bzw. Wiederaufbereitungsanlagen

Aufgrund der umfangreichen und lückenlosen Massenermittlungen konnten die Leistungsverzeichnisse so gestaltet werden, daß jeweils Einheitspreise für die Ausführung einzelner Leistungen nach m² bzw. m³ sowie Transporte zu den vorgegebenen Entsorgungsstellen in t abgefragt wurden. Deponiegebühren bzw. Kosten für die Aufbereitung wiederverwertbarer Materialien sollten in den Einheitspreisen nicht zuletzt aufgrund rascher Preissteigerungen ausdrücklich nicht berücksichtigt und aus Gründen einer optimalen Kontrolle (für den Auftraggeber) sowie der Schaffung einer fairen Kalkulationsgrundlage (für den Auftragnehmer) von dem Auftraggeber über Wiegescheine an den Betreiber der entsprechenden Anlage direkt bezahlt werden.

Die eigentlichen Rückbauarbeiten umfaßten somit drei Stufen mit dem Ziel einer schrittweisen Dekontaminierung. In die *1. Stufe* fielen die vorbereitenden Maßnahmen wie die Beseitigung der freiliegenden (hausmüllähnlichen) Abfälle, die Beseitigung der Reste ehemaliger Produktionsanlagen, Rohrleitungen, Blechverkleidungen, Kabel usw. sowie des sonstigen Schrotts. Bezüglich der Demontage der Produktionsanlagen, Rohrleitungen, Filteranlagen und der übrigen Installationen mußten das in den Anlagen noch teilweise vorhandene Öl und sonstige Schmierstoffe, Staub, Sand und Phenolharzgemische berücksichtigt werden, so daß diese mit in die Reinigungs-

und Entstaubungsarbeiten einbezogen werden konnten. Die Reinigung mußte mit großer Intensität durchgeführt werden, so daß eine Wiederverwertung der Metallteile als Stahlschrott möglich war. Die separat aufgefangenen Reststoffe wurden zur gesonderten Entsorgung bereitgestellt.

Aufgrund der erheblichen Schwermetallbelastung inkrustierter Stäube und sonstiger Kontaminationen (z. B. Phenolharze) an Mauerwerk, Dach- und Trägerkonstruktionen erfolgte als nächster Schritt das Absaugen der auf den Fußböden, Zwischendecken, Gruben und Kabelkanälen und Oberflächen der Tragwerks- und Deckenkonstruktionen abgelagerten Stäube. Kontaminationen an den Betonfundamentplatten durch eingedrungenes, teilweise PCB-haltiges Öl wurden durch das Abfräsen der kontaminierten Oberflächen des Mauerwerks und der ölgetränkten Bereiche von Betonfundamentplatten entfernt (s. Abb. 8.3 und 8.4).

Abb. 8.3. Phenolharzverkrustungen und schwermetallhaltige Stäube an Mauerwerk und sonstigen Oberflächen innerhalb der Produktionsbereiche

Abb. 8.4. Bohrkern aus den bis ca. 10 cm Eindringtiefe ölgetränkten Betonfundamentplatten der Werkstattgebäude

Die 2. *Stufe* beinhaltete vor allem Demontagearbeiten wie das Abtragen der Dachhaut aus Teerpappe, die Demontage von Trägern der Dachkonstruktion sowie sonstiger Stützen und Träger, Fenster, Tore, Isolierungen, Regenrinnen, Dämmung etc. in und an den zu diesem Zeitpunkt ausgeräumten und dekontaminierten Gebäuden sowie den Abtransport und die Entsorgung der anfallenden Materialien. Hierbei war eine Sortierung nach Material bzw. gemäß den vorgegebenen Entsorgungswegen (s. Kap. 8.4) vorzunehmen.

Die Demontagearbeiten waren so durchzuführen, daß zum Abschluß dieser Stufe lediglich tragende Konstruktionen der Gebäudegerüste bzw. Mauerwerk der Wände stehen blieben, welche dann unter Einsatz herkömmlicher Verfahren und Maschinen eingerissen und – entsprechend sortiert – als gereinigter Bauschutt bzw. Stahlschrott abtransportiert und entsorgt bzw. aufbereitet werden konnten (s. Abb. 8.5).

Abb. 8.5. Teilansicht einer dekontaminierten und entkernten Produktionshalle

Die *3. Stufe* umfaßte somit schließlich den Abriß der dekontaminierten und ausgekernten Rumpfgebäude.

Die Planung des Sanierungskonzeptes für den Untergrund der ehemaligen Halberger Hütte in Ludwigshafen stützt sich neben den bereits im Vorfeld der Rückbaumaßnahme erfaßten Daten auf die Ergebnisse der Sondierungen und Erkundungsbohrungen zur weiterführenden Ermittlung des Schadstoffpotentials in Boden und Grundwasser. Insbesondere im Hinblick auf die spätere Nutzung wird hier ein Konzept zur langfristigen Kontrolle des Geländes angestrebt, welches in Abstimmung mit den Fachbehörden durch Schaffung von z. B. Meßstellennetzen, Entwicklung von Sofortmaßnahmen zur Gefahrenabwehr etc. erlaubt, größtmögliche Anteile der hier vorliegenden Auffüllungen – insbesondere Bauschutt und Gießereisand – im Untergrund zu belassen.

8.4 Entsorgungswege

Die bei der Rückbaumaßnahme angefallenen Materialien unterschiedlicher Belastungsgrade waren in folgende Gruppen einzuordnen:

- Gereinigter bzw. unbelasteter Bauschutt wurde der Wiederaufbereitungsanlage Rheingönheim bei Ludwigshafen zugeführt.
- Wiederverwertbarer Schrott ging in das Eigentum des Rückbauunternehmers über, wobei die vom Auftragnehmer vorgesehenen Entsorgungswege für den Schrott zu bezeichnen waren.
- Hausmüll bzw. hausmüllähnlicher Gewerbeabfall wurde in wiederverwertbaren/nicht wiederverwertbaren Abfall sortiert, in entsprechende Behälter abgefüllt und vor Ort zur Entsorgung bereitgestellt. Diese Abfälle wurden vom Stadtreinigungsamt Ludwigshafen/Rhein übernommen.
- Sonstige Stoffe und besonders überwachungsbedürftiger Abfall
  Hierbei handelte es sich im wesentlichen um folgende Abfälle, die aufgrund ihres Belastungsgrades einer besonderen Deponierung zugeführt werden mußten. Die angefallenen Abfallstoffe waren nach den Anweisungen des Planers zu sortieren, jeweils separat in entsprechende zugelassene Behälter abzufüllen und den vorgegebenen Sonderabfalldeponien zu überführen:
  - bitumen- und teerhaltige Pappe bzw. Dachpappe,
  - feste, gebundene Asbestabfälle wie z. B. Arbeitskleidung, Wärmedämmplatten, Lappen, Decken, Rohrisolierungen u.a.,
  - Eternitplatten und Asbestzementplatten,
  - Gießerei-, Altsand- und Schwebstaub, insbesondere die bei der Absaugung bzw. übrigen Reinigung der kontaminierten Gebäudebereiche anfallenden Abfälle,
  - mit Phenolharz und Öl (eventuell auch mit PCB-haltigen Kühlmitteln und Ölen) belasteter Bauschutt und Bodenmaterial,
  - mit Imprägniermitteln behandeltes Bauholz,
  - ölgetränkte, hölzerne Werkbänke, ölgetränkte Holzabfälle,
  - Schlacke aus Gießpfannen und Elektroöfen,
  - Ofenauskleidungen, Schamottesteine,
  - Bauschutt aus Kaminabbruch,
  - Rückstände aus Ölabscheidern, insbesondere die bei der Reinigung anfallenden Schlämme.
- Schlämme aus Reinigungsarbeiten, Reststoffe in kleinen Mengen
  Diese Gruppe umfaßte im wesentlichen die besonders überwachungsbedürftigen Abfälle, für die z. Z. der Rückbauarbeiten noch kein Entsorgungsnachweis beantragt werden konnte. Es handelte sich hierbei hauptsächlich um die beim Reinigen bzw. Dampfstrahlen anfallenden Schlämme oder Gemische mit derzeit noch unbekannter Zusammensetzung. Diese Abfälle wurden separat in entsprechende Be-

hälter abgefüllt und vor Ort zur Entsorgung bzw. Verwertung bereitgestellt. Die Entsorgung dieser Restmengen fand nach entsprechender Deklarationsanalyse statt.

8.5 Verwertung und Entsorgung: Massenbilanz

Sowohl aus gesetzlichen als auch aus wirtschaftlichen Gründen war der Grundgedanke der Planung, Abfälle in erster Linie zu vermeiden, die unumgänglichen Abfälle möglichst zu verwerten und die nicht verwertbaren Abfälle ordnungsgemäß zu entsorgen.

Eine Übersicht der im Rahmen des Projektes zur Wiederverwertung bzw. Entsorgung zugeführten Materialien gibt die Tabelle 8.1 wieder.

Tabelle 8.1. Übersicht der wiederverwerteten bzw. entsorgten Materialien

Material-gruppe	Material	Verwertung		Entsorgung				Verwer-tungs-quote
		Rückführung in Wirtschafts-kreislauf	thermische Verwertung	Haus-müll-deponie	Sonder-müll-deponie	Unter-tage-deponie	Sonder-müllver-brennung	
Schrott	Schrott	9.500 t						99,9%
	Schrott, verunreinigt				4 t			
Bauschutt	Bauschutt, bereinigt	16.100 t						94,7%
	Bauschutt, verunreinigt				112 t			
	Stäube aus der Bau-schuttsanierung			767 t		10 t		
hausmüllähn-liche Abfälle	Hausmüll, brennbar		1.374 m³					85,1%
	Hausmüll, nicht brenn-bar			240 m³				
asbesthaltige Materialien	Asbestzementplatte				270 t			0,0%
	schwach geb. Asbest				4 t			
Dachpappe	teerhaltige Dachpappe			460 t				0,0%
Holz		340 t	110 t					100,0%
Chemikalien							10 t	0,0%

8.6 Kostenaufstellung

Der Rückbau des insgesamt 263.000 m³ umbauten Raumes des Gießereibetriebes erforderte einen finanziellen Aufwand von rd. 3,66 Mio. DM (brutto) für die reine Rückbaumaßnahme zuzüglich 1,66 Mio. DM (brutto) für die Entsorgung der angefallenen Materialien. Umgerechnet entspricht das den Einheitspreisen von 13,92 DM/m³ umbautem Raum für den Rückbau und 6,31 DM/m³ umbautem Raum für die Entsorgungsleistungen.

Dies stellt zwar einen relativ hohen planerischen und technischen Aufwand dar, ermöglichte aber wiederum eine drastische Reduzierung der Entsorgungskosten. Der Gesamtpreis des Rückbaus lag bei durchschnittlich ca. 20,00 DM/m³ umbautem Raum. Dabei ist anzumerken, daß die Entsorgungskosten rd. 30 % der Gesamtkosten ausmachen, was für solche Objekte außergewöhnlich niedrig ist. Dies war auch das – erreichte – Ziel der Rückbauplanung.

8.7 Schlußbemerkungen

Die Komplexität der Aufgabenstellung im Rahmen der Räumung kontaminierter Industriestandorte macht deutlich, daß der hierbei erforderliche selektive und detailliert ausgearbeitete Rückbau keine – wie z. B. im Hochbau des öfteren praktiziert – sinnvolle „schlüsselfertige“ Durchführung der Gesamtmaßnahme ermöglicht. Die bereits im Vorfeld der Maßnahme enorm großen Unsicherheiten bezüglich der Abschätzung und Eingrenzung vorliegender Gefährdungspotentiale sowie der Entsorgung überwachungsbedürftiger Abfälle erfordern eine sorgfältige gutachtliche Begleitung sowohl in der Planungs- als auch in der Realisierungsphase.

Zahlreiche Ausschreibungen mit fehlenden oder ausdrücklich grob überschlägigen Mengen- und Massenangaben der jeweiligen Einzelpositionen oder gar die Ausschreibung von „Durchführung eines Rückbaus, 1 Stck. pauschal netto ...“ führen zu extrem überzogenen Pauschalpreisen sowie „Sicherheitszuschlägen“ bei den lediglich als Einzelpreisen abgefragten Leistungsschritten, wobei allein diese Ergebnisse das Ingenieurhonorar für den erhöhten Aufwand einer detaillierten Planung rechtfertigen.

Umfangreiche Bestandsaufnahmen, detaillierte Beprobungsprogramme sowie die Berücksichtigung komplexer und vielschichtiger Gefährdungspotentiale bereits während der Planungsphase ermöglichten beim Rückbau der ehemaligen Halberger Hütte die sorgfältige Ausarbeitung der Leistungsverzeichnisse als Voraussetzung für eine gesetzeskonforme und kostengerechte Realisierung der Gesamtmaßnahme als ersten Grundstein im Rahmen der Umstrukturierung dieses äußerst interessanten Standortes im Zentrum von Ludwigshafen.

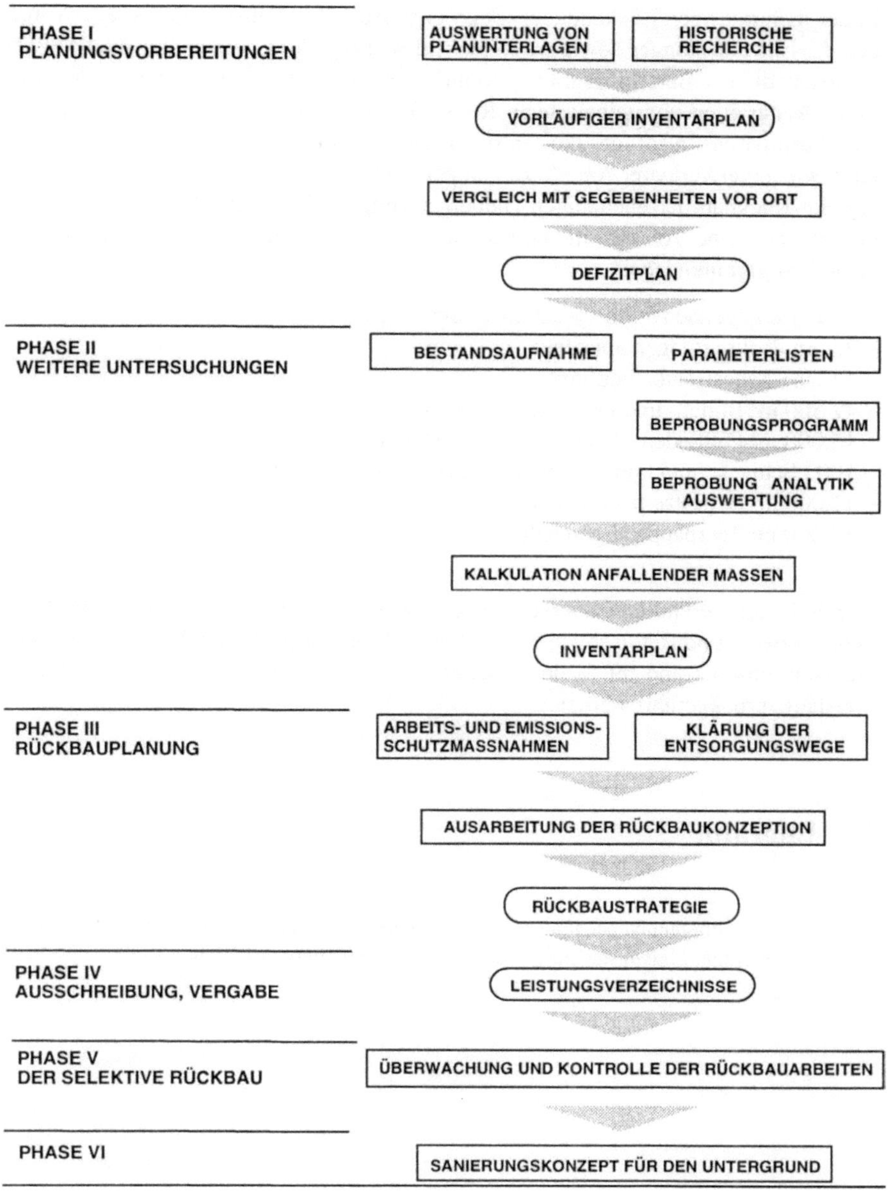

Abb. 8.6. Die mehrphasige Rückbaukonzeption für den Standort der ehemaligen Halberger Hütte in Ludwigshafen

In der mehrphasigen Rückbaukonzeption (vgl. Abb. 8.6) wurde durch straffe Vorgaben der Einzelleistungen sowie durch lückenlose Ermittlung aufzunehmender Massen unterschiedlicher Belastungsgrade gewährleistet, eine sorgfältige Trennung der belasteten Materialien von unbelasteten Rohstoffen vorzunehmen und somit die hohen, unvermeidbaren Entsorgungskosten durch ein größtmögliches Maß der Rückgewinnung wiederverwertbarer Anteile zu kompensieren.

Beim Rückbau der ehemaligen Halberger Hütte in Ludwigshafen wurde auf 7 ha Grundfläche eine 263.000 m³ umfassende Gebäudesubstanz bis zur Geländeoberkante beseitigt und dabei

- 160 t freiliegende Abfälle gesammelt und sortiert,
- 7,2 km Rohrleitungen abisoliert,
- 4 t lose Asbeststäube beseitigt,
- 42.500 m² Boden- und Dachflächen abgesaugt,
- 15.000 m² Fußboden, Wand und Kamin abgefräst,
- 100 t Schlacke und Ofenausbruch ausgemeißelt,
- 11.000 m² Asbestzementplatten demontiert,
- 17.000 m² Teerpappe abgeschält.

Durch die Aufbereitung wiederverwertbarer Materialien konnten somit 16.000 t Ziegelmauerwerk und Beton sowie 9.500 t Stahlschrott entsprechend 95 % der gesamten Gebäudesubstanz und 99 % der gesamten Stahlschrottmassen in den Produktionskreislauf zurückgeführt werden.

8.8 Literatur

LGU (1991): Altlastenuntersuchungen auf dem Betriebsgelände der Gießerei der ehemaligen Halberger Hütte, Ludwigshafen. Unveröffentlichter Erläuterungsbericht.

9 Rückbau des Eisenwerkes Homberg (Efze)-Holzhausen

Dipl.-Geol. Jan Goeman
PGBU – Planungsgesellschaft Boden & Umwelt mbH, Friedrich-Ebert-Straße 33, 34117 Kassel

9.1 Standortbeschreibung

9.1.1 Allgemeines

In Homberg-Holzhausen (Nordhessen) wurde von ca. 1890 bis 1989 eine Eisengießerei betrieben. Im genannten Betriebszeitraum wurde das Werksgelände mehrmals baulich verändert.

Zum Zeitpunkt der Betriebsstillegung im Jahr 1989 befanden sich auf dem Werksgelände noch zwölf ehemalige Betriebsgebäude, größtenteils in Ziegelmauerwerk und zum Teil in Fachwerk und Stahlbeton errichtet (Gießerei und Maschinenformerei, Roheisenlager, Nebengebäude, Lackierereihalle, Verwaltungs- und Verkaufsgebäude, Reparaturwerk- und Produktionsstätten, s. Abb. 9.1).

Gemäß Untersuchungen aus den Jahren 1990 bis 1993 wies das ca. 16.000 m² umfassende Betriebsgelände vereinzelt Bodenbelastungen mit Mineralölkohlenwasserstoffen, polyzyklischen aromatischen Kohlenwasserstoffen und Schwermetallen wie Chrom, Nickel, Kupfer und Blei auf. Die Bausubstanz der Betriebsgebäude war zum Teil ebenfalls mit diesen Stoffen belastet. Die Belastungen mit organischen Stoffen beschränkten sich mit Ausnahme der Lackierereihalle auf die betonierten Fußbodenbereiche. Sie waren hauptsächlich auf den sorglosen Umgang mit Mineralölprodukten zurückzuführen. So wurden die im Gießereibetrieb verwendeten Gußformen mit Öl ausgesprüht und Werkstücke in Ölbädern abgelegt. Die Schwermetallbelastungen gingen hauptsächlich auf Staubemissionen (Gichtstaub) aus der Produktion zurück und waren nicht nur auf dem Betonboden verteilt, sondern wurden auch in den offenen Poren des Mauerwerks sowie auf der Holzkonstruktion des Daches gefunden.

Die ehemalige Lackierereihalle wies organoleptisch erkennbare Farbverunreinigungen im Wandbereich auf. Bausubstanzproben zeigten erhöhte BTEX- und Schwermetallgehalte an. In diesem Gebäude wurden Farben als Korrosionsschutz auf die Gießereiprodukte gespritzt.

Der zentrale Gebäudekomplex der Gießereihalle, das sogenannte Roheisenlager sowie der anhängige Nebengebäudekomplex umfaßten zusammen einen umbauten Raum von ca. 38.000 m³. Diesen Gebäuden wurde das höchste Kontaminationspotential zugeschrieben, da hier die eigentlichen Produktionsprozesse und ein Großteil der Produktnachbehandlung stattfanden. Auf dem Gießereihallenboden lagerten mehr als 350 m³ verwertbare Gießereialtsande und eine Reihe anderer Materialien.

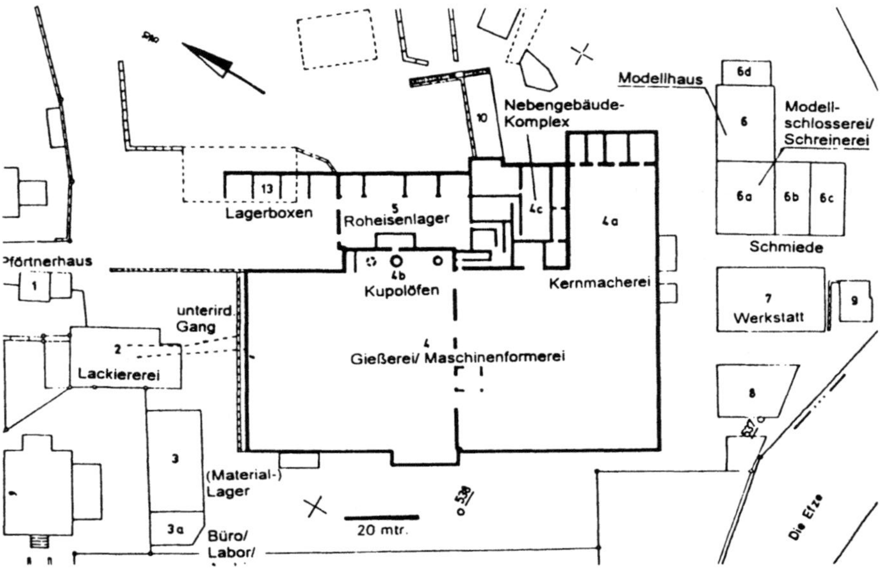

Abb. 9.1. Planausschnitt zum Gebäudebestand

In der Gießereihalle befand sich ein ausgedehntes System von Becken und Kanälen, deren genaues Ausmaß vor Beginn der Sanierungsmaßnahme nicht bekannt war. In diesen Hohlräumen lagerten unter Wasserbedeckung Sedimente von Gießereialtsand und Gießereistaub.

Die Gebäude im zentralen Gebäudekomplex waren einsturzgefährdet, so daß Begehungen und Arbeiten zur präzisen Aufmaßerstellung nicht möglich waren.

Auf dem Betriebsgelände standen weitere Gebäude, die insgesamt ca. 10.000 m³ umbautem Raum umfaßten und die aufgrund ihrer Funktion nur wenig kontaminationsverdächtig waren (z.B. Lager-/Verwaltungs-/Verkaufsgebäude).

Wegen der gegebenen Belastungssituation mit Schadstoffen, des schlechten Zustandes der Bausubstanz und der sich daraus ergebenden Gefährdung z.B. für spielende Kinder, gab es seit mehreren Jahren die Bestrebung zur Sanierung des Altstandortes. Darüber hinaus bekundeten die Stadt Homberg sowie ein Industriebetrieb Interesse an der Wiedernutzbarmachung der ehemaligen Industriefläche.

9.1.2 Maßnahmen im Vorfeld der Sanierung

1990 erfolgten im Auftrag des notariellen Konkursverwalters orientierende Untersuchungen. In den hierbei aus Rammkernsondierungen und Baggerschürfen gewonnenen Proben wurden Bodenverunreinigungen mit Mineralölkohlenwasserstoffen und Schwermetallen festgestellt. Zur näheren Bestimmung des Umfangs der Kontaminationen und zur Entscheidung über das weitere Vorgehen wurde eine Gefährdungsabschätzung für den Standort durchgeführt.

1992 fand eine ergänzende Bestandsaufnahme und Begutachtung der noch auf dem Werksgelände lagernden Abfälle statt.

Im März 1993 wurden Untersuchungen zur Bausubstanzbelastung durchgeführt. Die Ergebnisse lieferten keine genauen Angaben zu Eindringtiefen und räumlichen Ausdehnungen von Kontaminationen.

Im Mai 1993 erfolgte der Erlaß einer Sanierungsanordnung durch das Regierungspräsidium Kassel. Gleichzeitig übernahm die Hessische Industriemüll GmbH, Bereich Altlastensanierung (HIM-ASG) das Projekt als Sanierungsträger des Landes Hessen.

Im Winter 1993/1994 wurden ca. 1.000 m^3 der noch im Freien auf dem Werksgelände lagernden Industrieabfälle zur Vorbereitung der Sanierungsmaßnahmen entsorgt (hauptsächlich Gießereialtsande und Schlacken). Besonders überwachungsbedürftige Abfälle wurden in einem als Bereitstellungslager hergerichteten Gebäudeteil aufgenommen. Im Vorfeld der Sanierung wurde ein Gutachten zur Lösung der Standsicherheitsproblematik bei den einsturzgefährdeten Gebäudeteilen angefertigt.

Im April 1994 legte die Planungsgesellschaft Boden & Umwelt mbH (PGBU) im Auftrag der HIM-ASG ein Sanierungskonzept für den Altstandort vor, das die Grundlagen für die Ausschreibung der Sanierungsarbeiten enthält. Das Sanierungskonzept wurde mit den zuständigen Behörden abgestimmt. Die Genehmigung zur Sanierung des Standortes auf der Grundlage des Sanierungskonzeptes erfolgte mit der Erteilung einer Baugenehmigung.

Nach Ausschreibung und Vergabe der Sanierungsleistungen zwischen Juli und Oktober wurde Mitte Dezember 1994 mit den Sanierungsarbeiten begonnen.

9.2 Beschreibung der Rückbaukonzeption, Rückbauplanung

9.2.1 Randbedingungen – Sanierungszielkriterien

Ziel der Sanierung war die Bereitstellung von freien, bebaubaren Flächen, die einer erneuten industriellen Nutzung zugeführt werden sollten. Als Kaufinteressent für das Gelände des Eisenwerkes meldete sich ein angrenzender Industriebetrieb, der durch eine Betriebserweiterung unter anderem neue Arbeitsplätze für die Region schaffen wollte. Nachdem vertragliche Vereinbarungen zwischen dem Sanierungsträger (HIM-

ASG) und dem Betrieb getroffen waren, konnten die Neubauplanungen des Nachnutzers bei der Projektentwicklung und Sanierungskonzeption berücksichtigt werden.

In der Sanierungsanordnung des Regierungspräsidiums Kassel wurde vorgeschrieben, daß im Zuge der Sanierungskonzeption zumindest zwei Varianten für den Gebäudeabbruch entwickelt und vor fachlichem und finanziellem Hintergrund geprüft werden sollten. Als Varianten wurden von der Fachbehörde ein konventioneller Abbruch und ein Abbruch unter vorheriger Gebäudereinigung vorgeschlagen.

Darüber hinaus wurden Maßnahmen zur Bodensanierung angeordnet, deren Umfang weitgehend im Verlauf der Durchführung durch Probenahmen und chemische Untersuchungen zu bestimmen war.
Die Sanierungszielkriterien wurden unter Berücksichtigung diverser Rahmenbedingungen entwickelt:

- Anforderungen der Sanierungsanordnung,
- Anforderung des Abfallgesetzes, der TA-Abfall/Siedlungsabfall,
- TRGS[9.1] -Vorschriften,
- Arbeitsschutz- und emissionsschutzrechtliche Bestimmungen,
- Belastungssituation der Bausubstanz,
- Standsicherheitsproblematik,
- Geplante Neubaumaßnahmen.

Die wichtigsten Sanierungszielkriterien wurden wie folgt definiert:

- Für den Abbruch der Gebäude, insbesondere der zentralen Produktionsstätten mußte beim damaligen Kenntnisstand eine Verfahrensvariante gefunden werden, die ein hohes Nutzen-/Kostenverhältnis gewährleistete.
- Die anfallenden Baustoffe sollten weitgehend wiederverwertet werden.
- Die anfallenden Reststoffe sollten minimiert und ordnungsgemäß entsorgt werden.
- Arbeits- und Emissionsschutzbestimmungen mußten eingehalten werden.
- Bei der begleitenden Analytik als laufende Qualitätskontrolle sollte, unter Zugrundelegung der in Hessen wirksamen Verwaltungsvorschrift Erdaushub/Bauschutt (Staatsanzeiger für das Land Hessen 1993), die dekontaminierte Bausubstanz vor dem Abbruch als weitgehend unbelastet eingestuft werden.
- Die Massenströme von zu verwertendem und zu entsorgendem Material sollten nachvollziehbar dokumentiert werden.
- Nach der Sanierung sollte das Gelände uneingeschränkt für eine industrielle Nachnutzung zur Verfügung stehen.

[9.1] Technische Regeln für Gefahrstoffe.

9.2.2 Sanierungsvarianten

Im Sanierungskonzept der PGBU wurden vier technisch durchführbare Verfahrensvarianten für den Abbruch der Bausubstanz vorgestellt:

- *Variante 1*: Kontrollierter Rückbau unter besonderer Berücksichtigung der Abfallminimierung und -trennung sowie des Arbeits- und Emissionsschutzes. Übergabe von dekontaminierter und weitgehend unbelasteter Bausubstanz zum Abbruch. Stoffliche Trennung vor und während des Abbruchs.
- *Variante 2*: Konventioneller Abbruch mit nachträglicher, eingeschränkter stofflicher Trennung. Gemeinsamer Abbruch der unbelasteten und kontaminierten Bausubstanz.
- *Variante 3*: Weitgehend konventioneller Abbruch in mehreren Schritten mit weitgehender Trennung der unbelasteten und belasteten Bausubstanz während des Abbruchs.
- *Variante 4*: Kombination von kontrolliertem Rückbau der Bausubstanz mit hohem Kontaminationspotential und weitgehend konventionellem Abbruch der übrigen Gebäude. Stoffliche Trennung vor, während und nach dem Abbruch.

Die vier Varianten wurden unter Berücksichtigung von sieben Beurteilungskriterien miteinander verglichen. Tabelle 9.1 veranschaulicht die Vor- und Nachteile der untersuchten Varianten, die in dieser Darstellung vereinfacht jeweils mit + (gut), o (befriedigend) oder – (schlecht) bewertet wurden. Die Maßnahmen zur Bodensanierung wurden beim Variantenvergleich nicht berücksichtigt, da sie als fixe Größen zu betrachten waren.

Tabelle 9.1. Bewertungsmatrix zur Variantenprüfung

Kriterien / Variante	Erfüllung der Sanierungs-anordnung/ rechtlicher Rahmen-bedingungen	Arbeits-sicherheit/ -schutz	Emis-sions-schutz	Zeitauf-wand	Entsor-gungs-kosten	Kosten für chem. Analytik	Betriebs- und Per-sonal-kosten
V 1	+	+	+	-	+	+	-
V 2	-	o	-	+	-	-	+
V 3	o	o	-	+	-	-	+
V 4	+	+	+	o	+	+	-

Für die vier Varianten wurden überschlägig die zugehörigen variablen Kosten geschätzt. Da trotz der aus vorherigen Untersuchungen vorliegenden Daten zur Bausubstanzbelastung mit unbekannten Kontaminationen gerechnet werden mußte, wurden für jede Variante jeweils best-case- und worst-case-Annahmen getroffen. In Tabelle 9.2 werden die Kosten für die jeweiligen Varianten unter günstigen und ungünstigen Annahmen qualitativ dargestellt. Darüber hinaus werden die Varianten bezüglich des finanziellen Risikos (Wagniskosten) bewertet. Das finanzielle Risiko für eine Variante ergibt sich aus der Differenz der jeweiligen Kostenschätzung für die best-case- und die worst-case-Annahme.

Tabelle 9.2. Bewertung der Varianten bezüglich des finanziellen Risikos, minimaler und maximaler Kosten

Kosten	Finanzielles Risiko	Kosten im ungünstigsten Fall	Kosten im günstigsten Fall
am günstigsten	V 1	V 1	V 3
günstig	V 4	V 4	V 4
ungünstig	V 2	V 2	V 1
am ungünstigsten	V 3	V 3	V 2

Bei der Variante 1 ist das finanzielle Risiko minimal, bei Variante 3 maximal. Im ungünstigsten Fall, d.h. falls bei den Sanierungsmaßnahmen größere Mengen an belasteter Bausubstanz anfallen, die einer Hausmüll- oder Sondermülldeponierung zugeführt werden müssen, entstehen hohe, schlecht kalkulierbare Kosten. Variante 1 und in eingeschränktem Maß auch Variante 4 zeigen unter dieser Annahme geringere Kosten als die Varianten 2 und 3, da vor den Abbruchmaßnahmen die Gebäudesubstanz gereinigt (dekontaminiert) wird. Vermischung von belasteter und unbelasteter Bausubstanz kann zu einem bedeutendem Kostenfaktor werden. Dieses Kostenrisiko ist bei Variante 1 minimal, bei Variante 4 gering und bei den Varianten 2 und 3 am höchsten.

9.2.3 Variantenauswahl

Variante 2 schied aufgrund der mangelnden Erfüllung von rechtlichen Voraussetzungen (Arbeits- und Emissionsschutz, Verwertungsgrundsatz) und der unzureichenden Umsetzung der in der Sanierungsanordnung genannten Anforderungen aus. Variante 3 war zwar bezüglich des Zeitaufwandes und der Betriebs- und Personalkosten günstig zu bewerten, barg aber das höchste Kostenrisiko. Bei einem Vergleich von Variante 1 und 4 zeichnete sich Variante 1 durch einen höheren Zeitaufwand aus. Variante 4 beinhaltete demgegenüber ein höheres Kostenrisiko.

Ein wichtiges Ergebnis des Variantenvergleiches war somit, daß die Planungssicherheit bei dem entscheidenden Kostenfaktor Entsorgung um so höher ist, je mehr die stoffliche Trennung berücksichtigt wird. Die stoffliche Trennung (Separation und Dekontamination) der belasteten von der unbelasteten Bausubstanz vor dem eigentlichen Abbruch ist ein Instrumentarium zur Erzielung von Planungssicherheit bezüglich der Entsorgungskosten. Dies gilt insbesondere dann, wenn aus vorherigen Untersuchungen nur wenig detaillierte Informationen zur Bausubstanzbelastung zum Zeitpunkt der Kalkulation vorliegen bzw. zeit- und kostenintensive Voruntersuchungen nicht möglich sind.

Aufgrund der höheren finanziellen Sicherheit wurde Variante 1 in Abstimmung mit den beteiligten Behörden ausgewählt.

9.2.4 Rückbauplanung

Die Rückbauplanung als Teil des Sanierungskonzeptes umfaßte nicht nur die Gewerke zum Rückbau der Bausubstanz, sondern alle im Rahmen der Sanierung durchzuführenden Maßnahmen wie Emissions- und Arbeitsschutz, Reststoffaufnahme, Dekontamination, Bodensanierung, Abbruch-, Verfüllungs- und Profilierungsarbeiten. In der Planung wurden auch die durchzuführenden Probenahmen und die chemische Analytik berücksichtigt.

Vorgesehen war ein Vorgehen in sieben Phasen. Die z. T. parallel laufenden Phasen wurden in einen Zeitplan gefaßt, der eine Gesamtbearbeitungszeit von ca. 35 Wochen vorsah.

Phase I:	Vorbereitende Arbeiten
Phase II:	Rückbau nicht kontaminierter Bausubstanz
Phase III:	Rückbau[9.2] einer kontaminierten Lackierereihalle
Phase IV:	Rückbau der zentralen kontaminierten Gebäude der Gießerei, Roheisenlager, Nebengebäude
Phase V:	Abbruch der restlichen Bausubstanz
Phase VI:	Bodenaushub, Abtragen von Fahrbahndecken
Phase VII:	Abschließende Arbeiten

Der Grundsatz der Materialseparation von Eisenschrott, Bauholz, Asbestzement, Mineralfaserwolle, Glas, Gummi, mineralischem Bauschutt (unbelasteter Ziegelbruch und Beton), Schamotte, Schlacke und Gießereialtsand wurde für alle Phasen vorgeschrieben.

Probenahmen an Rest- und Wertstoffen und chemische Untersuchungen sollten kurzfristig je nach Aufkommen durchgeführt werden. Die Wartezeit zwischen Probenahme und Berichterstattung wurde mit vier bzw. sieben Arbeitstagen angesetzt.

Im Rahmen des Sanierungskonzeptes wurden Pläne erstellt, mit deren Hilfe der zeitliche und räumliche Verlauf des Rückbaus und der Bodensanierung veranschaulicht wurde. Weitere Themenpläne enthielten quantitative und qualitative Angaben zu den beim Bau verwendeten und beim Rückbau anfallenden Materialien. Für jeden abgrenzbaren Gebäudeteil erfolgten Angaben zur Ausführung der Dachkonstruktion, zum Decken-, Fußboden- und Wandaufbau, zu den unterirdischen Bauwerken, Einbauten, Anbauten sowie zu ggf. abgelagerten Abfällen. Die Baustoffe/-teile wurden unterschieden nach Dachziegeln, (Well-) Asbestzementplatten, Mineralfaserdämm-

[9.2] Die Lackierereihalle wurde lediglich dekontaminiert aber nicht rückgebaut, da das zuständige Landesamt für Denkmalpflege dieses Gebäude erst nach Fertigstellung des Sanierungskonzeptes unter Denkmalschutz gestellt hat.

stoffen, Teerpappen, Ziegelmauerwerk, Beton, Stahlbeton, Naturstein, Bauholz, Preßholz, Eisen/Stahl, Fußbodenbelägen, Kunststoffwellplatten, Gipskartonplatten.

Als Bauelemente/-teile sowie spezielle Ein- und Anbauten wurden genannt: Fenster, Türen, Heizkörper, Stahlträger, Schornsteine, Stahlkessel, Ölbrenner, Kupolöfen, Kompressoren, Transformatoren, Kondensatoren, Isolatoren, elektrische Schaltkästen, Maschinen, Regenrinnen, Rohrleitungen, Klärgruben.

Ziel der Plandarstellungen und Mengenschätzungen sowie der detaillierten Nennung von Material- und Ausführungsarten war es, im Vorfeld der Ausschreibung eine Kostenschätzung zu ermöglichen und den am Ausschreibungsverfahren beteiligten Unternehmern nicht nur ein detailliertes verbal-numerisches Leistungsverzeichnis zur Kalkulation vorzulegen, sondern auch eine Gesamtübersicht über die auszuführenden Leistungen zu geben.

9.3 Darstellung der Projektstruktur

Der Kostenträger und Auftraggeber für die gesamte Sanierungsmaßnahme war die Hessische Industriemüll GmbH – Bereich Altlastensanierung. Das Projekt wurde anteilig finanziert durch das Hessische Ministerium für Wirtschaft, Verkehr und Technologie, das Hessische Ministerium für Umwelt, Energie und Bundesangelegenheiten, die Stadt Homberg und den Schwalm-Eder-Kreis. Auch das nachnutzende Unternehmen wurde an den Sanierungskosten beteiligt. Im folgenden wird die Aufgabenverteilung der beteiligten Behörden und Firmen beschrieben.

9.3.1 Beteiligte Behörden

- Das für den Regierungsbezirk zuständige Regierungspräsidium (oberste Genehmigungsbehörde) führte nach dem in Hessen üblichen Verfahren die Altlastenfeststellung durch und traf sämtliche rechtsrelevanten Entscheidungen im Zusammenhang mit der Sanierung. Technische Fachbehörde für altlastenrelevante Fragestellungen war das Wasserwirtschaftsamt Kassel, das anhand von Stellungnahmen auf Anfragen anderer Behörden reagierte.
- In Zusammenarbeit mit dem Umweltamt des Landkreises erfolgte im Rahmen des Verfahrens nach TA-Siedlungsabfall die Klassifikation der Reststoffe, die der Kreismülldeponie anzudienen waren. In Fällen, in denen unklar war, ob Reststoffe ggf. als besonders überwachungsbedürftig einzustufen waren, holte das Umweltamt Stellungnahmen beim Wasserwirtschaftsamt ein.
- Besonders überwachungsbedürftige Abfälle wurden der Hessischen Industriemüll GmbH im Verfahren nach TA-Abfall angedient. Bei der Bearbeitung der Entsorgungsnachweise wurden die für geeignete Entsorgungsanlagen zuständigen Regierungspräsidien und Bergämter eingeschaltet.

- Die Rechtmäßigkeit der Verwertung von belasteten Materialien wurde im Einzelfall durch Anfragen der Oberbauleitung bei den für die Überwachung der Verwerter zuständigen Behörden überprüft.
- Das Genehmigungsverfahren für die Indirekteinleitung gereinigter Abwässer aus den Sanierungsarbeiten erfolgte über die untere Wasserbehörde unter Einschaltung des Tiefbauamtes der Stadt. Direkteinleitungen in die naheliegende Vorflut wurden vom Regierungspräsidium genehmigt und von der unteren Wasserbehörde sowie dem Wasserwirtschaftsamt im Einzelfall geprüft.
- Das im Sanierungskonzept enthaltene Arbeitsschutzkonzept und die daraus entwickelte Betriebsanweisung wurde mit dem Staatlichen Amt für Arbeitssicherheit abgestimmt. Diese Behörde kontrollierte die Arbeitsschutzvorkehrungen durch mehrere Baustellenbesichtigungen.
- Die im Rahmen der Sanierung notwendigen Rodungsarbeiten wurden mit der unteren Naturschutzbehörde abgestimmt.
- Die Planung zum Bau einer Grundwassermeßstelle erfolgte in Zusammenarbeit mit dem Wasserwirtschaftsamt und dem Hessischen Landesamt für Bodenforschung.
- Da ein Teil des Gebäudebestandes unter Denkmalschutz stand, wurden Abstimmungen mit dem Hessischen Landesamt für Denkmalpflege notwendig.
- Die Stadt Homberg wurde als Teilkostenträger an planungsrelevanten Entscheidungen beteiligt.

9.3.2 Beteiligte Firmen

- Das Ingenieurbüro übernahm in der Ausführungsphase die Funktion der Oberbauleitung. Die Gesamtleistungen im Rahmen des Projektes reichten von der Entwicklung des Sanierungskonzeptes über die Umsetzung zur Ausführungsplanung (Rückbauplanung) und Koordination/Überwachung der ausführenden Firmen bis hin zur Abschlußdokumentation. Eine weitere Funktion war die gutachterliche Begleitung sämtlicher Probenahmen und chemischen Untersuchungen des Bodens und der Bausubstanz. Weitere Verantwortungen lagen im Bereich der Klassifikation und Zuweisung der anfallenden Rest- und Wertstoffe zur Entsorgung oder Verwertung sowie in der Überwachung von Arbeitsschutz und -sicherheit. Die Abwicklung der im Rahmen der Sanierung notwendigen Genehmigungsverfahren lag ebenfalls in den Händen des Ingenieurbüros.
- Für sämtliche bautechnische Leistungen wie Erdarbeiten, Dekontamination, Rückbau der Bausubstanz und Abfallaufnahme wurde ein Generalunternehmer beauftragt. Die speziellen Dekontaminationsarbeiten wurden durch eine Spezialfirma für Industriereinigung ausgeführt. Die Abbruch- und Erdarbeiten erfolgten durch ein Abbruchunternehmen mit Erfahrungen im Bereich des Rückbaus auf kontaminierten Standorten.

- Für Probenahmen im Rahmen vorbereitender Untersuchungen zur Bodensanierung und zur Entscheidung über den Umfang von Dekontaminationsarbeiten an der Bausubstanz wurde ein Unternehmen für Probenahmetechnik beauftragt.
- Die Probenahmen an den anfallenden Rest- und Wertstoffen (z.B. Gießereisande/-schlacken, mineralischer Bauschutt) am anfallenden Prozeß- und Abwasser sowie die chemische Analytik übernahm ein chemisches Labor.

9.4 Ausschreibung und Vergabeverfahren

Die Vergabe der Bauleistungen nach VOB erfolgte im Rahmen einer beschränkten Ausschreibung nach einem öffentlichen Teilnahmewettbewerb (Juni/Juli 1994). Ein Arbeits- und Emissionsschutzkonzept war Bestandteil der Ausschreibungsunterlagen. Mit jeder zur Angebotsabgabe aufgeforderten Firma erfolgten Begehungen des ehemaligen Betriebsgeländes. Zusätzlich wurden alle verfügbaren Informationen an die Auftragnehmer weitergeleitet. Durch den Teilnahmewettbewerb konnten entsprechend qualifizierte Unternehmen ausgewählt werden. Hierdurch wurde vermieden, daß sich unerfahrene Firmen an der Ausschreibung beteiligen.

Die Vergabe der Leistungen zu Probenahmen und chemischer Analytik erfolgte im Rahmen einer beschränkten Ausschreibung nach VOL im Oktober 1994.

9.5 Durchführung der Rückbauarbeiten

9.5.1 Arbeitssicherheit und Arbeitsschutz

Vor Beginn der Arbeiten im zentralen Komplex der Gießereihalle wurden Maßnahmen zur Wiederherstellung der Standsicherheit unter gutachterlicher Begleitung durch ein Ingenieurbüro für Baustatik durchgeführt. Die Maßnahmen umfaßten die Sicherung der Dachkonstruktion mittels eines zimmermannsgerechten Balkengerüstes sowie die Ausmauerung und Ausstempelung labiler Mauerwerksbereiche. Absturzgefährliche Gruben und Gräben innerhalb der Gießereihalle wurden laufend während des Baustellenbetriebes mit Bauzaun und Stahlplatten gesichert.

Bei Arbeiten in kontaminierten Bereichen wurde angepaßte, persönliche Schutzausrüstung gemäß dem Arbeitsschutzkonzept vorgeschrieben. Jede auf der Baustelle beschäftigte Person erhielt vor Arbeitsbeginn eine mündliche Unterweisung und erkannte die Betriebsanweisung durch Unterschrift an. Alle in kontaminierten Bereichen Arbeitenden mußten arbeitsmedizinische Untersuchungen je nach Einsatzbereich vorweisen. Die Einhaltung der Schutzmaßnahmen wurde laufend durch die Oberbauleitung und mehrmals vom zuständigen Amt für Arbeitssicherheit und der Tiefbauberufsgenossenschaft kontrolliert. Zur Überwachung der Subunternehmer auf der Baustelle übernahm die Bauleitung des Generalunternehmers die Funktion des Sicherheitskoordinators gemäß den Richtlinien für Arbeiten in kontaminierten Bereichen [9.3].

Direkt neben dem Sanierungsareal befinden sich Wohnhäuser, deshalb wurden aus Emissionsschutzgründen vor den Arbeiten in kontaminierten Bereichen die Gebäudeöffnungen mit PE-Folie verschlossen (Arbeiten unter gegebener Einhausung). Beim Einsatz einer mobilen Bauschuttbrecheranlage wurden Staubemissionen durch Befeuchten mit Wasser vermieden. Befeuchtung wurde ebenfalls beim Fräsen von Betonboden, beim Abbau von Asbestzementplatten sowie bei manuellen Reinigungsarbeiten eingesetzt.

9.5.2 Entrümpelung, Demontage, Aufnahme von Rest- und Wertstoffen

Vor dem Abbruch der Gebäude wurden zu entsorgende und verwertbare Materialien demontiert bzw. in Container aufgenommen. Es handelte sich im wesentlichen um:

- Dämmstoffe (2 t Glas- und Mineralwolle),
- Gummi und Plastik (4 t),
- Holz (303 t),
- Eisen- und Nichteisenmetallschrott (258 t),
- Asbestzement (25 t) aus dem Dachaufbau (Wellasbestzementplatten) und der Innenausstattung (Fensterbänke, Wandverkleidungen, Rohrverbindungen),
- Maschinenteile, Transformatoren, Kondensatoren (sofern abbruchtechnisch möglich),
- Gießereialtsande (746 t),
- Glas,
- Teerpappe,
- Sonderabfälle und sonstige Abfälle, die einer getrennten Entsorgung zugeführt werden mußten.

Sonderabfälle, die im Rahmen der Anfang 1994 durchgeführten Entsorgungsmaßnahmen aufgenommen worden waren, wurden neu verpackt und in einem verschließbaren Großraumcontainer bereitgestellt. Die Demontage- und Entrümpelungsarbeiten dauerten von Dezember 1994 bis Ende Februar 1995.

9.5.3 Sanierungsuntersuchungen

Zur Vereinfachung des logistischen Aufwandes bei den Probenahmen und chemischen Untersuchungen wurden für die unterschiedlichen Untersuchungsziele Parame-

[9.3] Tiefbau-Berufsgenossenschaft, Merkblatt ZH 1/183.

terkataloge aufgestellt. Auf den für jede einzelne Probe ausgestellten Probelaufzetteln konnten die Probendaten angekreuzt werden. Die Untersuchungsziele waren z.B.

- Bodenvoruntersuchungen,
- Bausubstanzuntersuchungen,
- Abfall-Deklaration (je nach Abfallart),
- Überwachung der Aktivkohlereinigungsanlage bzw. der Abwasserbelastung,
- Sanierungszielwertkontrolle.

Untersuchungen im Vorfeld. Im Rahmen der Voruntersuchung von Bodenbelastungen zur Bestimmung der Sanierungsnotwendigkeit wurden Rammkernsondierungen und oberflächennahe Handprobenahmen durchgeführt.

Zur Feststellung der Eindringtiefen von Kontaminationen in Betonböden bzw. zur Festlegung der Arbeitstiefen von Betonfräsmaschinen erfolgten Kernbohrungen in die Betonböden der kontaminierten Gebäude.

Zur Entscheidung, ob das geplante Hochdruckwaschverfahren im Bereich der Wände der kontaminierten Gebäude geeignet war, wurden Kernbohrungen in verschiedenen Wandbereichen abgeteuft. In der Lackiererei brachten Untersuchungen an einem Bohrkern und abgespitzte Handproben aus dem organoleptisch auffälligsten Wandbereich Aufschluß über die im Sandstrahlverfahren- zu wählende Abtragstiefe.

Zwei Kernbohrungen in die Sohlen der von belasteten Sedimentschlämmen befreiten Kellerbecken der Gießereihalle belegten, daß weitere Dekontaminierungsarbeiten am Beckenbeton nicht erforderlich waren.

Bei Antreffen organoleptisch auffälliger Bereiche der Bausubstanz oder des Bodens erfolgten Probenahmen, sofern der betreffende Bereich nicht sofort separat in Container aufgenommen wurde. Separates Aufnehmen hat den Vorteil, daß mit nur geringer Verzögerung weitergearbeitet werden kann. Baustillstände sind in der Regel meist kostspieliger als zusätzliche Containermieten.

Routinemäßige Analysen. Zu den laufenden Untersuchungen gehörte die Abfall-Deklarationsanalytik, die einerseits der Abfallklassifizierung dient, andererseits Bestandteil des abfallrechtlichen Verfahrens ist. Seriöse Deponiebetreiber wie Verwerter sind verpflichtet, Analysenergebnisse über die zu entsorgenden Abfälle und Wertstoffe zu fordern. Von besonderer Bedeutung ist, daß die Probenahme und Analytik kurzfristig angefordert und durchgeführt werden konnte. Die Zeit zwischen Probenahme und Vorlage der Analysenergebnisse betrug auch für Eluatuntersuchungen maximal vier Tage. Ergebnisse, die nicht zeitkritisch waren, wurden kostengünstiger nach maximal sieben Tagen vorgelegt. Durch rasche Analysendurchführung lassen sich beträchtliche Kosten vermeiden, die durch Baustellenstillstände und Containermieten verursacht werden.

Nachuntersuchungen zur Sanierungszielwertkontrolle. Zur Kontrolle der Einhaltung der Sanierungszielwerte wurden Proben aus den Sohlen und Wänden der durch Bodenaushub entstandenen Baugruben entnommen und chemisch analysiert. Die von der Genehmigungs- und Fachbehörde vorgegebenen Sanierungsziele wurden in allen Bodensanierungsbereichen durch schrittweisen Bodenaushub jeweils mit Nachuntersuchung erreicht.

Aus den Bodenbereichen der abgerissenen Gebäude wurden oberflächennahe Handproben entnommen. Je Gebäude oder Teilbereich eines Gebäudes wurde aus Einzelproben (2–5 Einzelproben auf 100 m^2) je eine Mischprobe gebildet, die chemisch auf ausgewählte Parameter untersucht wurde.

Die durch eine Aktivkohlestufe gereinigten Abwässer aus den Keller- und anderen Becken wurden chargenweise chemisch untersucht, um die Einhaltung der für eine Direkteinleitung in die Vorflut vorgegebenen Grenzwerte zu kontrollieren. Die Chargengröße betrug 20 bis 30 m^3.

Dekontamination der Bausubstanz/Oberflächenbehandlung. In den Gebäuden, in denen auf der Grundlage von Bausubstanz- und sonstigen Untersuchungen Belastungen festzustellen waren, wurden über die Demontage und Entrümpelung hinaus zusätzliche Dekontaminationsarbeiten ausgeführt. Diese Arbeiten erfolgten unter persönlichem Arbeitsschutz.

Zunächst wurden in der Lackiererei mit Preßlufthämmern Verputz und ausgehärtete Farbreste von den Wänden und aus Bodenvertiefungen abgestemmt. Oberflächennahe Farbimprägnationen des Mauerwerkes (Fugen und Ziegeloberflächen) wurden durch Sandstrahlen entfernt.

Auf den Dachsparren und -balken der Fachwerkkonstruktion in den kontaminierten Gebäuden wurden schwermetallhaltige Gichtstäube vorgefunden, die z. T. bis zu 10 cm hoch abgelagert waren. Diese Stäube wurden vor der Dekontamination der Betonböden mit einer Industriesauganlage abgesogen und in Foliensäcke verpackt.

Die belasteten obersten Schichten der Betonfußböden der Lackierereihalle und des Roheisenlagers wurden mittels Betonfräsmaschinen abgetragen. Maßgeblich für die Abtragstiefe waren die zuvor mit Kernbohrungen und chemischer Analytik ermittelten Eindringtiefen der Kontaminationen von 4–6 cm. Wegen der im Bereich der Nebengebäude festgestellten höheren Eindringtiefen der Verunreinigung von über 14,5 cm wurde hier auf das Abfräsen verzichtet. Die Betonbodenplatte mit dem Maschinenfundament des ehemaligen Kompressorraumes wurde komplett abgebrochen und separat aufgenommen.

Bei Fräsversuchen im Bereich des Hallenbodens der Gießereihalle wurde festgestellt, daß die aufgrund der Bausubstanzuntersuchungen vorgeschriebene Abtragstiefe von 6 cm mit den üblichen Betonfräsmaschinen nicht zu erreichen war, da im Beton verlegte Stahlprofile und Armierungen zum häufigen Maschinenausfall führten. Daher wurde der Betonboden des Gebäudes mittels eines hydraulisch betriebenen Boart-Fräsaufsatzes auf einem Kettenbagger um mindestens 6 cm abgetragen (Abb. 9.2).

Abb. 9.2. Fräsarbeiten an der Bodenplatte der Gießereihalle

Ablagerungen von Gießereialtsand (schlammige Sedimente) aus den Becken der Gießereihalle wurden aufgenommen, nachdem die in Kellerbecken stehenden Wässer zuvor über eine Aktivkohlereinigungsanlage abgepumpt worden waren. Das Aufnehmen erfolgte mit einem Greiferbagger unter Konditionierung mit gebranntem Kalk. Nach dem vollständigen Ausheben der Sedimente wurden die Wände und Sohlen der Kellerbecken mit einer Hochdruckwaschanlage gereinigt, um Reste von Ablagerungen in den offenen Poren der Betonoberflächen zu entfernen. Auf die gleiche Weise und zum selben Zweck wurden die Innenflächen der Ziegelmauerwände und die Stützpfeiler der Gießereihalle von anhaftendem schwermetallhaltigen Staub befreit.

Die im südlichen Hallenbereich vorgefundenen Maschinengruben, Betonwände und -sohlen zeigten organoleptisch auffällige oberflächennahe Ölkontaminationen und wurden im Zuge des Abbruchs separat aufgenommen. Ebenfalls beim Abbruch separiert wurden mit Farb- und Fettresten verunreinigte Mauerwerksbereiche an einer Giebelwand sowie organoleptisch auffällige Bereiche aus den Wänden des ehemaligen Kerntrockenraums.

Eine Trafostation zeigte im südlichsten Drittel des Betonbodens (Trafokompartiment) eine Durchtränkung mit ausgelaufenem, schwach PCB-haltigem Trafoöl. Daher wurde der Bauschutt aus diesem Bereich beim Abbruch gesondert aufgenommen.

Über die genannten Dekontaminierungsarbeiten hinaus wurden weitere zumeist kleinräumige Separierarbeiten beim Abbruch durchgeführt.

9.5.4 Abbrucharbeiten

Vor Beginn der eigentlichen Abbrucharbeiten wurden sämtliche Asbestzementplatten der Dächer sowie der Inneneinrichtung nach TRGS 519[9.4] zerstörungsfrei abgebaut. Sofern abbruchtechnisch möglich, wurden auch mit Teerpappe eingedeckte Dachbereiche vor dem Abbruch abgenommen. Andernfalls wurde die Teerpappe weitestgehend während des Abbruchs aus dem Bauschutt separiert.

Erst nach der vollständigen Entrümpelung und Demontage sowie nach den beschriebenen Dekontaminierungsarbeiten wurde mit dem eigentlichen Abbruch begonnen. Die Abbrucharbeiten umfaßten den Abriß der oberirdischen Bausubstanz mit den üblichen Methoden sowie den Abriß der unterirdischen Bausubstanz (Betonböden, Fundamente) bis 1 m unter Geländeoberkante. Die dekontaminierten Betonböden und Fundamente aller Gebäude wurden mit einem Hydraulikhammeraufsatz in Schollen zerlegt und anschließend mit einem Sieblöffelaufsatz aus dem unterlagernden Boden gesiebt. Durch diese Tiefenenttrümmerung entstanden vor der Verdichtung und Auffüllung mit unbelastetem Bauschutt im Mittel ca. 0,5 m tiefe Baugruben.

Beim Abbruch hat sich der Einsatz von in allen Richtungen beweglichen Maschinenaufsätzen bewährt. Für die weitgehend zerstörungsarme Separation von Bauholz aus Fachwerkgebäuden wurden unter anderem freibewegliche Abbruchzangen und -greifer verwendet. Ein Teil des Bauholzes wurde kostenfrei zur Verwertung an einen Zimmereibetrieb abgegeben.

9.6 Bodensanierung

Gemäß den Auflagen aus der Sanierungsanordnung erfolgte in acht Bereichen Bodenaushub und zum Teil Bodenaustausch. Ein Bodenbereich wurde als sanierungsbedürftig angesehen, wenn die Sanierung laut Baugenehmigung gefordert war oder die Sanierungsschwellenwerte bei Untersuchungen zur Erkundung laut VVwV-Altlast (vorläufige Verwaltungsvorschrift für die Feststellung von Altlasten auf der Grundlage des Hessischen Altlastengesetzes) überschritten wurden. Ein Bodenbereich wurde als saniert angesehen, wenn weder die Schurfwände noch die Schurfsohle Schadstoffkonzentrationen über den Sanierungszielwerten aufwiesen. Die offenstehenden, zur Verfüllung freigegebenen Schurflöcher wurden mit gebrochenem, unbelastetem Bauschutt oder mit Basaltsteinerde/Kalksplitt verfüllt. Insgesamt wurden ca. 950 t Boden ausgekoffert.

[9.4] Technische Regeln für Gefahrstoffe – Asbest-Abbruch-, Sanierungs- oder Instandhaltungsarbeiten, Ausschuß für Gefahrstoffe beim Bundesminister für Arbeit und Sozialordnung 1995.

Einen Spezialfall bei der Bodensanierung stellte der sogenannte Turbinengraben dar. Der *Turbinengraben* wurde Anfang Juli 1995 im Rahmen des Abbruchs der unterirdischen Bausubstanz angetroffen. Er war eines der ältesten Bestandteile des Kanalisationssystems des Eisenwerkes.

In den Turbinengraben mündeten mehrere Zuläufe, die der Entwässerung der Gießereihalle dienten. Zeitzeugen berichteten über einen Ölunfall in der Gießereihalle vor ca. 20 Jahren, bei dem mehrere Kubikmeter Heizöl in den Graben gelangt sind. In den Ablagerungen im Turbinengraben wurden erhöhte Gehalte an schwerlöslichen lipophilen Stoffen und PAK festgestellt. Außerdem waren die Schlämme im Graben mit Schwermetallen belastet, die über den Gichtstaub diffus eingespült worden waren.

Der gesamte Bereich des Turbinengrabens war wegen fehlender Abdichtung gut an das oberflächennahe Grundwasser angebunden, weshalb Baumaßnahmen im Graben einer Absenkung des Wasserstandes bedurften. Da auf dem Wasser zeitweise Ölfilme festgestellt wurden, kamen Ölbinder auf Kunstfaserbasis zum Einsatz (ca. 1,5 m lange netzgebundene Stränge). Der Turbinengraben wurde zur Begrenzung des Wassernachlaufs durch Einbau von Barrieren aus geringdurchlässigem Boden in Teilbereiche gegliedert, die nacheinander abgearbeitet werden konnten.

Aufgrund der festgestellten Sanierungsnotwendigkeit für die Schlämme wurden diese ausgebaggert, zunächst in Containern bereitgestellt und dann in einer eigens für diesen Zweck errichteten, mit Beton ausgekleideten Bodenmulde mit Kalk konditioniert.

Die gebundenen Schlämme wurden schließlich auf einer Halde gelagert und im ausgehärteten Zustand repräsentativ beprobt. Die chemischen und physikalischen Untersuchungen ergaben, daß die behandelten, belasteten Schlämme (296 t) planungsgemäß auf der Kreismülldeponie eingelagert werden konnten. Auf eine weitere Aufbereitung und Wiederverwertung wurde aus Kostengründen verzichtet. Der Aufwand hierfür hätte die Deponierungskosten um mehr als 100 % überstiegen. Die Natursandsteine, aus denen die Grabenflanken bestanden und die augenscheinliche Verunreinigungen mit öligem Schlamm zeigten, wurden teilweise aus dem Turbinengraben ausgebaut und untersucht. Mittels horizontierter Probenahmetechnik konnte festgestellt werden, daß sie lediglich oberflächennah mit PAK und lipophilen Stoffen (KW H17) belastet waren. Daher konnte der größte Teil der Steine im Graben belassen werden.

9.7 Beschreibung der Entsorgungs- und Verwertungswege

9.7.1 Wiederverwertung

Unter Wiederverwertung werden hier Maßnahmen zusammengefaßt, bei denen die angefallenen Materialien nicht zur Deponierung gelangen. Wiederverwertung umfaßt auch den Einbau von geringer belastetem Bauschutt zu Deponiebau- und Rekultivierungszwecken, sowie die thermische Verwertung von Bauholz. Der Einbau des aus dem Abbruch und der Bodensanierung gewonnenen unbelasteten oder geringbelasteten[9.5] gebrochenen Bauschutts und Erdaushubs auf dem Sanierungsareal selbst wird bei den folgenden Aufstellungen ebenfalls der Wiederverwertung zugeordnet.

Sofern aufwendige Behandlungen bzw. Aufbereitungen für stark kontaminierte, als Sonderabfall klassifizierte Massen notwendig wurden, werden sie – auch bei einer nachträglichen Wiederverwertung der gereinigten Materialien – in den folgenden Bilanzen nicht den wiederverwerteten Massen zugeordnet. Alle Materialien, die nach TA-Abfall über die Hessische Industriemüll GmbH entsorgt wurden, werden in den Bilanzen unter „Entsorgung" geführt.

Tabelle 9.3 zeigt eine Übersicht über die außerhalb des Sanierungsgeländes wiederverwerteten Materialien (externe Verwertung Off-site).

Tabelle 9.3. Übersicht über externe Verwertung

Wertstoffart	Verfahren	Verwertung [t]
belasteter Bauschutt	Einbau Off-site	476
teerhaltiger Straßenaufbruch	Einbau in hydraulisch gebundene Tragschichten im Straßenbau	351
Gießereialtsand (und -schlamm)	Einbau Off-site	746
Bau- und Abbruchholz	thermische Verwertung	279
Eisenschrott	Schrotthandel	255
NE-Metallschrott	Schrotthandel	3
Gummi	Reifenrecycling	4
Summe		2.114

Auf dem Sanierungsgelände selbst wurden insgesamt 10.930 t Bauschutt nach der Aufbereitung in einer mobilen Brecheranlage wieder eingebaut. Dabei handelt es sich um 5.970 t unbelasteten Bauschutt und um 4.960 t gering belasteten oder belasteten Bauschutt.

Das ehemalige Betriebsgelände gliedert sich in mehrere Geländeniveaus, die im Zuge der Werkserrichtung auf dem abfallenden Gelände angelegt wurden. Diese Niveaus weisen dementsprechend stark unterschiedliche Grundwasserflurabstände auf. Während die Fläche der ehemaligen Gießereihalle nur einen Flurabstand von ca. 2 m aufweist, erhöht sich dieser Wert im oberen Geländeniveau auf über 10 m. Nach Ab-

[9.5] In Abstimmung mit dem zuständigen Wasserwirtschaftsamt wurden Chargen als gering belastet eingestuft, wenn nicht mehr als drei Parameter im Feststoff knapp oberhalb des Orientierungswertes für unbelasteten Bauschutt/Boden lagen (alle Eluatwerte unterhalb der Orientierungswerte für belasteten Bauschutt/Boden).

stimmung mit den zuständigen Behörden konnte deshalb in die nach dem Abbruch und der Tiefenenttrümmerung entstandenen Geländevertiefungen im unteren Bereich ausschließlich unbelasteter Bauschutt wieder eingebaut werden, während im oberen Bereich auch der Einbau von belastetem Bauschutt möglich war. Zur Sicherung der Bereiche, in denen belasteter Bauschutt eingebaut wurde, erfolgte zusätzlich eine Oberflächenabdeckung mit hochverdichtetem Kalksplitt, um die Versickerung von Oberflächenwasser zu reduzieren.

Im Bereich einer ca. 6 m hohen Stützwand wurde eine Böschung aus Bauschutt-Recyclingmaterial angelegt, in der große Mengen des unbelasteten und gering belasteten Bauschutts eingebaut werden konnten.

9.7.2 Entsorgung über die Kreisrestmülldeponie (TA-Siedlungsabfall Deponieklasse I und II)

Tabelle 9.4 zeigt eine Aufstellung der Massen, die dem Schwalm-Eder-Kreis zur Entsorgung auf der Kreisrestmülldeponie angedient wurden.

Tabelle 9.4. Entsorgung und Verwertung auf der Kreisrestmülldeponie

Entsorgung und Verwertung: Kreismülldeponie Wabern-Uttershausen	**Einlagerung Kreisrestmülldeponie**	**Verwertung Kreisrestmülldeponie**
Abfallart	[t]	[t]
Asbestzement	25	
Mineralfaserabfälle	2	
Bau- und Abbruchholz	24	
Eisenhaltige Stäube	3	
Gießereialtsande	24	
Schlamm aus Gießereien (Turbinengraben)	296	
Schlamm aus Gießereien (Kellerbecken)	37	
Kupolofenschlacke	101	
Baustellenabfälle	123	
belasteter Bauschutt[9.6]	109	779
belasteter Erdaushub/Boden	116	349
Summen	863	1.128

[9.6] Definition nach Hessischer VwV-Erdaushub/Bauschutt.

9.7.3 Entsorgung über die Hessische Industriemüll GmbH

Tabelle 9.5 zeigt eine Aufstellung der besonders überwachungsbedürftigen Abfälle, die der Hessischen Industriemüll GmbH in Biebesheim angedient wurden. Die Abfälle sind größtenteils bei der Reinigung der Bausubstanz sowie bei der Entrümpelung der ehemaligen Betriebsgebäude vor dem Abbruch angefallen.

Tabelle 9.5. Entsorgung über die Hessische Industriemüll GmbH

Entsorgung besonders überwachungsbedürftiger Abfälle über die Hessische Industriemüll GmbH	Sonderabfall-Verbrennungsanlage Biebesheim	Untertage-deponie	Sonstige	Bodenwäsche (Nordac Hamburg, ABU, Lägerdorf)
Abfallart	[t]	[t]	[t]	[t]
Transformatorenöl (PCB)			0,2	
Kondensatoren (PCB)			0,3	
Erdaushub/Bauschutt				112,0
Erdaushub/Bauschutt		2,2		
Strahlmittelrückstände		1,5		
Filterstäube (NE-metallhaltig)		7,0		
Feinchemikalien	0,9			
Feinchemikalien über Mischmuster[9.7]	1,1			
Laborchemikalien		0,6		
Sammelentsorgungsnachweis: Eisenmetallbehältnisse mit schädlichen Verunreinigungen	0,5			
Sammelentsorgung: Lösemittelabfälle halogeniert			0,1	
Sammelentsorgung: Ölbindemittel			0,6	
Sammelentsorgung: Altlacke			0,1	
Summen	2,6	11,3	1,3	112,0

[9.7] Bei Mischmusterbildung wird im Laborversuch ermittelt, welche Abfälle reaktionslos miteinander gemischt und chemisch deklariert werden können. Auf diese Weise werden kostenaufwendige Einzelanalysen an Kleinchargen vermieden.

9.8 Massenbilanz zur Verwertung und Entsorgung

Abbildung 9.3 zeigt den prozentualen Anteil unterschiedlicher Materialgruppen an der Gesamtmasse aller bei der Sanierungsmaßnahme angefallenen Materialien. Die Hauptmasse bildet der mineralische Bauschutt mit ca. 84 %, gefolgt vom Boden (Erdaushub) mit ca. 7 % und sonstiger mineralischer Substanz (Strahlgut, Fräsgut, Gießereisande und -schlämme etc.) mit ca. 4 %.

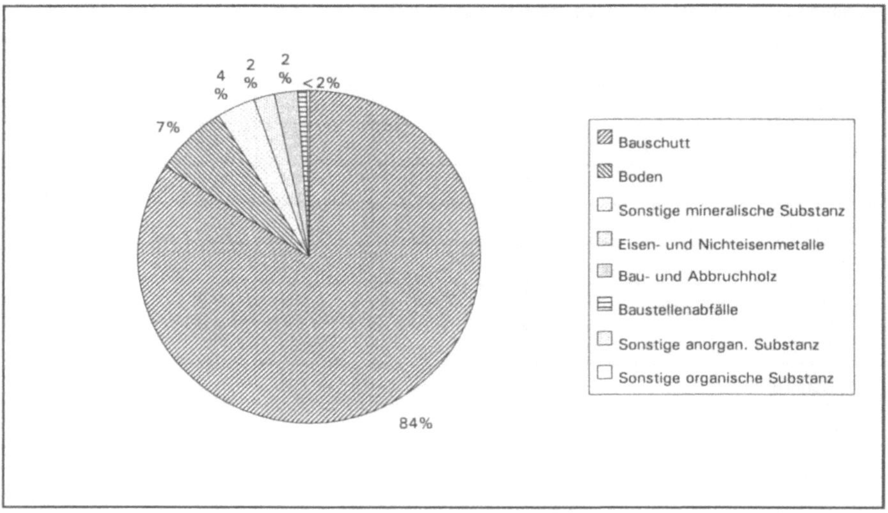

Abb. 9.3. Prozentuale Anteile von Materialgruppen

Tabelle 9.6 zeigt eine grafische Übersicht über die prozentualen Anteile aller bei der Sanierung entsorgten und verwerteten Materialien. Aus der Darstellung läßt sich eine Gesamtverwertungsquote von über 90 % erkennen.

Von der Gesamtmasse aller angefallenen Materialien mußten lediglich ca. 1 % als besonders überwachungsbedürftiger Abfall zu entsprechend hohen Kosten entsorgt werden. Circa 6 % wurden im begleitscheinfreien Verfahren über den Schwalm-Eder-Kreis entsorgt. Der Rest von mehr als 90 % konnte einer Verwertung im Sinne der Erläuterungen in Kap. 9.7.1 zugeführt werden.

Abbildung 9.4 zeigt die Verteilung von Verwertungs- und Entsorgungsquoten bei unterschiedlichen Materialien. Die Verwertungsquoten betragen beim Eisenschrott 100 %, beim Bauschutt ca. 98 %, beim Bauholz ca. 92 % und beim Boden (Erdaushub) ca. 88 %.

Tabelle 9.6. Massenbilanz Verwertung – Entsorgung

Massenbilanz: Verwertung/Entsorgung	**Verwertung**	**Entsorgung**	
		TA-Siedlungsabfall	TA-Abfall
Material	[t]	[t]	[t]
Bauschutt	11.405,8	109,3	114,2
Boden	837,0	115,9	enthalten in Bauschutt
Sonstige vorwiegend mineralische Substanz	–	489,9	1,5
Eisen- und Nichteisenmetalle	257,8	0	0
Bau- und Abbruchholz	279,0	24,5	0
Baustellenabfälle	0	123,4	0
Sonstige vorwiegend anorganische Substanz	0	0	7,0
Vorwiegend organische Substanz	4,3	–	4,2
Summen	**12.783,9**	**862,9**	**126,9**
in Prozent	**92,81%**	**6,26%**	**0,92%**

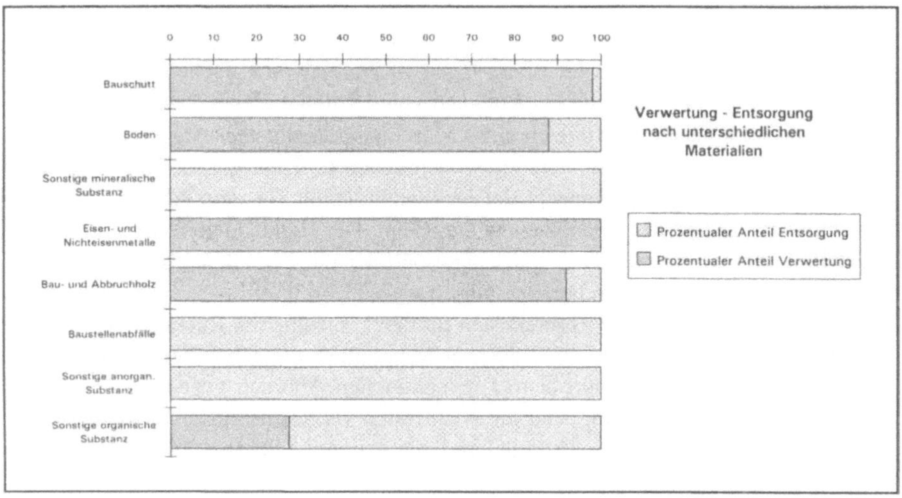

Abb. 9.4. Verwertung/Entsorgung nach unterschiedlichen Materialien

9.9 Wirtschaftlichkeitsbetrachtung

Rückbaumaßnahmen im Bereich kontaminierter Bausubstanz können einerseits betriebswirtschaftlich unter Betrachtung kurzfristiger und lokaler Randbedingungen und andererseits volkswirtschaftlich unter Betrachtung langfristiger und überregionaler Randbedingungen bewertet werden. Aus wissenschaftlicher Sicht sind überregionale, ja globale und vor allem langfristige Ansätze wie die Ökobilanzierung zur Beurteilung der Wirtschaftlichkeit von Interesse (vgl. hierzu Kap. 14). Aus der Sicht des Kostenträgers und vor dem Hintergrund beschränkter privater und öffentlicher Mittel muß es meist bei betriebswirtschaftlichen Überlegungen bleiben.

In vergleichenden betriebswirtschaftlichen Abwägungen können die kurzfristig relevanten Größen wie z.B. die Kosten für die Deponierung und die Kosten für eine Verwertung der anfallenden Massen miteinander verglichen werden. Eine sinnvolle und umweltverträgliche Verwertung ist nur dann möglich, wenn die Restbelastungen, z.B. im gebrochenen Bauschutt, ausreichend reduziert werden.

In vielen, wenn nicht den meisten Fällen von Bausubstanzbelastungen sind Schadsubstanzabtrennungen im Vorfeld kostengünstiger als die vollständige Nachbehandlung und Verwertung bzw. Deponierung von verunreinigtem Bauschutt. Es gilt hier der Grundsatz, daß jede Erhöhung des Unordnungsgrades (Entropie) durch Vermischung von unbelasteten und verunreinigten Massen nur mit hohem Energieaufwand z.B. in Bauschuttwaschanlagen rückgängig gemacht werden kann. Schadsubstanzabtrennung im Vorfeld ist die beste Möglichkeit zur Vermeidung von Ordnungsverlusten und damit unnötigem Energieeinsatz. Ausnahmen, bei denen eine Vorabtrennung ggf. nicht lohnenswert sein kann, sind beispielsweise tiefreichende Imprägnationen mit geringviskosen Schadstoffen wie z. B. Leichtölen oder schwerflüchtigen Lösemitteln.

Im Falle des Eisenwerkes Homberg lagen größtenteils oberflächennahe Kontaminationen vor, die mit vertretbarem Aufwand von der unbelasteten Bausubstanz abgetrennt werden konnten. Im Bereich eines Maschinenfundamentes war jedoch z.B. eine Schadsubstanzabtrennung nicht sinnvoll möglich (s. Kap. 9.5.4). Solche Massen wurden abweichend vom Konzept der Dekontamination vor dem Abbruch als eine geschlossene Charge der Bodenwäsche angedient. Der Fachbauleiter vor Ort muß im Einzelfall entscheiden, ob die Vorabseparation oder die Komplettaufnahme auffälliger Bereiche die wirtschaftlichere Lösung ist.

In Tabelle 9.7 werden die Zusatzkosten für den kontrollierten Rückbau den Kosten für eine Komplettentsorgung mineralischer Materialien wie gebrochenem Bauschutt, Gießereialtsand und -schlamm beim konventionellen Abbruch gegenübergestellt. In der vereinfachten Darstellung sind die wichtigsten vergleichsrelevanten Kostenparameter berücksichtigt. Kosten für in jedem Falle getrennt zu entsorgende oder zu verwertende Materialien wie Abbruchholz, Asbestzement, Baustellenabfälle, problemlos aufnehmbare Sonderabfälle oder Eisenschrott sind nicht enthalten. Für Modell I (konventioneller Abbruch) wurde überschlägig ermittelt, daß die Kosten für chemische Untersuchungen um rund die Hälfte geringer gewesen wären als beim kontrollierten Rückbau. Variable Transportkosten werden in der Darstellung nicht berücksichtigt. Durch das hohe Transportaufkommen zur Kreismülldeponie wären beim Modell I weitere beträchtliche Kosten entstanden.

Tabelle 9.7. Vergleich relevanter variabler Kosten für konventionellen Abbruch und kontrollierten Rückbau, gerundet auf 1.000 DM.

	Modell I Konventioneller Abbruch	**Modell II Kontrollierter Rückbau**
Vergleichsrelevante Kosten		
Zusätzlicher Aufwand für Maschinen- und Arbeitskrafteinsatz zur Entrümpelung, Separation, Dekontamination, Emissionsschutz, Arbeitssicherheit	0 DM	501.000 DM
Probenahme/Chemische Analytik	111.000 DM	225.000 DM
Verwertung und Entsorgung mineralischer Bausubstanz (Gießereialtsande, Sedimente, Fräsgut, Bauschutt):		
- Verwertungs-/Aufbereitungskosten (off-site)	0 DM	243.000 DM
- Fall A): Entsorgungskosten für Deponierung (TA-Siedlungsabfall, Kl. II). Annahme für Modell I: *100 %* des Bauschuttes sind durch Vermischung belastet.	1.767.000 DM	142.000 DM
- Fall B): Entsorgungskosten für Deponierung (TA-Siedlungsabfall, Kl. II). Annahme für Modell I: *50 %* des Bauschuttes sind durch Vermischung belastet.	883.500 DM	142.000 DM
zu Fall A) Summen	1.878.000 DM	1.111.00 DM
zu Fall B) Summen	994.500 DM	1.111.00 DM

Beim Modell I wird davon ausgegangen, daß durch Vermischung von unbelasteten mit verunreinigten Materialien bei einem konventionellen Abbruch eine mittlere Belastung über das Gesamtvolumen entsteht (Deponieklasse II nach TA-Siedlungsabfall). Eine Verwertung der Materialien zu einem günstigerem als dem lokalen Deponiepreis von DM 155,–/t ist durch die erhöhte Gesamtbelastung nicht möglich bzw. unseriös. Im Falle einer Verwertung der vermischten Massen hätte zuvor eine Aufbereitung z.B. in einer Bauschuttwaschanlage erfolgen müssen. Die Kosten hierfür hätten deutlich über den Deponierungskosten gelegen. Die Aufwendungen für Separations- und Dekontaminationsarbeiten an mit Schadstoffen belasteter Bausubstanz entfallen in Modell I gänzlich.

Modell II (kontrollierter Rückbau) stellt die realen Verhältnisse beim Rückbau des Eisenwerkes dar. Vor dem Abbruch entstehen Kosten durch Arbeiten zur Wiederherstellung der Standsicherheit, Entrümpelung, Separation und Dekontamination. Ein beträchtlicher Anteil von mineralischen Massen (Bauschutt, Gießereialtsand und -schlamm) wurde einer externen Behandlung oder Verwertung zugeführt. Diese Massen waren zu hoch belastet, um auf dem Sanierungsgelände wiedereingebaut werden zu können. Die Entsorgungskosten in Modell II enthalten die Aufwendungen für die Behandlung und Deponierung von Abfällen nach TA-Abfall und TA-Siedlungsabfall.

Aus dem Kostenvergleich in Tabelle 9.7 geht hervor, daß der kontrollierte Rückbau im Falle des Eisenwerkes in Homberg zu beträchtlichen Einsparungen bei der Entsorgung führte. Der kontrollierte Rückbau war unter der Annahme kostengünstiger als der konventionelle Abbruch, daß durch Vermischung beim konventionellen Abbruch mehr als 50 % des anfallenden Bauschuttes belastet gewesen wäre. Der zunächst scheinbar hohe Aufwand für Dekontamination und Separation erwies sich als lohnenswerte Investition, die nicht nur die Planungssicherheit (s. Kap. 9.2.2) erhöhte, sondern sich mit hoher Wahrscheinlichkeit auch rein betriebswirtschaftlich gerechnet hat.

9.10 Fazit

Im Zeitraum von Ende 1994 bis Ende 1995 wurde das Eisenwerk in Homberg-Holzhausen zurückgebaut und belastete Bodenbereiche wurden saniert. Von den insgesamt ca. 48.000 m³ umbautem Raum waren ca. 38.000 m³ mit produktionsspezifischen Schadstoffen belastet. Zu den Rückbau- und Dekontaminationsarbeiten in oberirdischen Bauwerken kamen besondere Arbeiten im Bereich der Unterkellerung hinzu. Hier waren große Mengen Gießereirückstände unterhalb des Grundwasserspiegels abgelagert. Bauzeitenverlängernd wirkte sich die Untersuchung und Sanierung eines ehemaligen Werkskanals aus, in den größere Mengen Mineralöl gelangt sind.

Die Sanierung des Eisenwerkes Homberg-Holzhausen mußte in einem kurzen Bearbeitungszeitraum erfolgen. Unter dieser Voraussetzung war die Nachnutzung durch einen ortsansässigen Industriebetrieb gewährleistet. Der Umfang der zuvor erfolgten technischen Erkundungen war eher gering. Wegen des engen Zeitrahmens mußten die Sanierungsvoruntersuchungen somit in die frühe Ausführungsphase gelegt werden. Der kontrollierte Rückbau der Bausubstanz erwies sich in dieser Situation wegen der zu jedem Zeitpunkt der Arbeiten durchgeführten Separationsarbeiten als fachtechnisch günstigste Lösung, die zu einer hohen Planungssicherheit führt. Durch das Konzept der Schadsubstanzabtrennung vor dem eigentlichen Abbruch konnten beträchtliche Kosten für die Entsorgung belasteter Materialien auf der Kreismülldeponie eingespart werden.

Aus Gründen des knappen zeitlichen Rahmens, des vorgegebenen Finanzierungsplanes sowie einem Mangel an ausreichenden Flächen zur Zwischenlagerung von belasteten Materialien war es erforderlich, die beim Gebäuderückbau und bei der Bodensanierung anfallenden Materialien kontinuierlich und rasch von der Baustelle abzutransportieren. Größere Zwischenlagerkapazitäten hätten geringfügig preisgünstigere Verwertungswege ermöglicht.

Der permanente Einsatz der fachgutachterlichen Bauleitung vor Ort bewährte sich, um jederzeit die Baustellentätigkeit anhand der Kenntnisse aus historischen Recherchen, technischen Erkundungen und Sanierungsuntersuchungen zu optimieren. Die Fachbauleitung hielt ständig enge Kontakte zu den Behörden und gewährleistete ein effektives und seriöses Entsorgungsmanagement.

9.11 Literatur

BUNDESLAND HESSEN (1994): Diskussionsentwurf einer Verwaltungsvorschrift für die Feststellung und Sanierung von Altlasten, Altlast-VwV vom 29.03.1996, unveröffentlicht.

EIKMANN, T.; KLOKE, A.; LÜHR, H.-P. (1991): IWS-Bodenwert-Listen. In: Ableitung von Sanierungswerten für kontaminierte Böden. IWS-Schriftenreihe, Band 13. Erich Schmidt Verlag, Berlin.

UNIVERSITÄT GESAMTHOCHSCHULE KASSEL (1982): Holzhausen und sein Hüttenwerk, Veröffentlichungen aus der Forschungsgruppe Produktivkraftentwicklung Nordhessen.

HAUPTVERBAND DER GEWERBLICHEN BERUFSGENOSSENSCHAFTEN (Hrsg.) (1992): ZH 1/183, Richtlinien für Arbeiten in kontaminierten Bereichen, C. Heymanns Verlag KG, Köln.

KOCH, E.; GOEMAN, J. (1996): Kontrollierter Rückbau des ehemaligen Eisenwerkes in Homberg/Efze. In: Brachflächenrecycling, Heft 3/96, Verlag Glückauf GmbH, Essen.

KOCH, E.; SCHNEIDER, U. (1995): Kontrollierter Rückbau ehemaliger Industriestandorte – Fallbeispiel Ehemaliges Eisenwerk in Homberg/Efze. In: VDI-Jahrbuch 1995-1996, Hrsg.: VDI-Koordinierungsstelle Umwelttechnik (KUT), VDI-Verlag GmbH, Düsseldorf.

STAATSANZEIGER FÜR DAS LAND HESSEN (1993): Hessisches Ministerium für Umwelt, Energie und Bundesangelegenheiten, Entsorgung von belasteten Böden, Seite 331, IV A 4-100 g 08.19-122/92-Gült.-Verz. 89, 891-, Wiesbaden, 21. Dezember 1992, Stand der Orientierungswerte: 10. Dezember 1992 – Bezug: Erlaß vom 14. Februar 1991 IV B1-79 n 06.03. 4.2-122/12.

10 Arbeitsschutz und Sicherheitstechnik im Rahmen von Rückbauprojekten

Dipl.-Ing. Christoph Benning
WCI Umwelttechnik GmbH, Hauptstraße 45a, 30974 Wennigsen

10.1 Einleitung

Die technische Vorschrift (TV) für Abbrucharbeiten (Deutscher Abbruchverband e.V. 1997) definiert den Begriff Abbruch als „die Teilung eines vorherigen Ganzen durch trennende Verfahren in zwei oder mehr Teile". In der Unfallverhütungsvorschrift Bauarbeiten (Bau-Berufsgenossenschaft 1993) wird als Abbrechen „die Beseitigung von baulichen Anlagen und ihren Teilen auch im Zuge von Umbau- und Instandsetzungsarbeiten" bezeichnet. Legt man den heutigen Anspruch an den kontrollierten Rückbau zugrunde, so sind diese Definitionen durchaus als euphemistisch zu bezeichnen. In den Definitionen kommt nicht zum Ausdruck, daß der Rückbau baulicher Anlagen oft schwieriger als deren Aufbau sein kann. So fehlen von abzubrechenden Anlagen häufig zeichnerische und rechnerische Unterlagen, was wiederum zu Fehleinschätzungen der statischen Verhältnisse und somit zu Fehlentscheidungen in der Abbruchstrategie führen kann. Der konventionelle Abbruch baulicher Anlagen stellt zweifelsohne eine gefährliche unfallträchtige Tätigkeit dar, die dementsprechend besonderer Vorgaben zur Arbeitssicherheit bedarf. Beim Rückbau kontaminierter Bausubstanz werden die angesprochenen Risiken erweitert um Gefahren, die von der Kontamination ausgehen, sowie den Vorgaben hinsichtlich der Separierung und der Entsorgung der mit Schadstoffen belasteten Bauteile.

10.2 Rechtliche Grundlagen

Für die Sicherheit bei der Demontage und dem Rückbau von Industriebauten und Anlagen und der Aufbereitung von Baureststoffen ist eine Vielzahl von Unfallverhütungsvorschriften, Technischen Regeln und Richtlinien von Bedeutung. Besonders hervorzuheben sind

- VBG 1 – Allgemeine Vorschriften
- VBG 4 – Elektrische Anlagen und Betriebsmittel
- VBG 5 – Kraftbetriebene Arbeitsmittel
- VBG 10 – Stetigförderer
- VBG 15 – Schweißen, Schneiden und verwandte Verfahren
- VBG 37 – Bauarbeiten
- VBG 40 – Erdbaumaschinen
- VBG 46 – Sprengarbeiten
- VBG 74 – Leitern und Tritte
- VBG 100 – Arbeitsmedizinische Vorsorge
- VBG 109 – Erste Hilfe
- VBG 119 – Gesundheitsgefährlicher, mineralischer Staub
- VBG 121 – Lärm
- ZH 1/172 – Sicherheit durch Betriebsanweisungen
- ZH 1/183 – Richtlinien für Arbeiten in kontaminierten Bereichen
- ZH 1/514 – Merkheft: Abbrucharbeiten
- TRGS 402 – Ermittlung und Beurteilung der Konzentrationen gefährlicher Stoffe in der Luft in Arbeitsbereichen
- TRGS 403 – Bewertung von Stoffgemischen in der Luft am Arbeitsplatz
- TRGS 900 – Grenzwerte
- VDI-Richtlinie 2058, Blatt 3 – Beurteilung von Lärm unter Berücksichtigung von Anforderungen des Arbeitsplatzes
- VDI-Richtlinie 2065 – Feststellung der Staubsituation am Arbeitsplatz
- VDI-Richtlinie 2450 – Messungen von Emissionen, Transmissionen und Immissionen luftverunreinigender Stoffe.

Ergänzend wird auf eine Veröffentlichung des Deutschen Abbruchverbands hingewiesen, in der unter dem Titel „Technische Vorschriften für Abbrucharbeiten" viele sicherheitstechnische Aspekte aufgegriffen und erläutert werden.

Durch mögliche Produktionsreststoffe innerhalb der abzubrechenden Industriebauten oder durch nutzungsbedingte Kontaminationen sind bei der Abbruchplanung auch gefahrstoffspezifische Vorschriften zu berücksichtigen. Vorgaben zum Umgang mit Gefahrstoffen finden sich im Chemikaliengesetz und der Gefahrstoffverordnung und in den Technischen Regeln für Gefahrstoffe, von denen einige exemplarisch in der vorstehenden Auflistung dargestellt sind. In diesen Regeln, wie z.B. in der TRGS 402 „Ermittlung und Beurteilung der Konzentration gefährlicher Stoffe in der Luft in Arbeitsbereichen" sind konkrete Maßnahmen zur Umsetzung der Vorgaben aus dem Chemikaliengesetz bzw. der Gefahrstoffverordnung beschrieben. Weitere Hinweise zum Umgang mit Gefahrstoffen finden sich in einigen Unfallverhütungsvorschriften sowie in den „Richtlinien für Arbeiten in kontaminierten Bereichen" (ZH 1/183), in denen gefahrstoffspezifische Anforderungen beim Abbruch kontaminierter baulicher Anlagen beschrieben sind. Hinsichtlich der Anforderungen des Transports von Produktionsreststoffen ist im Einzelfall ggf. auch das geltende Gefahrgutrecht anzuwenden. Insbesondere die Gefahrgutverordnung Straße (GGVS) enthält Bestimmungen hinsichtlich des Transports von Gefahrstoffen oder gefahrstoffbelasteten Materialien. Mit Hinblick auf den Nachbarschaftsschutz (Immissionsschutz) ist das Bundes-Immissionsschutzgesetz (BimSchG) teilweise ebenfalls heranzuziehen.

Abschließend sei auf das Merkblatt T021 „Abbruch von Anlagen, die gefährliche Stoffe enthalten" der BG Chemie hingewiesen. Dieses z.Z. in Überarbeitung befindliche Merkblatt enthält Anforderungen für den Abbruch chemischer Anlagen, wobei zwei Fälle unterschieden werden.

- Anlagen, die vor der Demontage mittelbar, z. B. durch spülen, dämpfen oder chemische Reaktionen gereinigt werden können,
- Anlagen, bei denen die gefährliche Stoffe vor dem Rückbau nicht bzw. nicht vollständig entfernt werden können.

Das Merkblatt enthält die für den zweiten Fall erforderlichen Maßnahmen zum Schutz der Beschäftigten.

10.3 Gesundheitsgefahren

Eine adäquate Sicherheitsplanung, d.h. die Auswahl fachlich angemessener und wirtschaftlich vertretbarer Schutzmaßnahmen ist nur auf der Basis einer fundierten Gefährdungsermittlung möglich.

Als Ergebnis der Informationsbeschaffung bezüglich der abzubrechenden und aufzubereitenden Gebäudesubstanz, der vorhandenen Verfahrenstechnik und nachgewiesenen Gefahrstoffe können die möglichen Gesundheitsgefahren für die auf dem Gelände tätigen Personen und für die Nachbarschaft abgeleitet werden. Schwerpunkt der sicherheitstechnischen Betrachtung sind im wesentlichen die Risiken und Belastungen, die infolge der Abbruch- und Aufbereitungsarbeiten zu unmittelbaren oder nach einer Latenzzeit auftretenden Schäden führen können.

Diese sind im wesentlichen

- mechanische Gefahren bei unterschiedlichen Betriebsarten,
- Staub- und Aerosolbildung,
- Lärmemissionen,
- Vibrationen,
- kontaminationsbedingte Gefahren.

Auf die letztgenannten Gefahren durch Gefahrstoffe als Gase, Dämpfe, Schwebstoffe (Partikel- oder Flüssigkeitströpfchen: Nebel, Rauche, Stäube), Flüssigkeiten und Feststoffe sowie auf Lärmbelastungen ist beim Abbruch von Industriebauten und der Aufbereitung von Baureststoffen ein besonderes Augenmerk zu richten. Diesen Gefährdungen sind nicht nur die vor Ort Beschäftigten ausgesetzt, die bei den Abbrucharbeiten, aber insbesondere bei der Aufbereitung zusätzlich mit Beeinträchtigungen durch Vibrationen und mechanische Gefahren rechnen müssen, sondern auch die Nachbarschaft und die unmittelbare Umgebung der Baustelle. Da die gesundheitsgefährdenden Auswirkungen von Gefahrstoffen nach ihrer Aufnahme in den menschlichen Körper von den Faktoren

- Natur des Stoffes (Toxizität),
- individuelle Giftempfindlichkeit,
- aufgenommene Giftmenge,
- Dauer der Einwirkung

abhängen, sind die kontaminationsbedingten Gesundheitsgefahren durch einen Arbeitsmediziner oder Toxikologen einzelfallbezogen zu bewerten.

Grundsätzlich sind gefährliche Stoffe im Sinne des Chemikaliengesetzes unter anderem „(...) Stoffe, die explosionsgefährlich, brandfördernd, hochentzündlich, leicht entzündlich, entzündlich, sehr giftig, giftig, gesundheitsschädlich, ätzend, reizend, sensibilisierend, krebserzeugend, fortpflanzungsgefährdend, erbgutverändernd oder umweltgefährlich sind (...)" (§ 3a Chemikaliengesetz). Beim Rückbau kontaminierter Bausubstanz kann es durch die Inhalation von Gasen oder Aerosolen (Stäube, Nebel, Rauche) sowie durch direkten Hautkontakt oder durch das unbeabsichtigte Verschlucken von Gefahrstoffen zu unangemessenen Belästigungen (z. B. Geruchsbelästigung, Reizwirkungen) bis hin zu Gesundheitsschäden kommen. Die Wirkung dieser Stoffe kann sofort auftreten (akut) oder sich über einen langen Lebenszeitraum hinziehen (chronisch). Weitere Gefahrstoffe, wie die Abgasemissionen der Antriebsaggregate von Erdbaumaschinen (in der Regel Dieselmotoremissionen), führen ebenfalls zu Gesundheitsschäden, die von den vorgenannten Parametern abhängen.

Die Gesamtheit der oben aufgeführten Gesundheitsgefahren ist orts- und tätigkeitsbezogen für die Abbruch- und Aufbereitungsarbeiten detailliert zusammenzufassen und in einer Gefährdungsabschätzung darzustellen. Erst auf Grundlage einer solchen arbeitshygienischen Gefährdungsabschätzung kann der weitere Projektablauf festgelegt werden.

10.4 Sicherheitsplanung

Mit der Festlegung der Abbruch- und Aufbereitungsmethoden geht die Auswahl notwendiger Arbeits- und Emissionsschutzmaßnahmen einher. Grundlage hierfür sind einerseits die verfahrenstechnischen Rahmenbedingungen der Abbruch- und Aufbereitungstechnologie und andererseits die Kenntnisse über mögliche Kontaminationen der Baureststoffe. Grundsätzlich sind unter Bezug auf die Unfallverhütungsvorschrift „Bauarbeiten" (VBG 37) schriftliche Abbruchanweisungen erforderlich bei Abbruch mit Großgeräten, Einreißen, Demontieren, Sprengen und Sanierungsarbeiten an gefahrstoffhaltigen Teilen baulicher Anlagen. Die Abbruchanweisung (s. Abb. 10.1) muß alle erforderlichen sicherheitstechnischen Angaben enthalten. Diese umfassen u. a.:

- Umfang, Reihenfolge und Art der Arbeiten,
- Art der erforderlichen Gerüste und Aufstiege,
- Abbruchtiefen der Gründungen,
- Einwirkungen auf angrenzende bauliche Anlagen,
- Angaben über Freileitungen und unterirdisch verlegte Leitungen,
- besondere Maßnahmen des Arbeits- und Emissionsschutzes,
- Hinweise auf die Aufbereitung zur Weiterbehandlung der Baureststoffe.

Beim Abbruch von Industriebauten und der Aufbereitung der Baureststoffe unterscheidet sich die Abbruchanweisung vom Sicherheitsplan im wesentlichen durch die Beschreibung bautechnischer Verfahrensabläufe mit deren jeweiligen Auswirkungen. Der Sicherheitsplan enthält auf Grundlage der „Richtlinien für Arbeiten in kontaminierten Bereichen" (ZH 1/183) die mit den zuständigen Behörden abgestimmten zusätzlichen sicherheitstechnischen Maßnahmen zum Schutz der Beschäftigten vor Ort sowie der durch mögliche Gefahrstoffemissionen betroffenen Personen. Da die industrielle Nutzung der abzubrechenden Gebäude erfahrungsgemäß häufig zu produktionsbedingten Kontaminationen der Anlagen oder auch der Bausubstanz führte, bietet sich an, die Abbruchanweisung und den Sicherheitsplan zusammenzufassen, und diesbezüglich eine rechtzeitige Beteiligung der Behörden anzustreben.

Hinsichtlich des Arbeits- und Gesundheitsschutzes beim Baustoffrecycling gibt es derzeit noch keine einschlägige Unfallverhütungsvorschrift, allerdings ist eine Zusammenstellung der diesbezüglichen Aspekte in Form eines Merkblatts bei der Steinbruchs-Berufsgenossenschaft unter dem Titel „Verbesserung des Arbeits- und Gesundheitsschutzes beim Baustoffrecycling" erhältlich. Für eine pragmatische Vorgehensweise ist es sinnvoll, besondere sicherheitstechnische Maßnahmen wie beispielsweise die Kapselung von Anlagenteilen ebenfalls in den Sicherheitsplan mit aufzunehmen.

Betriebsanweisungen gemäß § 20 Gefahrstoffverordnung sind dann erforderlich, wenn in Einzelgewerken der Umgang mit gefahrstoffhaltigen Produkten bzw. Baustoffen zu erwarten ist. Beispielhaft seien hier Arbeiten zur Asbestzementdemontage, Aufnahme und Verpackung von gefahrstoffhaltigen Produktresten sowie die Reinigung kontaminierter Teilflächen oder Anlagenteile genannt. Form und Inhalt der Betriebsanweisung sind in der TRGS 555 „Betriebsanweisungen" sowie im Anhang der „Richtlinien für Arbeiten in kontaminierten Bereichen" (ZH 1/183) geregelt.

Darüber hinaus ist beim Einsatz von Atemschutzgeräten die Aufstellung einer Atemschutz-Betriebsanweisung gemäß den „Regeln für den Einsatz von Atemschutzgeräten" (ZH 1/701) erforderlich.

Grundsätzlich sind die Arbeitsverfahren so zu gestalten, daß neben den bautechnischen Aspekten die Emission von Gefahrstoffen nach dem Stand der Technik unterbunden wird. Dabei sind in Anlehnung an § 19 GefstoffVO technische und organisatorische Schutzmaßnahmen eindeutig den persönlichen Schutzmaßnahmen zur Vermeidung einer zusätzlichen Belastung der Beschäftigten vorzuziehen. Im Hinblick auf die ausgewählten Abbruch- und Aufbereitungsmethoden sowie das Gefährdungspotential vorhandener Gefahrstoffe sind verschiedene Aspekte zu berücksichtigen, die nach den allgemein anerkannten sicherheitstechnischen, arbeitsmedizinischen und hygienischen Regeln festgelegt werden.

Bezüglich der Pflichtenverteilung zwischen Auftraggeber und Auftragnehmer gilt für den Rückbau kontaminierter Bausubstanz die in der Tabelle 10.1 dargestellte Aufteilung.

Muster einer Abbruchanweisung

Abbruchbaustelle (Ort/Straße) ______________________ Beginn: __________
Abbruchgenehmigung, Nr.: ______________________
Auftraggeber: ______________________ Ende: __________

Aufsichtsführender (Polier): ______________________ Fachbauleiter: __________
Bauleiter, LBO: ______________________ Koordinator des Auftraggebers: __________
Zuständige BG: ______________________ Mitglieds-Nr.: __________
Einsatz von Subunternehmen: ja ☐ nein ☐
Wenn ja, für welchen Teilbereich: ______________________

Kurzbeschreibung der baulichen Anlage: ______________________
____
____
Konstruktive Besonderheiten ______________________

Art und Lage verbleibender Ver- und Entsorgungsleitungen* ______________________
Sicherung des öffentlichen Verkehrs durch: ______________________
Vorgesehene Arbeitsabschnitte: ______________________
Gewählte Abbruchmethoden* (gegebenenfalls mehrere): ______________________
Geplanter Geräteeinsatz: ______________________
Tragfähigkeit befahrbarer Decken, Kn/qm: ______________________
Abbruchstatik: ja ☐ nein ☐
Schutz benachbarter Grundstücke durch: ______________________
Besondere Sicherheitsleistung benachbarter Grundstücke/Anlagen: ______________________
Abstützmaßnahmen am Gebäude: ______________________
Erforderliche Geräte/Schutzdächer: ______________________
Zugänge zu den Arbeitsplätzen über: ______________________
Erforderliche Absturzsicherungen: ______________________

Personenseilfahrt mit Kran/Bagger und Anzeige bei der BG erforderlich: ja ☐ nein ☐
Besondere Gefahrstoffe im Baustellenbereich: ______________________
Erforderliche Persönliche Schutzausrüstungen: ______________________
Sicherung des Grundstücks nach Beendigung der Arbeiten: ______________________
Abfuhr umweltschädlicher Stoffe auf Sondermülldeponie: ______________________
Entsorgung Abbruchmaterial auf Deponie: ______________________

---

* Siehe technische Vorschriften für Abbrucharbeiten (TVA) des Deutschen Abbruchverbandes e. V.

____
Datum/Unterschrift des Abbruchunternehmers

Abb. 10.1. Muster einer Abbruchanweisung

Tabelle 10.1. Arbeitsschutz bei Arbeiten in kontaminierten Bereichen – Pflichtenverteilung

Ablaufschritte	Bauherr (Auftraggeber)	Unternehmer (Auftragnehmer)
1. Planungsphase	• Erkundung und Ermittlung der Gefährdung durch: - Gase/Dämpfe - Kontaminierte Flüssigkeiten - Kontaminierte Feststoffe • Gefährdungsabschätzung incl. Dokumentation der Erkundungsergebnisse • Erarbeitung eines standort- und gefährdungsbezogenen Arbeitsschutzkonzeptes (= Sicherheitsplan). Dieser sollte Bestandteil der Ausschreibung sein.	
2. Auftragsvergabe	• Vergabe nur an fachlich geeignete und qualifizierte Unternehmer	• Hinweispflicht bezüglich Mängel in Erkundung und Sicherheitsplan • Nachweis über - Erfahrungen - personelle Eignung (Schulungsnachweis) - technische Ausrüstung (z. B. Geräte mit Fahrerkabinen mit Anlagen zur Atemluftversorgung/ Filterkabinen)
3. Vorbereitende Maßnahmen	• Bestellung eines sicherheitstechnischen Koordinators bei gleichzeitiger Anwesenheit mehrerer Unternehmen auf einem Standort	• Arbeitsmedizinische Vorsorgeuntersuchungen • Erarbeitung einer Abbruchanweisung • Erarbeitung von Betriebsanweisungen gemäß § 20 GefStoffV und „Regeln für den Einsatz von Atemschutzgeräten“ • Unterweisung und Information der Beschäftigten • Anzeige bei zuständiger Berufsgenossenschaft, ggf. auch bei Gewerbeaufsicht • Beschaffung der erforderlichen persönlichen Schutzausrüstung • ggf. Notfallausweiserstellung

Ablaufschritte	Bauherr (Auftraggeber)	Unternehmer (Auftragnehmer)
4. Baustelleneinrichtung	• Logistische Unterstützung durch den sicherheitstechnischen Koordinator. Ggf. Nutzung vorhandener Einrichtung, soweit ohne Gefährdung möglich.	• Zoneneinteilung (Bauzaun, Beschilderung etc.) • Schwarz-Weiß-Anlage • Stiefelwaschanlage • Gerätewaschplatz • Reifenreinigungsanlage/ Fahrzeugwaschplatz • Bereitstellung von Meldeeinrichtungen (z. B. Funk, Funktelefon)
5. Bauphase	• Sicherheitstechnische Koordination • Kontinuierliche Überprüfung der Vorgaben zum Arbeitsschutz und Fortschreibung des Sicherheitsplans	• Meßtechnische Überwachung (z. B. Dreigasmeßgerät, PID) • Arbeiten mit persönlicher Schutzausrüstung (Einwegschutzanzug, Bausicherheitsgummistiefel, chemikalienbeständige Handschuhe, Helm, ggf. Atemschutz) • Hygiene • Verhaltensregeln • Emissionen minimieren • regelmäßige Wartung, Kalibrierung und Prüfung der Schutzausrüstung (Filterwechsel an den Fahrerkabinen, Wartung der Meßgeräte etc.) • Technische Schutzmaßnahme (z. B. technische Lüftung) • Dekontamination • Dokumentation

10.5 Schutzmaßnahmen

10.5.1 Technische Schutzmaßnahmen

Vibrationen und Lärm. Abhängig von den ausgewählten Arbeitsverfahren sind häufig grenzwertüberschreitende Lärmemissionen aber auch Beeinträchtigungen durch Erschütterungen auf Baustellen vorhanden. Während der zeitliche Verlauf dieser Gefährdungen bei Abbrucharbeiten meist impulsartigen Charakter besitzt (z. B. beim Sprengen), ist der Betrieb von Aufbereitungsanlagen konstruktions- und verfahrensbedingt mit kontinuierlichen Beeinträchtigungen durch Lärm und Vibrationen verbunden. Zur Vermeidung solcher langfristigen Einwirkungen, die z. T. zu Gesundheitsschäden führen und mittlerweile auch als Berufskrankheiten eingestuft sind, sind verschiedene technische Lösungen möglich, deren Umsetzung deutliche Priorität vor persönlichen Schutzmaßnahmen eingeräumt werden sollte. Zu diesen technischen Schutzmaßnahmen zählen:

- Einhausung
- Kapselung
- Abschirmwände
- Schallschutz-Elemente an Emissionsquellen
- Trennung und Entkopplung der Arbeitsplätze von Emissionsquellen
- Feder-Dämpfer-Systeme

Staubbildung und Gasemissionen. Beim Abbruch von Industriebauten bestehen Gefährdungen insbesondere durch Stäube, staubgebundene Gefahrstoffe (z. B. Schwermetalle) und Gasemissionen (z. B. leichtflüchtige organische Verbindungen). Um eine Gefahrstofffreisetzung oder zumindest die Exposition gegenüber Stäuben und/oder Gefahrstoffen weitgehend zu vermeiden, sind folgende technische Schutzmaßnahmen geeignet:

- Auswahl von entsprechenden Arbeitsverfahren zur Minimierung von Emissionen. Dies kann durch die Abbruchmethoden Abtragen und Demontieren erreicht werden, wobei manuelle Tätigkeiten durch den Einsatz geeigneter Geräte vermieden werden sollten. Bei der Aufbereitung von Baureststoffen ist die Emissionsminimierung weniger durch die Auswahl bestimmter Arbeitsverfahren zu realisieren, als vielmehr durch die Kapselung der Emissionsquellen.
- Staubniederschlagung durch dosierten Wassereinsatz.
- Technische Lüftung zur blasenden Bewetterung für Arbeitsbereiche an Emissionsquellen (z. B. in Gruben, Gräben oder Schächten) oder zur Direktabsaugung.
- Einsatz von Fahrzeugen mit Anlagen zur Atemluftversorgung (z.B. Filteranlagen).
- Geordnete Zwischenlagerung des Abbruchmaterials auf dem Standort in einem geeigneten Bereitstellungslager.
- Meßtechnische Überwachung mit direktanzeigender Meßtechnik zur Ermittlung der in der Atemluft vorhandenen Schadstoffkonzentrationen.

10.5.2 Organisatorische Schutzmaßnahmen

Sicherheitstechnische Koordination. Für die Dauer der Abbrucharbeiten sollte ein sicherheitstechnischer Koordinator eingesetzt werden, der über eine ausreichende und einschlägige berufliche Ausbildung und Qualifikation sowie die erforderlichen Kenntnisse, Erfahrungen und Fähigkeiten hinsichtlich des Arbeitsschutzes bei Abbrucharbeiten aber auch hinsichtlich der Arbeiten in kontaminierten Bereichen verfügt. Zu seinen Aufgaben gehören z. B.

- Einweisung der Beschäftigten in die möglichen Gefährdungen auf dem Baufeld sowie in die getroffenen bzw. anzuwendenden Schutzmaßnahmen,
- Überwachung der in der Sicherheitsplanung festgelegten Forderungen,
- Terminierung von Einzelgewerken und Bewertung ihrer Auswirkungen aufeinander hinsichtlich möglicher Gefahren,
- Veranlassung erforderlicher Gefahrstoffuntersuchungen und -messungen sowie Bewertung der Ergebnisse.

Dem sicherheitstechnischen Koordinator sollte im Hinblick auf Arbeitssicherheit und Gesundheitsschutz Weisungsbefugnis gegenüber allen auf dem Gelände tätigen Unternehmen sowie deren Beschäftigten erteilt werden.

Ausbildung und Unterweisung. Im Hinblick auf die festgelegten Arbeitsverfahren sowie die möglicherweise vorhandenen Gefahrstoffe sollten sämtliche Beschäftigte vor Beginn der Arbeiten in die Schutzmaßnahmen eingewiesen werden. Wesentlich für die Ausbildung ist dabei auch die Vermittlung der Arbeitsorganisation für die jeweiligen Arbeitsbereiche und die Abstimmung einzelner Gewerke aufeinander, um Verfahrensabläufe deutlich und Gefahrenschwerpunkte sichtbar zu machen. Die Ausbildung und Unterweisung hat jeweils tätigkeitsbezogen zu erfolgen, und sollte von den Beschäftigten schriftlich bestätigt werden.

Zoneneinteilung und Dekontaminationsmaßnahmen. Die Baufelder sollten beim Umgang mit kontaminiertem Material in drei Arbeitszonen (Schwarz-, Grau- und Weiß-Bereich) unterteilt und zur Vermeidung einer Gefahrstoffverschleppung voneinander abgegrenzt werden. Als einzige Schnittstelle ist eine Schwarz-Weiß-Anlage vorzusehen, die z.B. in Containerbauweise in unbelasteten Bereichen aufgestellt wird (Prinzipskizze s. Abb. 10.2). Zur Vermeidung einer Verschleppung von Gefahrstoffen in nicht kontaminierte Bereiche sind alle im Schwarz-Bereich verwendeten Ausrüstungen, Gerätschaften, Fahrzeuge und sonstigen Gegenstände vor dem Verlassen des Geländes zu reinigen und zu dekontaminieren. Folgende Einrichtungen sind für die Durchführung dieser Maßnahmen geeignet und ordnungsgemäß zu betreiben:

- Personenschleuse (Schwarz-Weiß-Anlage),
- Stiefelwaschanlagen,
- Waschplatz für Fahrzeuge und Geräte.

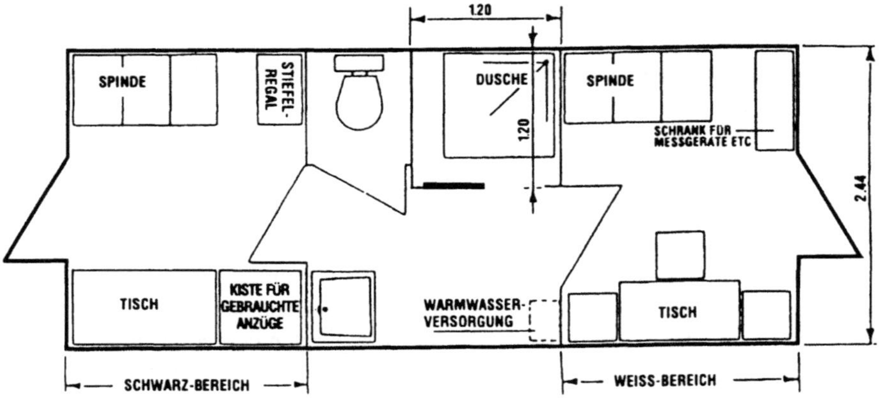

Abb. 10.2. Prinzipskizze einer Schwarz-Weiß-Anlage

Arbeitsmedizinische Untersuchung. Sämtliche Beschäftigte, die über längere Zeit in kontaminierten Bereichen tätig werden, sind zusätzlich zu den üblichen arbeitsmedizinischen Grundsätzen (z. B. für hochgelegene Arbeitsplätze) vor Aufnahme ihrer Tätigkeiten arbeitsmedizinisch zu untersuchen. Diese Untersuchungen müssen sich an dem auf dem Gelände vorhandenen Gefahrstoffspektrum orientieren und dienen in Form einer Bestandsaufnahme der Überprüfung der körperlichen Eignung der Personen. Durch begleitende Untersuchungen ist auch die Möglichkeit eines Monitorings gegeben.

Verhaltensregeln und Hygienemaßnahmen. Zur Vermeidung von Gefährdungen sind grundsätzlich bestimmte Verhaltensregeln und Hygienemaßnahmen zu beachten, deren Notwendigkeit beim Vorliegen von Gefahrstoffen noch wesentlich verstärkt ist. Im Vordergrund stehen dabei insbesondere hygienische Aspekte, die wesentliche Grundlage für die Vermeidung von Gesundheitsschäden sind. Zu diesen Verhaltensregeln, die als fester Bestandteil der Unterweisung zu spezifizieren sind, sollten gehören:

- Das erstmalige Betreten des Geländes erfolgt erst nach einer entsprechenden Belehrung.
- Schwarz-Weiß-Anlagen sowie sonstige Dekontaminationseinrichtungen sind sachgemäß zu benutzen.
- Alleinarbeit ist bei gefährlichen Arbeiten, insbesondere bei Arbeiten, bei denen Schadstoffe in der Atmosphäre oder ihre Freisetzung nicht ausgeschlossen werden können, verboten.
- Essen, Trinken und Rauchen sind in kontaminierten Bereichen verboten.
- Persönliche Schutzausrüstung ist grundsätzlich zu benutzen.
- Hautkontakte zu kontaminiertem Material sind zu vermeiden.

Erste Hilfe. Auf Baustellen sind in Abhängigkeit von der Zahl der Beschäftigten bestimmte Erste-Hilfe-Einrichtungen vorzuhalten, und das Personal ist entsprechend auszubilden. Unter Berücksichtigung zusätzlicher Gefährdungen durch Produktionsrückstände oder Kontaminationen gehören zu den Einrichtungen der Ersten Hilfe u.a.:

- Erste-Hilfe-Material (Erste-Hilfe-Kasten),
- Rettungstransportmittel (z. B. Krankentrage),
- Augenspülflaschen,
- Verbandbuch,
- Anweisungen zur Leistung der Ersten Hilfe.

Darüber hinaus sollte durch die Schulung von ausgewähltem Personal gewährleistet sein, daß wenigstens ein Ersthelfer in jedem Bautrupp zur Leistung der Ersten Hilfe befähigt ist. Es ist dafür zu sorgen, daß Telefoneinrichtungen oder sonstige Kommunikationsmittel für Notfallmeldungen in funktionsfähigem Zustand sind.

10.5.3 Persönliche Schutzausrüstung

Generell ist bei konventionellen Bauarbeiten den Gefährdungen angepaßte persönliche Schutzausrüstung zu verwenden (z.B. Arbeitsschutzschuhe, Arbeitshandschuhe, Schutzhelm). Beim Umgang mit Gefahrstoffen gilt dagegen der Grundsatz, mögliche Unfall- und Gesundheitsgefahren in erster Linie durch zweckmäßige technische und organisatorische Maßnahmen zu verhindern. Erst wenn dies nicht möglich ist, muß zur Abwehr von Gefahren auf persönliche Schutzausrüstung zurückgegriffen werden. Aufgrund der häufig vorliegenden komplexen Gefahrstoffspektren ist die Auswahl geeigneter Schutzausrüstungen einzelfallbezogen auf Grundlage der Richtlinien für Arbeiten in kontaminierten Bereichen (ZH 1/183) zu treffen.

Dementsprechend sind folgende Schutzstufen bei der persönlichen Schutzausrüstung zu differenzieren:

- Grundausstattung,
- zusätzliche Schutzausrüstung.

Alle Beschäftigten im sogenannten Schwarz-Bereich haben folgende persönliche Schutzausrüstung als Grundausstattung gemäß den „Richtlinien für Arbeiten in kontaminierten Bereichen" (ZH 1/183) zu tragen:

- Einwegschutzkleidung in atmungsaktiver Ausführung mit Bündchen und Kapuze,
- chemikalienbeständige Schutzhandschuhe mit geringer Durchdringung gegenüber den zu erwartenden Gefahrstoffen,
- Bausicherheitsgummistiefel der Ausführung S5d nach DIN 4843,
- Schutzhelm.

Darüber hinaus sind gefährdungsabhängig weitere Gegenstände der persönlichen Schutzausrüstung zu tragen. Die jeweilige Festlegung erfolgt dabei durch den verantwortlichen Aufsichtführenden vor Ort bzw. durch den sicherheitstechnischen Koordinator, z. B. in Abhängigkeit ermittelter Meßergebnisse:

- Flüssigkeitsdichte Einwegschutzanzüge, wenn mit kontaminierten Flüssigkeiten oder kontaminiertem Spritzwasser zu rechnen ist.
- Umgebungsluftabhängige Atemschutzgeräte (Voll- oder Halbmasken mit dem zu erwartenden Stoffspektrum angepaßten Filtern bei Arbeiten im Freien bzw. in gut durchlüfteten Räumen).
- Umgebungsluftunabhängige Atemschutzgeräte (z. B. Preßluftatmer) bei der Befahrung von Behältern, Tanks oder engen Räumen, bei Sauerstoffmangel oder bei unklarer Schadstoffsituation.

Bei einem Tragen von Atemschutzgeräten ist die Tragezeit entsprechend der TRgA 415 zu begrenzen. Bei der Verwendung von Filtergeräten bedeutet dies, daß eine maximale Einsatzdauer von zwei Stunden mit anschließender 30-minütiger Pause erforderlich ist. Bei extremen Außentemperaturen und schwerer körperlicher Arbeit ist die Arbeitszeit entsprechend zu verkürzen. Des weiteren dürfen nur solche Personen Atemschutzgeräte tragen, die gemäß den Vorgaben der ZH 1/701 „Regeln für den Einsatz von Atemschutzgerät" ausgebildet wurden und die geforderte Eignungsanforderung (arbeitsmedizinische Untersuchung) erfüllen. Die Reinigung und Wartung der Atemschutzgeräte ist einem geeigneten, hierfür ausgebildeten Mitarbeiter (Atemschutzgerätewart) zu übertragen.

10.6 Schlußbemerkungen

Die Ausführungen zur Thematik verdeutlichen die Vielschichtigkeit der mit dem Rückbau kontaminierter Bausubstanz verbundenen Arbeitsschutzaspekte. Abbrucharbeiten sind erfahrungsgemäß mit erhöhten Unfallgefahren für Arbeitnehmer und ggf. mit Belastungen für die Umwelt verbunden. Dieses gilt besonders für den Rückbau kontaminierter Bausubstanz. Nur bei konsequenter Planung und Umsetzung von Maßnahmen des Arbeits- und Emissionschutzes lassen sich Unfälle und Störungen im Bauablauf verhindern und unnötige zusätzliche Belastungen für die Umwelt vermeiden. Die Wahl des erforderlichen Abbruchverfahrens kann nicht ausschließlich nach technischen oder wirtschaftlichen Überlegungen erfolgen, sondern muß den kontaminationsbedingten Besonderheiten des Einzelfalls Rechnung tragen.

10.7 Literatur

BENNING, C.; LIEB, G. (1995): Leitfaden Arbeitssicherheit im Rahmen der Planung und Ausführung bei der Sanierung belasteter Böden, WCI Umwelttechnik GmbH, Wennigsen.

BURMEIER, H.; HEISE, O.; MALICH, G. (1995): Verbesserung des Arbeits- und Gesundheitsschutzes beim Baustoffrecycling. Hrsg.: Rationalisierungskuratorium der Deutschen Wirtschaft (RKW) e.V. Eschborn, Mitherausgeber: Steinbruchs-Berufsgenossenschaft Hannover.

BURMEIER, H.; WARRELMANN, V. (1992): Kontaminierte Bausubstanz abbrechen. Veröffentlichung in der Zeitschrift Umwelt, Nr. 7/8 1992.

BURMEIER et al. (1995): Handbuch Sicheres Arbeiten auf Altlasten, 2. Auflage, Hrsg.: Fa. Focon, Aachen.

BURMEIER, H.; BENNING, C.; WILDSCHÜTTE, M.; LIEB, G. (1996): Arbeitssicherheit in kontaminierten Bereichen, Manuskript zum gleichnamigen viertägigen Kurs von WCI Umwelttechnik GmbH, Wennigsen.

KRÄMER, R. (1993): Arbeitsschutz und Bauschuttrecycling. Veröffentlichung im Mitteilungsblatt der Tiefbau-Berufsgenossenschaft, 1/1993.

11 Erfahrungen aus Pilotprojekten zum selektiven Rückbau: Hotel Post, Dobel – Reihenhauskomplex, Mulhouse

Dr.-Ing. Marc Ruch, Dr. rer. nat. Otto Rentz, Dipl.-Wi.-Ing. Frank Schultmann, Dipl.-Chem.Ing. Valérie Sindt
Universität Karlsruhe (TH), Deutsch-Französisches Institut für Umweltforschung
Hertzstraße 16, 76187 Karlsruhe

11.1 Hotel Post, Dobel

Die in Kap. 5 dargestellte Vorgehensweise zur Planung des selektiven Gebäuderückbaus wurde im Rahmen von Pilotprojekten zum selektiven Rückbau angewandt (Rentz et al. 94, Rentz et al. 95). Im folgenden werden die Erkenntnisse aus diesen Untersuchungen dargestellt.

Das Hotel Post wurde im Auftrag und mit finanzieller Unterstützung des Umweltministeriums Baden-Württemberg im Jahre 1993 unter Leitung des Deutsch-Französischen Instituts für Umweltforschung selektiv rückgebaut.

11.1.1 Allgemeine Daten zum Abbruchobjekt

Das Gebäude „Hotel Post“ wurde im Jahre 1910 in Dobel, Landkreis Calw, errichtet. Im Laufe der Jahre wurden mehrere Nutzungsveränderungen und Umbauarbeiten vorgenommen; seit der letzten baulichen Veränderung umfaßte das dreigeschossige Fachwerkhaus eine Grundfläche von 425 m² und einen Bruttorauminhalt von 4.950 m³. Das Gebäude diente zunächst wohn- und landwirtschaftlichen Zwecken, ehe sich eine Nutzung als Hotel anschloß. Eine Ansicht des Gebäudes zeigt Abb. 11.1.

Die Zusammensetzung des Gebäudes wurde mit Hilfe vorhandener Pläne und Baubeschreibungen, ergänzt durch eine ausführliche Gebäudebegehung, erfaßt.

Der überwiegende Teil der Gebäudewände war in Holzskelettbauweise errichtet. Lediglich einige im Zuge von Umbau- und Renovierungsmaßnahmen errichtete Wände bestanden aus Mauerwerk. Der aus Fachwerk bestehende Teil der Außenwände war mit einer Fassadenverkleidung aus Holzschindeln versehen. Sämtliche Innenwände waren mit einem Mörtel aus einem Gips-Kalk-Gemisch verputzt. Die teilweise verputzten Kellerwände bestanden aus Sandsteinen.
Der Deckenaufbau in den oberen Stockwerken des Gebäudes bestand aus Holzbalkendecken, die mit unterschiedlichen Füllungen versehen waren. Als Füllmaterialien

wurden Sand und Schlacken verwendet, teilweise auch vermischte Materialien, die vermutlich von einem Teilabbruch des Gebäudes stammten.

Die Art und Ausstattung des Gebäudes mit technischen Installationen ist typisch für ein Gebäude dieser Altersklasse. Die Sanitär- und Heizungsinstallationen bestanden überwiegend aus Stahl-, Steinzeug- und Gußrohren. Lediglich ein geringer Teil der Rohre war aus Kupfer. Die elektrischen Leitungen waren auf Putz verlegt, wobei die verwendeten Kabel mit unterschiedlichen Isolierungsmaterialien umhüllt waren.

Die genaue Zusammensetzung des Hotel Post wurde detailliert in einer Gebäudestückliste festgehalten (vgl. Tabelle 5.1 in Kap. 5).

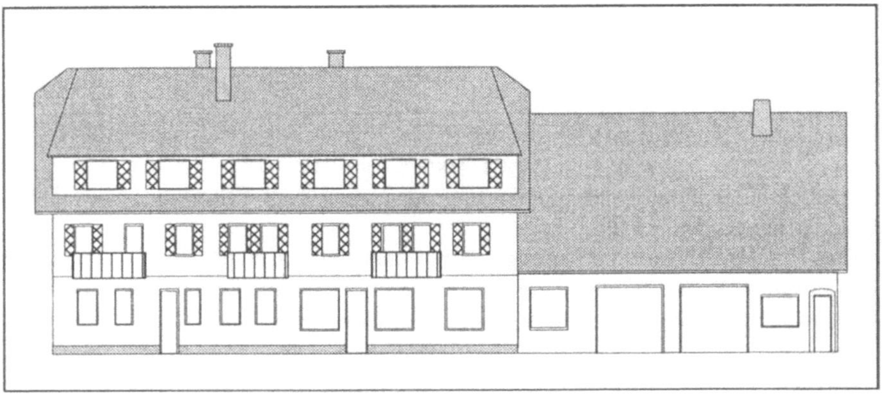

Abb. 11.1. Gebäudeansicht des „Hotel Post"

11.1.2 Ergebnisse der Durchführung des selektiven Rückbaus

Die Planung der Demontage, gemäß der in Kap. 5 dargestellten Vorgehensweise, war neben einem Ausbau der wiederverwendbaren Bauteile vornehmlich auf eine sortenreine Trennung und damit auf eine möglichst hochwertige Verwertung der anfallenden Materialien ausgerichtet.

Zur Erreichung dieses Ziels wurden unter Berücksichtigung technisch determinierter Demontagereihenfolgen die nachstehenden Demontagegruppen definiert:

Tabelle 11.1. Demontagegruppen für den selektiven Rückbau des Hotel Post

Nr	Bezeichnung der Demontagegruppe	Nr	Bezeichnung der Demontagegruppe
1	elektrische Installationen	11	Dachstuhl Hauptgebäude
2	sanitäre Installationen	12	Decke Dachgeschoß/2. Obergeschoß
3	Heizungsinstallationen und Apparate	13	Innen- und Außenwände 2. Obergeschoß
4	Bodenbeläge	14	Decke 2. Obergeschoß/ 1. Obergeschoß
5	Fenster, Türen und Läden	15	Innen- und Außenwände 1. Obergeschoß
6	Schreinerarbeiten und Innenverkleidungen	16	Decke 1. Obergeschoß/Erdgeschoß
7	Fassade	17	Innen- und Außenwände Erdgeschoß
8	Dachabdeckung	18	Decke Kellergeschoß
9	Spenglerarbeiten	19	Kellerwände und Fundamente
10	Dachstuhl Nebengebäude	20	Außenanlagen

Mit Hilfe der in Abschn. 11.1.1 beschriebenen Gebäudestückliste ließ sich ein Demontageablaufplan erstellen, in dem die benötigten Kapazitäten für Demontage (Personal und Arbeitsgeräte) und Verwertung (Entsorgungswege, Transportbehältnisse) festgeschrieben wurden.

Während der sechswöchigen Rückbauphase wurden für die Demontagearbeiten zeitweise bis zu 13 Arbeitskräfte gleichzeitig eingesetzt. Dabei wurden die Zeiten sämtlicher Demontageaktivitäten detailliert erfaßt. Die Abb. 11.2 zu entnehmenden Demontagezeiten umfassen:

- Vorbereitungsarbeiten (wie die Installation benötigter Abbruchgeräte und Sicherheitsvorkehrungen),
- Zeiten für den Ausbau bzw. die Demontage einzelner Bauelemente oder Bauteile,
- Zeiten für den baustelleninternen Materialtransport und die Verladung der Materialfraktionen in Transportbehältnisse.

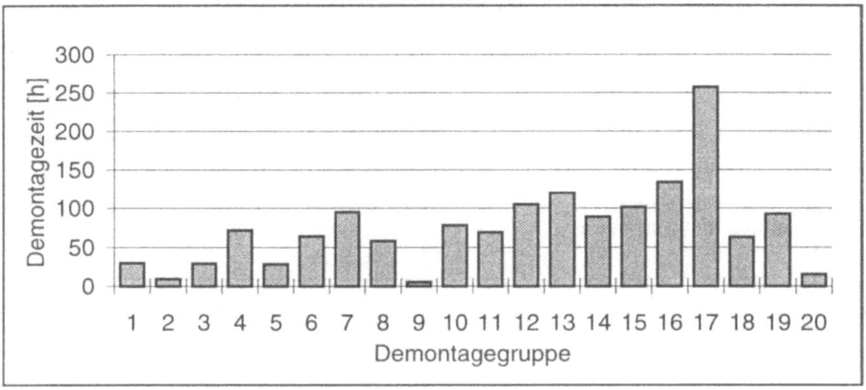

Abb. 11.2. Verteilung der Demontagezeiten[11.1]

Aus Abb. 11.2 wird ersichtlich, daß die Demontage von Wand- und Deckenteilen (Demontagegruppen 12 bis 18) besonders zeitintensiv ist.

Aufbauend auf die erfaßten Demontagezeiten lassen sich die Kosten der einzelnen Demontageschritte ermitteln. Bei der Berechnung dieser Kosten wurden zeitabhängige Personalkosten sowie Aufwendungen für die bei den jeweiligen Arbeiten eingesetzten Geräte berücksichtigt. Die Ermittlung der in Abb. 11.3 dargestellten Demontagekosten erfolgte auf Basis der erfaßten Demontagezeiten sowie der Personalstundensätze und spezifischen Gerätekosten des ausführenden Abbruchunternehmens.

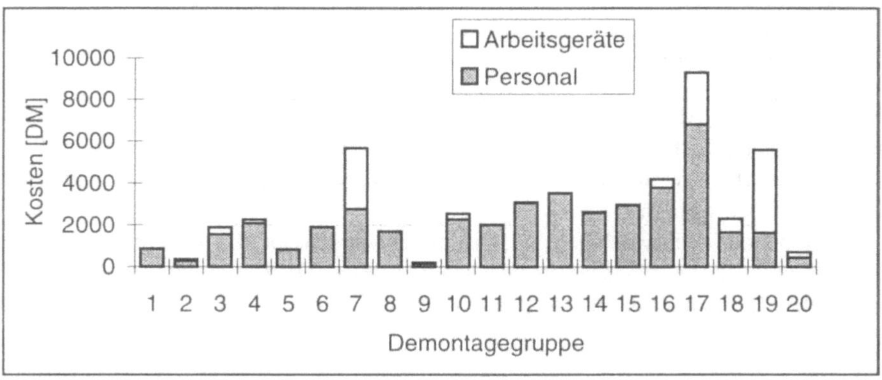

Abb. 11.3. Verteilung der Demontagekosten

[11.1] Die Bezeichnungen der einzelnen Demontagegruppen ergeben sich aus Tabelle 11.1.

Die Kostenverteilung ähnelt der Verteilung der entsprechenden Demontagezeiten (vgl. Abb. 11.2). Unterschiede ergeben sich lediglich für Demontageaktivitäten, die einen Einsatz von kostenintensiven Arbeitsgeräten erfordern, wie beispielsweise die Demontage der Fassade (Demontagegruppe 7). Die Aufteilung der Kosten (79% der gesamten Demontagekosten entfallen auf Personalkosten, der Rest auf Arbeitsgeräte) verdeutlicht, daß beim Gebäuderückbau überwiegend manuelle Tätigkeiten durchzuführen waren. Insgesamt betrugen die Demontagekosten 63.343 DM.

11.1.3 Verwertung der anfallenden Materialien

Im Rahmen der Verwertungsplanung waren insbesondere technische Entsorgungswege und geeignete Verwertungsoptionen zu ermitteln.

Die Verwertung der demontierten Bauteile bzw. der beim Rückbau anfallenden Materialien wurde unter folgender Zielsetzung geplant:

- Erzielung einer möglichst hohen Verwertungsquote,
- Verwertung der Materialien auf möglichst hohem Qualitätsniveau sowie
- Verursachung möglichst geringer Verwertungskosten.

Die Zusammensetzung der zu verwertenden bzw. zu entsorgenden Materialien ergibt sich aus Abb. 11.4. Eine Einteilung in die hier aufgeführten Fraktionen orientierte sich an den abfallwirtschaftlichen Rahmenbedingungen des Landkreises Calw sowie den zur Verfügung stehenden Verwertungsoptionen.

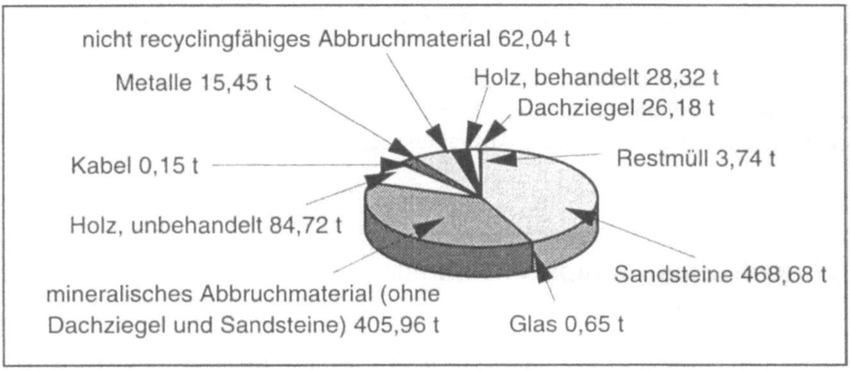

Abb. 11.4. Zusammensetzung der beim selektiven Rückbau angefallenen Materialien

Wiederverwendung von Baumaterialien. Bei dem vorliegenden Pilotprojekt wurde angestrebt, möglichst viele Bauelemente auszubauen und einer Wiederverwendung zuzuführen. So konnten Balkongeländer, ein Teil der Sandsteine, Holzbalken sowie Holzvertäfelungen erneut verwendet werden. Da jedoch lediglich wenige

Bauteile von besonderem (historischen) Wert vorzufinden waren, wurde der überwiegende Teil der Materialien einer Verwertung zugeführt.

Verwertung von Baumaterialien. Der größte Teil des mineralischen Abbruchmaterials wurde bei Bauschuttaufbereitungsanlagen angeliefert. Ein Teil dieser Fraktion konnte auch direkt auf der Baustelle für eine zu errichtende Baustraße eingesetzt werden. Dadurch war es möglich, die Anlieferung externen Materials für den Bau einer Zufahrt zu begrenzen und Transportkosten zu sparen. Die demontierten Dachziegel konnten zur Herstellung von Kaminsteinen eingesetzt werden. Sämtliche Glasscheiben aus Fenstern und Türen wurden der Glasfaserproduktion zugeführt. Unbehandeltes Holz wurde nach entsprechender Konditionierung in der Spanplattenproduktion eingesetzt. Behandelte Hölzer wurden in industriellen Anlagen thermisch verwertet. Metalle sowie Kabel wurden einer spezifischen Verwertung bei einem Metall- bzw. Kabelaufbereiter zugeführt.

Entsorgung nicht verwertbarer Anteile. Nicht verwertbare Fraktionen wurden auf den Deponien des Landkreises Calw angeliefert. Für einige dieser als „Restmüll" entsorgten Fraktionen existieren bereits Recyclingtechniken, jedoch waren keine Recyclinganlagen in der Nähe des Abbruchobjektes vorhanden, bzw. die Mengen zu gering, um tragbare Transportkosten zu rechtfertigen. Diese Materialien wurden daher beim Rückbau zunächst getrennt gesammelt. Für einige dieser Stoffe werden auf den Deponien des Kreises Sammelcontainer zur Verfügung gestellt, um sie zusammen mit Material anderer Herkunft einer Verwertung zuzuführen.

Verwertungsquoten und -kosten. 94 % (Gewicht) der Materialien des Hotel Post konnten verwertet bzw. wiederverwendet werden, lediglich 6 % wurden an Deponien geliefert.

Für einige Fraktionen fielen keine Kosten bzw. lediglich Transportkosten an. In diesen Fällen erfolgte eine kostenlose Abholung bzw. Abnahme der Materialien. Insgesamt beliefen sich die Verwertungskosten für dieses Gebäude auf 44.870 DM.

11.2 Reihenhauskomplex Mulhouse

Um die Vorteilhaftigkeit des selektiven Rückbaus auch bei anderen Gebäudetypen und unter anderen abfallwirtschaftlichen Rahmenbedingungen zu untersuchen, wurde im Jahre 1995 ein zweites Pilotprojekt im elsässischen Mulhouse durchgeführt. Es handelte sich dabei um einen Reihenhauskomplex in Massivbauweise, bestehend aus acht nahezu identisch aufgebauten Gebäuden. Dieses Projekt wurde mit finanzieller Unterstützung der Agence de l'Environnement et de la Maîtrise de l'Energie (Ademe) sowie der Stadt Mulhouse durchgeführt. Die wissenschaftliche Leitung der

Untersuchung wurde vom Deutsch-Französischen Institut für Umweltforschung und dem Centre Scientifique et Technique du Bâtiment (CSTB) übernommen.

Ziel dieses Projektes war es unter anderem, einen gesicherten Vergleich eines selektiven Rückbaus mit einem Abbruch vorzunehmen. Um eine Gegenüberstellung beider Verfahren unter gleichen Rahmenbedingungen zu ermöglichen, wurde der Gebäudekomplex geteilt und je 4 Gebäude rückgebaut bzw. konventionell abgebrochen (vgl. Abb. 11.5).

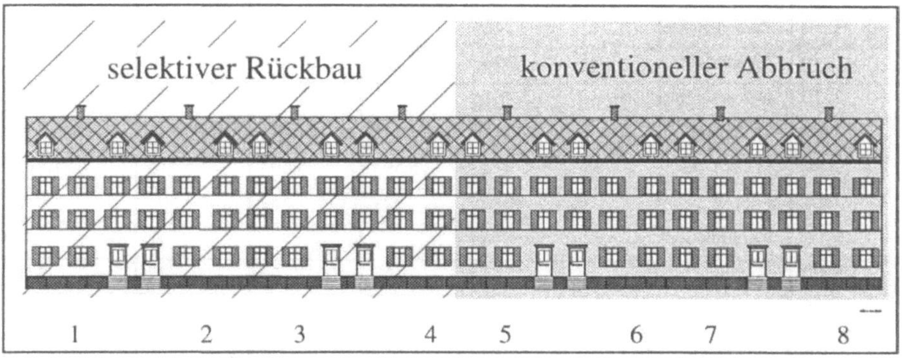

Abb. 11.5. Ansicht der Gebäude

11.2.1 Allgemeine Daten zum Abbruchobjekt

Die rückgebaute Gebäudehälfte umfaßte einen umbauten Raum von 4.200 m³. Zur Erfassung der Gebäudesubstanz konnte zunächst auf Baupläne zurückgegriffen werden. Zur detaillierten Erfassung der stofflichen Zusammensetzung des Gebäudes war eine ergänzende Gebäudebegehung erforderlich, bei der sämtliche Bauteile und deren Zustand, beispielsweise Schadstoffbelastungen durch Beschichtungen, festgehalten wurden. Im Zuge der Begehung der Gebäude in Mulhouse wurden anschließend sämtliche Bauteile im System erfaßt. Hierzu wurde das am DFIU entwickelte Programm auf einem portablen Computer installiert, um so einen Einsatz direkt vor Ort im Gebäude zu ermöglichen[11.2].

Die erfaßten Daten werden in Form einer qualifizierten Gebäudestückliste ausgewertet. Für die rückzubauenden Gebäude Nr. 1-4 (vgl. Abb. 11.5) ergibt sich die in Tabelle 11.2 dargestellte Materialbilanz.

[11.2] vgl. dazu Kap. 5.

Tabelle 11.2. Stoffliche Zusammensetzung der rückzubauenden Gebäude

Baust.-Nr	Baustoff	Geb. 1	Geb. 2	Geb. 3	Geb. 4	**Geb. 1-4**
1120	Granit	150	150	150	100	**550**
1140	Sandstein	259.967	224.802	224.747	248.009	**957.525**
1610	Steinkohlenschlacke	8.480	8.480	8.480	8.480	**33.918**
2110	Kalkmörtel	57.946	48.671	48.765	52.417	**207.799**
2130	Zementmörtel	242	84	56	141	**523**
2210	Gipsmörtel	14.068	13.992	13.851	13.130	**55.041**
2710	Betonhohlblocksteine	2.084	3.485	1.973	1.301	**8.843**
3300	Vollziegel	52.049	51.542	51.981	50.767	**206.339**
3600	Dachziegel	5.593	5.593	5.593	5.113	**21.892**
3700	Fliesen	637	321	559	503	**2.020**
3800	Keramik				45	**45**
3900	Porzellan	63	63	63	42	**231**
4100	Flachglas	167	108	136	93	**504**
5100	Gußeisen	393	268	277	486	**1.423**
5200	Stahl	261	261	263	248	**1.033**
5600	Zink	73	58	73	58	**261**
6300	Fichte/Tanne/Kiefer	22.084	21.977	22.670	21.128	**87.859**
6500	Holzspanplatten			6		**6**
6660	Holzfaser	85	112	85	85	**367**
6730	Pappe	589		216	216	**1.021**
7300	Polystyrol	17	2	20	18	**56**
7430	PVC hart	7	2	2	42	**53**
7460	PVC weich	342	267	309	250	**1.168**
7730	Tapete, bedruckt	184	166	161	131	**642**
10000	Elektronikschrott	21	54	28	18	**121**
10100	Kabel	30	14	17	16	**77**
	Summe	**425.531**	**380.468**	**380.480**	**402.838**	**1.589.317**

Die Aufteilung der Rückbauarbeiten in einzelne Teilvorgänge ergab 33 Demontagegruppen für das rückzubauende Gebäude (vgl. Abb. 11.6).

11.2.2 Analyse des selektiven Rückbaus

Während der Ausführung der Rückbauarbeiten wurden die Zeiten für sämtliche Demontageschritte detailliert erfaßt. Darauf aufbauend wurde eine umfassende Kostenanalyse durchgeführt. So konnte für jede Demontagegruppe eine Auswertung, wie in Tabelle 11.3 für die Demontage der Wände dargestellt, vorgenommen werden.

Tabelle 11.3. Demontage der Wände 2. Etage

Tätigkeit	Bauteil	Hilfsmittel	Zeit-aufwand [h]	Kosten Personal [DM]	Hilfsmittel [DM]	Summe [DM]
Demontage + Verladung	Innenwände	Vorschlaghammer, Kran	82,25	2.328,50	1.525,24	3.853,73
Demontage + Verladung	Kamine	Preßlufthämmer, Gerüst, Kran	3,68	104,18	133,27	237,45
Demontage + Verladung	Außenwände + Sandstein-Fensterrahmen	Preßlufthämmer, Gerüst, Kran	239,11	6.769,20	8.659,29	15.428,50
Abtransport		Bagger, LKW	2,00	71,54	361,36	432,90
Summe			**327,04**	**9.273,42**	**10.679,16**	**19.952,58**

Abb. 11.6 veranschaulicht die Aufteilung der Demontagezeiten sowie der Demontagekosten auf die einzelnen Demontagegruppen für die Gebäude Nr. 1–4. Der Rückbau verursachte Demontagekosten (ohne Verwertung der Materialien) in Höhe von insgesamt 86.795 DM.

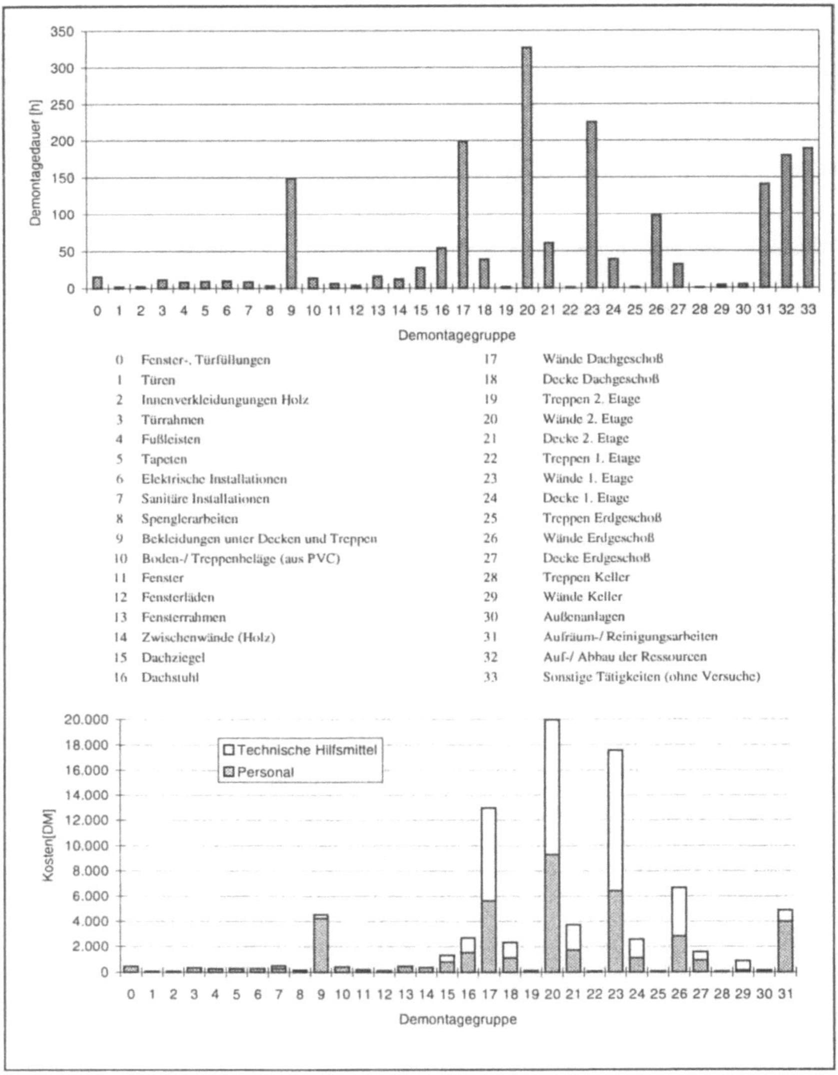

Abb. 11.6. Aufteilung der Demontagezeiten und -kosten

11.2.3 Analyse der Abbrucharbeiten

Der Abbruch der zweiten Gebäudehälfte (Gebäude Nr. 5-8) wurde mit einem Hydraulikbagger mit teleskopierbarem Abbruchstiel vorgenommen. Den Zeitaufwand sowie die Kosten der einzelnen Abbrucharbeiten verdeutlicht Tabelle 11.4.

Tabelle 11.4 : Kosten des konventionellen Abbruchs

Tätigkeit	Hilfsmittel	Zeitaufwand		Kosten			
				Personal	Hilfs-mittel	Summe	
		[h]	%	[DM]	[DM]	[DM]	%
Einreißen + Transport	Bagger + LKW	84,50	28	3.022,57	15.267,46	18.290,03	52
Sortieren + Aufladen	Bagger	79,50	26	2.794,43	3.589,43	6.383,85	18
Bewässerung	Feuerwehrlanz	22,00	7	470,80	0,00	470,80	1
Ausschaufeln Keller + Transport	Bagger, LKW	30,00	10	1.073,10	5.420,40	6.493,50	18
Sortieren (manuell)		70,00	23	1.498,00	0,00	1.498,00	4
Umrüsten, Instandhaltung	Bagger	15,00	5	428,78	1.849,80	2.278,58	6
Summe		**301,00**	**100**	**9.287,67**	**26.127,09**	**35.414,75**	**100**

Auffallend ist der hohe Zeitaufwand für die Nachsortierung der Abbruchmaterialien. Sowohl die maschinelle als auch die manuelle Nachsortierung erforderten annähernd den gleichen Zeitaufwand wie das Einreißen der Gebäude.

11.2.4 Verwertung der anfallenden Materialien

Die Verwertung wurde mit dem Ziel geplant, gemäß der Prioritätenreihenfolge Verwendung vor Verwertung vor Entsorgung, möglichst viele Bauteile einer direkten Wiederverwendung zuzuführen.

Tabelle 11.5. Verwertung/Entsorgung der Materialien aus Rückbau und Abbruch

Verwertungsart		Gebäude Nr.1-4 (Rückbau)			Gebäude Nr. 5-8 (Abbruch)		
		Masse		Kosten	Masse		Kosten
		[t]	%	[DM]	[t]	%	[DM]
Wiederverwendung	Wiederverwendung	58	4	-12.438	5	0	-1.734
	Transport			3.035			1.365
	Summe			**-9.403**			**-369**
Verwertung	Verwertung	1.358	90	12.510	1.563	100	15.047
	Transport			10.800			13.369
	Summe			**23.310**			**28.416**
Deponierung	Deponierung	100	7	6.429	3	0	366
	Transport			2.338			267
	Summe			**8.766**			**633**
Summe	Verwertung/Entsorgung	1.517	100	6.501	1.570	100	13.679
	Transport			16.172			15.001
	Gesamt			**22.673**			**28.680**

Verwertungsquoten und -kosten. Etwa 4 % (Massenanteil) der beim Rückbau anfallenden Materialien konnten einer Wiederverwendung zugeführt werden. Dabei handelte es sich um Fensterrahmen aus Sandsteinen, Ziegelsteine, Holzbalken, Bodendielen sowie Treppengeländer. Hierbei konnten Erlöse von ca. 9.400 DM erzielt werden.

Einen Überblick über die Verwertung/Entsorgung der beim Rückbau sowie beim Abbruch anfallenden Materialien liefert Tabelle 11.5.

Untersuchung der Qualität des Recyclingmaterials. Der Qualitätsunterschied zwischen den beim Abbruch und den beim Rückbau gewonnenen mineralischen Fraktionen wurde durch eine Beurteilung der Umweltverträglichkeit der mineralischen Fraktionen untersucht. Hierzu wurde eine Beprobung der Materialien vor Ort und eine anschließende Analyse ausgewählter Parameter durchgeführt.

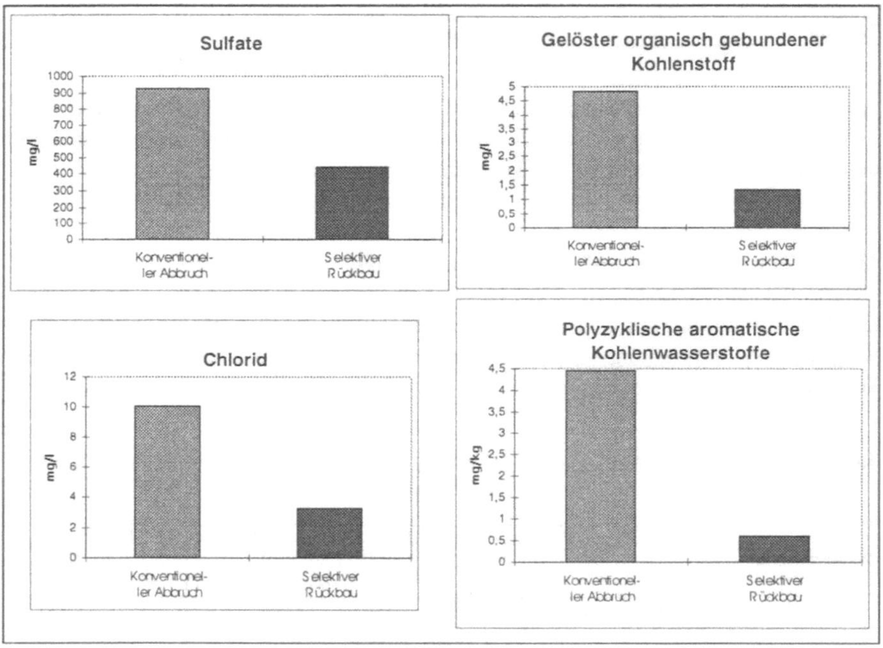

Abb. 11.7. Ausgewählte Schadstoffe in den Abbruchmaterialien aus Rückbau und Abbruch

Beim selektiven Rückbau der einen Gebäudehälfte wurden schadstoffbelastete Bauteile und Oberflächen wie beispielsweise Putze und Deckenbekleidungen aus Gipsmörtel (Sulfate) oder Kamine (polyzyklische aromatische Kohlenwasserstoffe/PAK) entfernt. Die Verbesserung der Qualität der gewonnenen Materialien ist Abb. 11.7 zu entnehmen.

11.3 Kostenvergleich

Die Ergebnisse der Kostenvergleiche zwischen dem selektiven Rückbau und dem konventionellen Abbruch für die vom DFIU durchgeführten Pilotprojekte verdeutlicht Abb. 11.8.

Es zeigte sich, daß die Ergebnisse bezüglich der Wirtschaftlichkeit unterschiedlicher Demontage- bzw. Abbruchverfahren neben dem untersuchten Gebäudetyp entscheidend von den jeweiligen abfallwirtschaftlichen Rahmenbedingungen abhängen. Während der Kostenvergleich zwischen Rückbau und Abbruch beim Hotel Post zeigt, daß ein Abbruch des in Holzskelettbauweise errichteten Gebäudes etwa 20 % teurer gewesen wäre, liegen die Kosten für den Rückbau in Mulhouse (Massivbauweise) etwa 68 % über den Kosten der abgebrochenen Gebäudehälfte. Die sehr unterschiedlichen Entsorgungsgebühren zwischen den einzelnen Landkreisen bzw. Regionen (Baden/Elsaß) bewirken, daß der selektive Rückbau im Landkreis Calw (Pilotprojekt „Hotel Post") im Vergleich zum Abbruch bereits die kostengünstigere Alternative ist. Die erhöhten Aufwendungen für die Demontage des Gebäudes gegenüber einem Abbruch werden durch die kostengünstigeren Verwertungsmöglichkeiten für die sortenrein getrennten Materialien überkompensiert, so daß die Gesamtkosten für den selektiven Rückbau unter den Gesamtkosten eines Abbruchs liegen. Dagegen zeigte sich bei dem Pilotprojekt im elsässischen Mulhouse, daß der Gebäuderückbau für den dort untersuchten Gebäudetyp noch nicht wirtschaftlich durchführbar ist. Für die aus dem Rückbau gewonnenen sortenreinen Materialfraktionen fehlen derzeit im Elsaß noch entsprechende qualitativ hochwertige Verwertungsoptionen. Eine hinreichende Preisdifferenz für sortenreine und gemischt anfallende Baurestmassen ist im Elsaß noch nicht vorzufinden. Die Mehraufwendungen für die Demontage des Gebäudes konnten daher durch eine Einsparung bei den Verwertungskosten nicht ausgeglichen werden, so daß die Gesamtkosten des Rückbaus über den Gesamtkosten des Abbruchs lagen. Strengere Anforderungen an die Umweltverträglichkeit von Recyclingbaustoffen könnten zukünftig den Rückbau auch im Elsaß wirtschaftlich vorteilhafter erscheinen lassen.

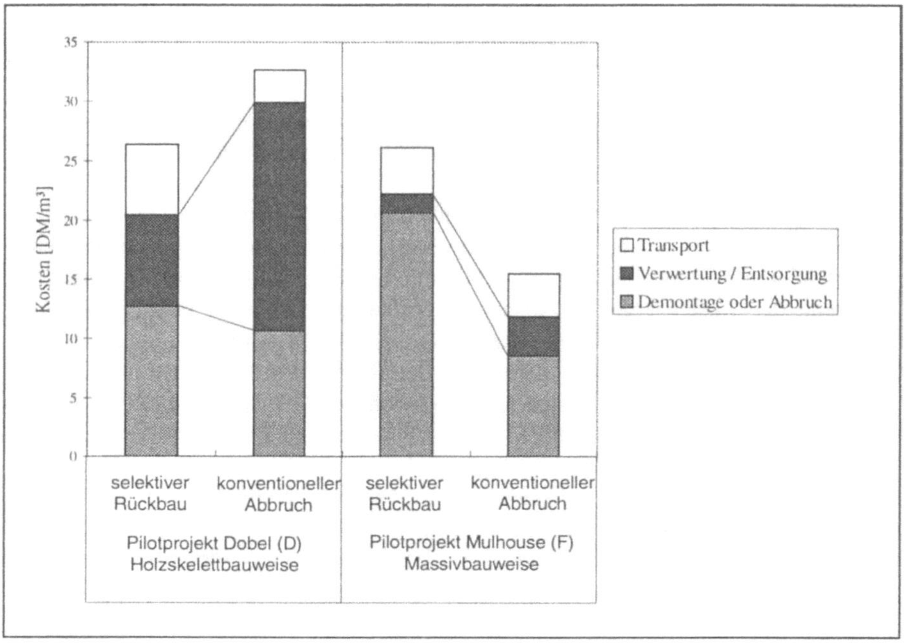

Abb. 11.8. Vergleich der spezifischen Kosten zwischen Rückbau und Abbruch

11.4 Literatur

RENTZ, O., RUCH, M., NICOLAI, M., SPENGLER, T., SCHULTMANN, F. (1994): Selektiver Rückbau und Recycling von Gebäuden dargestellt am Beispiel des Hotel Post in Dobel, Ecomed, Landsberg.

RENTZ, O., RUCH, M., SINDT, V., SCHULTMANN, F., ZUNDEL, T (1995): Etude scientifique de la déconstruction sélective d'un immeuble à Mulhouse, Endbericht.

12 Verwertung von Bauabfällen [12.1]

Dipl.-Geoök. Ralf Nießen[1], Dipl.-Ing. Eva Koch[2]
[1] Institut für Geologische Wissenschaften und Geiseltalmuseum, Fachgebiet Umweltgeologie, Martin-Luther-Universität Halle-Wittenberg, Domstraße 5, 06108 Halle/Saale
[2] PGBU – Planungsgesellschaft Boden & Umwelt mbH, Friedrich-Ebert-Straße 33, 34117 Kassel

12.1 Einleitung

Beim kontrollierten Rückbau eines Gebäudes fallen verschiedene Bauabfälle an, die entweder als Bauteile wiederverwendet oder stofflich bzw. energetisch verwertet werden können.

Den mengenmäßig größten Anteil an verwertbaren Bauabfällen stellt die mineralische Stofffraktion dar, die hauptsächlich aus Beton- und Ziegelbruch besteht. Daneben fallen auch andere Abfälle an, wie z.B. Holz, Metalle, Kunststoffe und Glas, die bedingt verwertbar sind.

Die Wiederverwendung von Bauteilen, z.B. Betonfertigteilen und Holzbalken, zum gleichen Verwendungszweck, die eine wichtige Maßnahme zur Abfallvermeidung beim kontrollierten Rückbau darstellt, ist nicht Gegenstand dieses Beitrages und wird in Kap. 13 behandelt.

Die Zielhierarchie des europäischen und deutschen Abfallrechts (Vermeidung vor Verwertung vor Beseitigung) ist damit begründet, daß durch Abfallvermeidung und -verwertung wertvolles Deponievolumen eingespart wird, der Wert von Materialien erhalten bleibt und Rohstoffressourcen, wie z.B. Kies- und Eisenerzlagerstätten geschont werden können.

Die Verwertung soll auf einem hohen nutzbringenden Niveau und nur dann erfolgen, wenn die Summe aller Umweltbelastungen nicht größer als beim primären Produktionsprozeß oder der Deponierung ist.

Die Verwertungsmöglichkeiten für Bauabfälle können durch ökologische und Güteanforderungen an die Recyclingprodukte eingeschränkt werden.

[12.1] Das Kreislaufwirtschafts- und Abfallgesetz unterscheidet nur noch zwischen Abfällen zur Verwertung und Abfällen zur Beseitigung. Deshalb wird hier der entsprechende Ausdruck Bauabfälle verwendet. Bisher wurden diese Materialien meist mit den Begriffen Baureststoffen oder Baurestmassen bezeichnet. Es ist zu beachten, daß der Begriff Bauabfälle nicht mit dem der Bau*stellen*abfälle gleichgesetzt werden darf.

Vor dem Hintergrund dieses Spannungsfeldes wird zunächst auf die rechtlichen Rahmenbedingungen der Bauabfallverwertung eingegangen (Kap. 12.2). In Kap. 12.3 werden dann die Verwertungsmöglichkeiten und -pfade für die genannten Abfallarten beschrieben. Dabei liegt der Schwerpunkt bei den mineralischen Bauabfällen, da diverse Normen und Richtlinien bezüglich der bautechnischen und ökologischen Qualitätssicherung von Recyclingbaustoffen die Möglichkeiten der Verwertung bestimmen. Schließlich wird aufgezeigt, wie heute im Rahmen des Baustellen- und Abfallmanagements die Verwertung von Bauabfällen optimiert werden kann (Kap. 12.4). Abschließend werden in die Zukunft weisende vermeidungs- und verwertungsfördernde Maßnahmen genannt (Kap. 12.5). Da der vorliegende Beitrag sich mit der Verwertung von Materialien befaßt, die beim kontrollierten Rückbau von Gebäuden anfallen, wird auf die Verwertung von Straßenaufbruch und Bodenaushub nicht eingegangen.

12.2 Rechtliche Rahmenbedingungen

Auf *Europäischer Ebene* existiert seit 1991 eine novellierte Abfallrahmenrichtlinie, in der der Vorrang der Vermeidung vor der Verwertung und vor der Beseitigung von Abfällen vorgegeben wird.

Zur Vereinheitlichung der Abfallbezeichnungen in Europa wurde 1993 außerdem ein Europäischer Abfallkatalog (EAK) erstellt.

Seit 1992 arbeitet eine *Projektgruppe im Auftrag der EU-Kommission* zum Thema „Prioritäre Abfallströme im Bereich der Bauabfälle", die in ihrem Abschlußbericht diverse Zielvorgaben zur Förderung von Verwertungs- und Vermeidungsstrategien gemacht hat. Neben allgemeinen Zielvorgaben des Umweltschutzes werden u.a. Anforderungen an Abfall- und Baustellenmanagement und an Aufgaben des Marketing von Recyclingbaustoffen gestellt.

Auch das auf *Bundesebene* ab Oktober 1996 gültige Kreislaufwirtschafts- und Abfallgesetz (KrW-/AbfG) hat den europäischen Abfallbegriff übernommen. Zukünftig wird unterschieden zwischen Abfällen zur Verwertung und Abfällen zur Beseitigung. Damit können Abfälle nicht mehr als Wirtschaftsgut deklariert werden. Im folgenden wird daher nicht von Baureststoffen, sondern von Bauabfällen gesprochen.

Das Gesetz schreibt entsprechend der Europäischen Rahmenrichtlinie die Pflicht zur Abfallvermeidung vor und gibt der umweltverträglichsten, höherwertigen Verwertungsart (entweder stofflich oder thermisch) Vorrang vor der Beseitigung von Abfällen. Nur solche Abfälle, die nicht verwertet werden können, sollen zukünftig z.B. auf Deponien oder in Verbrennungsanlagen beseitigt werden.

Durch die Übertragung der Entsorgungspflicht auf den Abfallerzeuger (Verursacherprinzip) wird der Wirtschaft eine größere Verantwortung auferlegt.

Bereits seit Ende 1992 liegen die „*Zielfestlegungen* der Bundesregierung zur Vermeidung, Verringerung oder Verwertung von Bauschutt, Baustellenabfällen, Boden-

aushub und Straßenaufbruch" im Entwurf vor. Sie wenden sich u. a. an alle mit der Planung und Durchführung von Abbruchmaßnahmen Beteiligten. Diese Zielfestlegungen stehen im Einklang mit dem Kreislaufwirtschafts- und Abfallgesetz.
Auch in diesen „Zielfestlegungen" werden abfallvermeidungs- und verwertungsfördernde Anforderungen, ähnlich den Forderungen der o.g. EU-Projektgruppe, an die Bauabfallvermeidung und -verwertung gestellt.

Die *TA-Siedlungsabfall* enthält für Bauabfälle ebenfalls entsprechende Regelungen.

Fördernd für die Aufbereitung von Bauabfällen, insbesondere Bauschutt ist, daß Recycling- und Entsorgungsanlagen nur noch nach dem *BImSchG* zu genehmigen sind und somit keiner Planfeststellung mehr bedürfen.

Außerdem können mobile Baustoffrecyclinganlagen bis zu 12 Monate am selben Ort betrieben werden, ohne daß eine Genehmigung nach der 4. BImSchV erforderlich ist.

Eine Änderung der *baurechtlichen Vorschriften* ist zur Förderung von Recyclingbaustoffen nicht erforderlich, aber technische Normen stehen der Verwendung von Recyclingbaustoffen sehr oft entgegen. Die bauphysikalischen Anforderungen an Primärrohstoffe sind für Recycling-Produkte (Sekundärrohstoffe) oft zu hoch. Daher werden zur Zeit auf Europa- und Bundesebene die entsprechenden Normen überarbeitet.

Die Baustoffrecyclingbetriebe fordern die Gleichstellung von Primär- und Sekundärrohstoffen, sofern gewährleistet ist, daß Qualitäts- und Umweltanforderungen aus bautechnischen und ökologischen Sicherheitsgründen eingehalten werden können.

Weiterhin wird die Verankerung des im KrW-/AbfG vorgegebenen Vorranges der Verwertung vor der Beseitigung in den Landesbauordnungen gefordert.

12.3 Verwertung und Vermarktung

In diesem Kapitel werden für die verschiedenen Stofffraktionen, die beim kontrollierten Rückbau anfallen, Verwertungswege aufgezeigt und es wird auf die Faktoren eingegangen, die die Vermarktbarkeit beeinflussen.

Unter Verwertung wird die Verwendung von durch Aufbereitung gewonnenen Stoffen verstanden.

Aufbereitungsverfahren können physikalische (Sortierung, Zerkleinerung, Klassierung), chemische, biologische, thermische oder kombinierte Verfahren (z.B. Bodenwäsche) sein.

12.3.1 Mineralische Stofffraktion

Die mineralische Stofffraktion besteht aus inerten Bestandteilen wie z.B. Beton, armierter Beton, Gasbeton, Dachziegel, Ziegel, Natursteine (z.B. Granit, Sandsteine, Bimsstein), Kalksandsteine, Zementsteine, Innen- und Außenputz, Kalk- und Gipsmörtel sowie Fliesen und Keramik.

Störstoffe im unsortierten Bauschutt können z. B. sein: Installationsteile, Fußböden, Wand- und Deckenverkleidungen, Baustahlbewehrungen, Holzbauteile aller Art, Kunststoffe, Versorgungsleitungen, Fußbodenbeläge und Teerpappen.

Die stoffliche Verwertung der mineralischen Stofffraktion, die beim kontrollierten Rückbau die mengenmäßig bedeutendste Fraktion darstellt, ist die wichtigste praktizierte Recyclingform. Bei vielen Maßnahmen ist der Wiedereinbau von aufbereitetem Bauschutt an Ort und Stelle in entstandene Baugruben ein bedeutender Verwertungspfad.

Zur Zeit können Recyclingmaterialien nur etwa 10–15 % der mineralischen Rohstoffe (Kies, Sand, Schotter und Splitt) ersetzen. Für die Zukunft ist der Ersatz von etwa 20 % der mineralischen Rohstoffe durch Recycling-Baustoffe realistisch.

Nach einer Bauschuttaufbereitung kann der Recycling-Baustoff (RC-Baustoff) im Tiefbau (Trag- und Frostschichten im klassifizierten und nicht-klassifizierten Straßenbau), im Garten- und Landschaftsbau, als Verfüllmaterial oder als Zuschlagstoff im Hochbau eingesetzt werden.

In Aufbereitungsanlagen wird der Bauschutt in der Regel zunächst vorzerkleinert, vorklassiert und die Feinfraktion abgesiebt. In der Feinfraktion sind die meisten Schadstoffe gebunden. Anschließend folgt die Zerkleinerung mittels entsprechender Anlagen. Meist werden Prallmühlen oder Backenbrecher eingesetzt. Schließlich werden Fremdstoffe per Magnetscheider, in Naß- und Trockenreinigungsverfahren abgeschieden und das Material am Schluß über Sieblinien klassiert.

Es ist zu unterscheiden zwischen mobilen Bauschuttaufbereitungsanlagen, die im Einzelfall vor Ort zum Einsatz kommen können, semimobilen Anlagen und stationären Anlagen. Letztere sind dann sinnvoll, wenn größere Materialmengen über einen längeren Zeitraum im Rahmen eines dauerhaften Recyclingbetriebes verarbeitet werden sollen.

Von vielen Seiten wird gefordert, das RC-Material aus dem Hochbau vermehrt wieder dort und nicht, wie z. Z. üblich, vorwiegend im Straßenbau eingesetzt wird.

Dies würde der Forderung entsprechen, die Wiederverwertung soll auf möglichst hohem Niveau stattfinden.

12.3.2 Einsatzmöglichkeiten im Tiefbau

Im *klassifizierten Straßenbau* werden z. Z. gütegeprüfte RC-Baustoffe mit unterschiedlichen Anforderungen je nach Bauklasse eingesetzt. So gibt es in Berlin für die Bauklassen III bis VI (Straßen außer Schnellverkehrsstraßen) die Bestimmung, daß

Tragschichtmaterial aus mehr als 50 % Beton bestehen soll und nicht mehr als 10 % Ziegelmaterial enthalten darf.

Im *nichtklassifiziertem Straßenbau* (z. B. Geh- und Radwege) können auch RC-Baustoffe ohne Gütezeichen eingesetzt werden, da hier die Anforderungen an Raumbeständigkeit und Homogenität geringer sind.

Weitere Einsatzmöglichkeiten sind der Garten- und Landschaftsbau, wobei hier die Anforderungen an das Material je nach Einsatz festgelegt werden müssen.

Nur geringe Anforderungen werden an die Materialien zum Bau von *Lärmschutzwällen* gestellt. Hier kann RC-Material eingesetzt werden, das anderen Bauzwecken aus bauphysikalischer Sicht nicht genügt. Das gleiche gilt auch für Verfüllmaterialien, die nach dem kontrollierten Rückbau vor Ort eingebaut werden.

Die Qualitätsanforderungen an Recyclingbaustoffe lassen sich in eine bautechnische und eine umwelttechnisch-ökologische Beurteilung unterteilen. Ziel der Qualitätssicherung ist es, hochwertige Sekundärmaterialien herzustellen, die mit den entsprechenden Primärrohstoffen konkurrenzfähig sind.

Bautechnische Anforderungen. Um eine einheitliche Behandlung und Aufbereitung von Bauresstoffen zu gewährleisten, hat die Recycling-Industrie sich zu Gütegemeinschaften zusammengeschlossen und u.a. die Güte- und Prüfbestimmungen für Straßenbau erarbeitet (Gütegemeinschaft Recycling-Baustoffe e.V.). Recyclingbaustoffe, die den entsprechenden Anforderungen genügen, werden mit dem Gütezeichen „RAL-RG 501/1“ ausgezeichnet.

Das Gütezeichen dient dazu, die technische Qualität der RC-Baustoffe zu sichern, Akzeptanz und Konkurrenzfähigkeit zu fördern und den Analysen- und Nachweisaufwand für die Aufbereitungsunternehmen auf das nötige Maß festzulegen. Dabei soll den RC-Baustoffen kein Qualitäts- oder Umweltbonus eingeräumt werden. Technische Qualitätsanforderungen wie z. B. Festigkeitseigenschaften, Raumbeständigkeit und Homogenität sollen eingehalten werden. Bei untergeordneten Verkehrsflächen (Wege, Parkflächen) reicht ein reduziertes Qualitätsniveau. Der Einsatz im Straßenbau ist z. B. im Unter- und Oberbau (z. B. als Frostschutzschicht, ungebundene Tragschicht, hydraulisch oder bituminös gebundene Tragschicht, Bindeschichten) möglich.

Ein Problem ist, daß häufig hochwertiges Material für Zwecke eingesetzt wird, die diese Qualität nicht erfordern. Material mit geringerer Qualität ist als Folge davon nur schwer absetzbar. Es ist deshalb anzustreben, das RC-Material jeweils für den Zweck einzusetzen, dessen Qualitätsansprüche genau erfüllt werden.

Es werden *drei Qualitätsklassen* unterschieden:

- Güteklasse I: Baustoffe für Oberbauschichten im Straßenbau, die bestimmte Gütebestimmungen erfüllen, und dem Geltungsbereich der TL Min-StB (s.u.) unterliegen.
- Güteklasse II: Baustoffe für Oberbauschichten im Straßenbau, die bestimmte Gütebestimmungen erfüllen aber nicht der TL Min-StB unterliegen.

– Güteklasse III: Baustoffe, die bestimmte Gütebestimmungen erfüllen und die für Lärmschutzwälle, Unterbau, Untergrundverbesserungen etc. verwendet werden.

Von Seiten der öffentlichen Auftraggeber wurde die „Richtlinie für die Güteüberwachung von Mineralstoffen im Straßenbau *(RG Min-StB)*" erarbeitet. Mit Hilfe dieser Richtlinie soll den bautechnischen Anforderungsprofilen für Recycling-Baustoffe, die im Straßenbau eingesetzt werden, Rechnung getragen werden.

Zur Güteüberwachung gehört ein Eignungsnachweis, vierteljährliche Fremdüberwachungen und wöchentliche Eigenüberwachungen des Recycling-Betriebes.

Zur Regelung der Prüfverfahren gibt es die Technischen *Prüfvorschriften (TP Min-StB)* für Mineralstoffe im Straßenbau.

Lieferbedingungen hinsichtlich der bauphysikalischen und wasserwirtschaftlichen Eigenschaften werden mit der *TL Min-StB* für den Einsatz von Mineralstoffen im Straßenbau geregelt.

Weiterhin existieren diverse Technische Vorschriften (TV) und Zusätzliche Technische Vorschriften (ZTV), die Mindestanforderungen für Baustoffe sowie Art und Umfang der Kontrollprüfungen festlegen.

Die technischen Prüfungen umfassen unter anderem folgende Prüfungen:

- Widerstand gegen die Verwitterung,
- Widerstand gegen Schlag,
- Korngrößenverteilung,
- Kornform,
- Bruchflächigkeit,
- Reinheit/schädliche Bestandteile.

Weiterhin kann als Grundlage für die Untersuchung von RC-Baustoffen das „*Merkblatt* über die Verwendung von industriellen Nebenprodukten im Straßenbau Teil IV: Wiederverwendung von Baustoffen" herangezogen werden, in dem auch Einsatzmöglichkeiten für RC-Baustoffe beschrieben werden. Dieses Merkblatt sieht im Vergleich zur *RG Min-StB* eine höhere Prüffrequenz und zusätzliche stoffspezifische Prüfungen vor. Außerdem ist hier die Prüfung der Umweltverträglichkeit aufgenommen.

Die am schwierigsten zu erfüllende Anforderung ist die Homogenität der stofflichen Zusammensetzung von Recycling-Baustoffen.

Das „Merkblatt" gibt dazu obere Grenzwerte für den Anteil von z. B. Ziegeln und Asphalt vor.

Die in den beschriebenen Regelwerken festgelegten bauphysikalischen Anforderungen an die Sekundärbaustoffe sind in vielen Fällen zu hoch, um diese als Ersatz für Primärrohstoffe einsetzen zu können.

Bauschutt aus dem Hochbau besteht zum größten Teil aus Mauerwerksabbruch. Durchschnittlicher Bauschutt, der häufig ein Ziegel/Beton-Gemisch darstellt, hat einen durchschnittlichen Ziegelanteil von etwa 50 %.

Bauschuttrecycler fordern in jüngster Zeit verstärkt, auch Ziegel/Betongemische für den klassifizierten Straßenbau zuzulassen. Die Regelungen des technischen Re-

gelwerkes Straßenbau (TL Min für die Herstellung der Ziegelgemische und RG Min und TP Min für die Qualitätssicherung) stehen dem z. Z. noch im Wege.
Die vorgegebene Obergrenze des Ziegelanteils liegt meist bei 10 %, obwohl die Eigenschaften von Ziegel- und Klinkerbruch für bestimmte Einsatzzwecke denen von Unterbeton aus dem Straßenbau überlegen sein können.

Mängel einzelner Eigenschaften der RC-Baustoffe können jedoch durch geeignete bautechnische Maßnahmen oder größere Bemessungen der Tragschichten ausgeglichen werden.

Ziegel haben z. B. eine verminderte Kornfestigkeit, was beim Einbau zu einer Kornverfeinerung führt. Dem kann durch Hohlraumminimierung beim Einbau, durch einen gezielten Kornaufbau und eine dichte Einbettung entgegengewirkt werden, so daß keine Gefahr der Einsackung besteht.

Es besteht somit Forschungsbedarf für die Einsatzmöglichkeiten von aufbereitetem Bauschutt mit einem Ziegelanteil von über 10 %.

Erste Ansätze für den Einsatz von Bauschutt mit erhöhtem Ziegelanteil sind bereits vorhanden.

Der Berliner Senat hat z. B. 1995 ein Straßenbauprojekt genehmigt, bei dem das eingesetzte RC-Material bis zu 50 % Ziegel enthalten darf.

Umweltschutzanforderungen. Im Rahmen der Landesabfallgesetzgebung gibt es in den einzelnen Bundesländern diverse Regelungen und vielfältige Aktivitäten bezüglich der Wiederverwertung von Bauschutt (z. B. VwV-Erdaushub/Bauschutt in Hessen), wobei Grenz- oder Orienterungswerte festgelegt wurden, die den Einbau von z. B. aufbereitetem Bauschutt regeln. Die Regelwerke berücksichtigen dabei das Schadstoffpotential (Feststoffanalytik) und den wasserlöslichen Schadstoffgehalt (Eluat).

Es gibt aber bislang keine bundeseinheitlichen Grundsätze bezüglich der Untersuchung und Bewertung von aufbereitetem Bauschutt aus ökologischer Sicht.

Ein Beispiel für diese fehlende Einheitlichkeit ist, daß der Eluatansatz in Brandenburg nach dem deutschen Einheitsverfahren DEV-S4, in Berlin durch Perkolation im Säulenverfahren erfolgt.

Zur Harmonisierung und Vereinheitlichung dieser zahlreichen länderspezifischen Regelungen (Untersuchungsmethoden, Güteanforderungen etc.) hat die Länderarbeitsgemeinschaft Abfall (*LAGA*) technische Regeln mit den *„Anforderungen an die stoffliche Verwertung von mineralischen Reststoffen/Abfällen"* erarbeitet, die von den Ländern bundeseinheitlich mit einer Frist von drei Jahren (bis 31.07.1996) eingeführt werden sollten. Unter anderem werden im Teil „Technische Regeln für die Verwertung von Bauschutt" Zuordnungswerte für Einbauklassen (Z0, Z1, Z2) als Orientierungswerte für den Einbau von aufbereitetem und nicht aufbereitetem Bauschutt vorgegeben. Diese Zuordnungswerte stellen Vorsorgewerte hinsichtlich Boden- und Grundwasserschutz dar, so daß keine unvertretbaren Umweltbeeinträchtigungen zu befürchten sind.

Die LAGA-Richtlinie gliedert sich in einen allgemeinen Teil, den Technischen Regeln für die Verwertung von mineralischen Reststoffen wie Bauschutt, Bodenaushub,

Straßenaufbruch, Schlacken, Aschen, Gießereisande und -schlacken und einen dritten Teil mit Anforderungen bezüglich Probenahme und Analytik.

In diesem Kapitel wird ausschließlich auf die Regelungen für Bauschutt eingegangen.

Die in den „*Technischen Regeln für die Verwertung von Bauschutt*“ (LAGA 1996) zum Einbau von Recyclingbaustoffen angegebenen Orientierungswerte stellen eine Einschränkung des bedingungslosen Einbaus z.B. im Straßenbau und für Verfüllungen dar. Mit der dreijährigen Einführungsphase sollen mögliche Umsetzungsprobleme in den einzelnen Ländern geklärt werden.

Die für eine Verwertung bedeutendste Abfallart ist „Bauschutt, der aus mineralischen Bestandteilen mit einem nicht-mineralischem Fremdanteil unter 5%“ besteht (ASN 31409). Diese Reinheit ist nur durch einen kontrollierten Rückbau oder aufwendige Sortierarbeiten zu erreichen.

Für die notwendigen Untersuchungsmaßnahmen ist zu unterscheiden zwischen dem in Anlagen aufbereiteten RC-Baustoff und nicht aufbereitetem Bauschutt.

Im folgenden wird beschrieben, welche Untersuchungen die LAGA-Richtlinie für die verschiedenen Arbeitsschritte der Bauschuttaufbereitung vorsieht.

Die genannten Einbauklassen korrespondieren mit den weiter unten definierten Zuordnungswerten.

Untersuchung von nicht aufbereitetem Bauschutt. Ist die *Einbauklasse 2* vorgesehen oder beträgt die Abfallmenge weniger als 20 m³, dann ist *keine* Untersuchung erforderlich, wenn folgende Bedingungen erfüllt sind:

- Im Rahmen des kontrollierten Rückbaus wurden die schadstoffhaltigen Baumaterialien (z. B. Asbest, PCB-haltige Dichtungsmassen) durch getrennten Ausbau separiert.
- Es besteht kein Verdacht auf eine nutzungsbedingte Schadstoffbelastung der Bausubstanz (Wohn-/Bürohaus, kein produzierendes Gewerbe).
- Der Anteil an Fremdbestandteilen (Holz, Metall, Kunststoffe) beträgt durch kontrollierten Rückbau weniger als 5 % .

Wenn die *Einbauklasse 1* vorgesehen ist, dann muß wie für RC-Baustoffe ein Eignungsnachweis für den Einbau nach dem Parameterkatalog in Tabelle 12.1 (Spalten 3 und 4), sowohl im Feststoff als auch im Eluat geführt werden.

In der Regel kann auf die Schwermetall-Analytik im Feststoff verzichtet werden, solange nicht die *Einbauklasse 0* vorgesehen ist.

Untersuchung von Bauschutt vor der Aufbereitung in einer Anlage. Das Untersuchungskonzept sieht zunächst eine Inaugenscheinnahme des Bauwerks und die Auswertung von Unterlagen vor, um zunächst die potentielle Schadstoffbelastung des Bauschutts zu klären.

Wenn gesundheitsgefährdende Baustoffe (Asbest, PCB-haltige Dichtungsmassen) verwendet worden sind oder aufgrund der gewerblichen Nutzung des Gebäudes mit Belastungen der Bausubstanz zu rechnen ist, sind analytische Untersuchungen vorzunehmen.
Beim kontrollierten Rückbau ist darauf zu achten, daß schadstoffhaltige Materialien abgetrennt werden.

Tabelle 12.1. Untersuchungsprogramme (LAGA 1996)

	Mindestuntersuchungsprogramm		Untersuchungsprogramm RC-Baustoffe	
Parameter	Feststoff	Eluat	Feststoff	Eluat
Aussehen	x		**x**	
Farbe/Färbung	x	x	**x**	**x**
Trübung		x		**x**
Geruch	x	x	**x**	**x**
pH		x		**x**
el. Leitfähigkeit		x		**x**
Chlorid		x		x
Sulfat		x		x
Arsen	{x}	{x}		
Blei	x	x	(x)	x
Cadmium	x	x	(x)	x
Chrom (ges.)	x	x	(x)	x
Kupfer	x	x	(x)	x
Nickel	x	x	(x)	x
Quecksilber	{x}	{x}		
Zink	x	x	(x)	x
Kohlenwasserstoffe	x		x	
PAK (EPA)	x		x	
EOX	x		x	
Phenolindex		x		x

{ } Untersuchung nur in Bodenaushub mit mineralischen Fremdbestandteilen < 10%
( ) Analytik nur erforderlich, wenn die Einbauklasse 0 vorgesehen ist
fett: laufende Eigenüberwachung

Bei der Anlieferung von Materialien in eine Recylinganlage sind auf dem Lieferschein Art und Bezeichnung des Abfalls, die Abfallschlüsselnummer, Herkunft und vorherige Verwendung sowie die Ergebnisse bereits vorliegender Untersuchungen (Deklarationsanalytik) aufzuführen. Ergibt sich bei der Anlieferung durch organoleptische Prüfung und Inaugenscheinnahme des Abfalls, daß dieser nicht mit dem deklarierten übereinstimmt, sind analytische Untersuchungen mindestens auf die in Tabelle 12.1 (Spalten 1 und 2) genannten Parameter durchzuführen.

Arsen und Quecksilber werden in der Regel nur im Bodenaushub mit mineralischen Fremdbestandteilen (z.B. Bauschutt) > 10 % untersucht.

Untersuchung von RC-Baustoffen (aufbereiteter Bauschutt). Der Eignungsnachweis für den Einsatz als Einbaumaterial wird im Rahmen der Güteüberwachung auf die Parameter der Tabelle 12.1 (Spalten 3 und 4) geführt.

Tabelle 12.2. Zuordnungs-/Orientierungswerte für RC-Baustoffe (LAGA 1996)

Zuordnungs-werte	Z 0		Z 1.1		Z 1.2		Z 2	
Parameter	Festst. [mg/kg]	Eluat [µg/l]	Festst. [mg/kg]	Eluat [µg/l]	Festst. [mg/kg]	Eluat [µg/l]	Festst. [mg/kg]	Eluat [µg/l]
pH		7,0 – 12,5		7,0 – 12,5		7,0 – 12,5		**7,0 – 12,5**
elektrische Leitfähigkeit		500 µS/cm		1.500 µS/cm		2.500 µS/cm		**3.000 µS/cm**
Chlorid		10 mg/l		20 mg/l		40 mg/l		**150 mg/l**
Sulfat		50 mg/l		150 mg/l		300 mg/l		**600 mg/l**
Arsen	20	10	(30)	10	**(50)**	40		**50**
Blei	100	20	(200)	40	**(300)**	100		**100**
Cadmium	0,6	2	(1)	2	**(3)**	5		**5**
Chrom (ges.)	50	15	(100)	30	**(200)**	75		**100**
Kupfer	40	50	(100)	50	**(200)**	150		**200**
Nickel	40	40	(100)	50	**(200)**	100		**100**
Quecksilber	0,3	0,2	(1)	0,2	**(3)**	1		**2**
Zink	120	100	(300)	100	**(500)**	300		**400**
Kohlenwasser-stoffe	100		300		500		**1.000**	
PAK (EPA)	1		5{20}		15{50}		**75{100}**	
EOX	1		3		5		**10**	
PCB	0,02		0,1		0,5		**1**	
Phenolindex		10		10		50		**100**

Untersuchung von Bodenaushub mit einem mineralischen Fremdanteil (z. B. Bauschutt) von über 10 %.

Boden/Bauschuttgemische, die in diese Klasse fallen, müssen mindestens auf die Parameter der Tabelle 12.1 (Spalten 1 und 2) incl. Arsen und Quecksilber untersucht werden.

In Tabelle 12.2 sind alle relevanten Orientierung- bzw. Zuordnungswerte der LAGA-Richtlinie für Bauschutt zusammengefaßt.

Im Einzelfall kann bei der Stoffgruppe PAK bis zu den in den geschweiften Klammern angegebenen Werten abgewichen werden.

Beim Einsatz von RC-Baustoffen und nicht aufbereitetem Bauschutt für Rekultivierungszwecke und Geländeauffüllungen in der Einbauklasse 1 sind die in den Klammern angegebenen Werte für Arsen und Schwermetalle, die auch für Erdaushub gelten, einzuhalten.

Die in der Tabelle fett markierten Werte entsprechen den Orientierungswerten für die Bewertung von schadstoffbelasteten Gebäuden, Bauteilen oder Bauschutt vor der Aufbereitung.

Wenn bei der Untersuchung von Gebäuden, Bauteilen oder Bauschutt eine Schadstoffbelastung über den in Tabelle 12.2 fett markierten Werten festgestellt wird, so handelt es sich um Bauschutt mit schädlichen Verunreinigungen (ASN 31441).

Bevor dieses Material in einer Bauschuttrecyclinganlage aufbereitet werden kann, muß es behandelt werden (z. B. Bodenwäsche). In der Regel sollte jedoch durch Dekontamination der Gebäudesubstanz eine Unterschreitung der genannten Werte im anfallenden Bauschutt angestrebt werden. Nicht verwertbares Material mit entsprechender Belastung muß schließlich auf einer Deponie abgelagert werden.

Werden diese Orientierungswerte nicht überschritten, dann kann das Material entsprechend den im folgenden beschriebenen Zuordnungswerten eingebaut werden. Diese *Zuordnungswerte* sind ebenfalls Orientierungswerte, wobei Abweichungen im Einzelfall möglich sind. Es gilt in allen Fällen das Verdünnungs- und Vermischungsverbot.

Werden die *Zuordnungswerte Z 0* unterschritten, so ist ein uneingeschränkter Einbau möglich, mit der einzigen Regelung, daß aus Vorsorgegründen auf den Einbau in den Zonen I und II von Trinkwasser- und Heilquellenschutzgebieten verzichtet werden soll.

Bei Unterschreitung des *Zuordnungswertes Z 1* (*Z 1.1* oder *1.2*) ist der Einbau in Flächen mit unempfindlicher Nutzung möglich. Dies sind z. B. Straßenbau, gewerbliche Flächen, Grünanlagen und Deponieabdichtungen. Die Schüttkörperbasis soll in der Regel mindestens 1 Meter Abstand vom höchsten Grundwasserstand haben. Der Einbau soll nicht in sensibel genutzten Bereichen (Kinderspielplätze, Nutzgärten) erfolgen. Außerdem sind die Zonen I bis IIIA in Trinkwasserschutzgebieten, die Zonen I bis III in Heilquellenschutzgebieten sowie Überschwemmungsgebiete vom Einbau ausgenommen.

Bei Einhaltung der *Z 1.1-Werte* kann unter Berücksichtigung der genannten Nutzungsbeschränkungen offen eingebaut werden. Auch bei ungünstigen hydrogeologischen Voraussetzungen geht von dem eingebauten Material keine nachteilige Auswirkung für das Grundwasser aus.

In hydrogeologisch günstigen Gebieten können Materialien bis zu den *Zuordnungswerten Z 1.2* eingebaut werden. Dies ist mit den zuständigen Behörden abzuklären. Hydrogeologisch günstige Standorte sind z.B. solche, wo der Grundwasserleiter durch mindestens 2 m mächtige Deckschichten aus Ton, Schluff oder Lehm überlagert ist. Für diese Ablagerungsbereiche ist ein Erosionsschutz durch Bewuchs erforderlich.

Die *Zuordnungswerte Z 2* stellen die Obergrenze für einen eingeschränkten Einbau mit definierten technischen Sicherungsmaßnahmen bezüglich des Schutzgutes Grundwasser dar.

Im Straßen- und Wegebau kann, bei Unterschreitung von Z 2, Material als Tragschicht unter einer wasserundurchlässigen Deckschicht (z. B. Beton, Asphalt) oder als gebundene Tragschicht unter einer durchlässigen Deckschicht wie z.B. Pflaster eingesetzt werden.

Weiterhin kann dieses Material bei kontrollierten Erdbaumaßnahmen wie z.B. Erdschutzwällen (Oberflächenabdichtung $d > 0,5$ m; $k_f < 10^{-8}$ m/s) oder als Unterbaumaterial in Straßendämmen mit einer wasserundurchlässigen Fahrbahndecke und einer mineralischen Oberflächenabdichtung im Böschungsbereich Verwendung finden.

Der Abstand zwischen Schüttkörperbasis und höchstem zu erwartenden Grundwasserspiegel soll in allen Fällen mindestens einen Meter betragen.

Ausgeschlossen ist der Einbau von Bauschutt bis zum Z 2-Wert in

- Trinkwasserschutzgebieten (Zone I bis IIIB),
- Heilquellenschutzgebieten (Zone I bis IV),
- Wasservorranggebieten,
- Überschwemmungsgebieten,
- Karstgebieten,
- sensibel genutzten Gebieten und bei
- Dränschichten oder in Leitungsgräben ohne technische Sicherung.

Die *Güteüberwachung* wird angelehnt an das Verfahren der RG Min-StB, die für bauphysikalische Anforderungen gilt.

Zunächst ist ein Eignungsnachweis des Recyclingbetriebes zu erbringen. Es ist weiterhin eine Eigenüberwachung, z.B. durch die Eingangskontrolle und laufende, mindestens wöchentliche Untersuchungen erforderlich. Außerdem ist eine Fremdüberwachung durch eine unabhängige Untersuchungsstelle vorgesehen, die mindestens vierteljährlich erfolgen soll.

In Teil III der LAGA-Richtlinie werden allgemeine Anforderungen an Probenahme und Analytik gestellt.

Für die Herstellung des Eluates wird aus Gründen der Normierung und Vergleichbarkeit ein modifiziertes DIN-38414-S4-Verfahren vorgegeben. Andere Methoden, wie z.B. die Perkolation im Säulenverfahren, sind mit einer Ausnahme nicht erlaubt.

Bei einem Anteil von > 10 % an Körnungen mit > 11,2 mm ist parallel zu dem modifizierten S4-Verfahren das sogenannte Trogverfahren anzuwenden. Damit sollen Erfahrungen bezüglich der Vergleichbarkeit beider Methoden gesammelt werden. Das Trogverfahren wird in einem Arbeitspapier der Forschungsgesellschaft für das Straßenbau- und Verkehrswesen beschrieben (Entwurf 2/94).
Für die laufende Eigenüberwachung von Recycling-Betrieben wird außerdem ein Elutionsschnellverfahren zugelassen.

Mit der *Probenahme in Gebäuden* soll die räumliche und flächenhafte Verbreitung von Schadstoffen ermittelt werden. Dies stellt die Grundlage für mögliche Verwertungsstrategien dar. Es sollen mindestens drei Einzelproben pro Fläche (Decke, Wand) entnommen werden. Die Anzahl und Dichte der Beprobung richtet sich nach Art und Größe des Bauteils sowie der möglichen Belastung. Kernbohrungen sind ca. 10 cm tief auszuführen, wobei ggf. zu differenzierende Schichten (z. B. Putz) getrennt zu untersuchen sind. Eine Probengewinnung ist auch durch Abschlagen des Materials möglich.

Die *Probenahme von Bauschutt* erfolgt in der Regel nach den LAGA-Richtlinien PN 2/78 und PN 2/78 K. Für den Einsatz im Straßenbau ist die Probenahme nach den technischen Prüfvorschriften (TP Min-StB) vorgegeben. Weiterhin wird auch auf die Probenahme bei Natursteinen und Gesteinskörnungen nach DIN 52101 verwiesen.

12.3.3 Einsatzmöglichkeiten im Hochbau

Ein möglicher Einsatz von Bauabfällen im Hochbau ist vor allem in Form von Zuschlagstoffen bei der Betonherstellung möglich. Je nach Art der eingesetzten Reststoffe können *Betonsplittbeton*, *Ziegelsplittbeton* u.a. hergestellt werden.

Der Einsatz solcher Recyclingbaustoffe im Hochbau beschränkt sich zur Zeit noch auf Einzelprojekte. Ein oft genanntes Modellprojekt ist der Neubau der Deutschen Bundesstiftung Umwelt in Osnabrück. Erschwert wird dieser Verwertungsweg vor allem durch die nicht vorhandene Berücksichtigung von RC-Material in den entsprechenden Normen und Richtlinien für den Hochbau. Nach DIN 4226 ist Betonsplitt als Zuschlagstoff für Beton nicht zugelassen. Deshalb ist hierfür die Beantragung einer Einzelfallzulassung erforderlich.

Zur Verwendung von RC-Materialien im Hochbau werden Forschungsarbeiten z.B. an den Hochschulen in Essen, Weimar, Cottbus und Kassel durchgeführt. Eine Umsetzung der Ergebnisse in den entsprechenden Regelwerken ist in nächster Zeit jedoch nicht absehbar.

Die in Forschungsvorhaben erzielte Druckfestigkeit von Betonsplittbeton liegt um ca. 10–30 % unterhalb der von Normalbeton (Walker und Regener 1996). Auch hinsichtlich des Kriechens und Schwindens und des erreichbaren E-Moduls erfüllt der RC-Beton meist nur geringere Anforderungen als der Normalbeton. In der Regel können beim Einsatz von Beton- oder Ziegelsplitt als Zuschlag Festigkeiten zwischen B15 und B25 erreicht werden.

An der Universität Gesamthochschule Essen wurde ein Sekundärbeton aus 64 % Betonsplitt und 34 % Füllsand mit einem Störstoffanteil von 2 % (Holz, Eisen, Schlamm und sonst. Verunreinigungen) hergestellt, der den Anforderungen an einen Beton der Festigkeitsklasse B25 genügt. Gegenüber dem eingesetzten Normalbeton waren die Festigkeits- und sonstigen bauphysikalischen Eigenschaften um ca. 30% geringer.

In einem Forschungsprojekt in Weimar wurden aus verschiedenen Abbruchmaterialien RC-Betone hergestellt und ebenfalls bezüglich ihrer Materialeigenschaften untersucht. Die hergestellten Betone können in die Gruppe der Leichtbetone eingeordnet werden. Die erreichten Festigkeitsklassen lagen zwischen B15 und B25 (Müller 1995).

Da diese Betonfestigkeiten für einen Großteil der Anforderungen bei der Errichtung von Wohn- und Bürogebäuden ausreichen, ist grundsätzlich eine Substitution eingesetzter Rohstoffe durch Recyclingmaterial möglich. Dies gilt besonders für nichttragende Bauteile in Bereichen, die nicht nässe- oder frostgefährdet sind. Anzustreben ist – wie auch bei einer Verwendung im Straßenbau -, daß die RC-Baustoffe für den jeweils hochwertigsten Verwendungszweck eingesetzt werden, um ein Down-Cycling zu vermeiden.

Problematisch für die Wiederverwertung von Bauschutt im Hochbau sind weiche Materialien wie z.B. Bims und Gasbeton sowie ein hoher Gipsanteil, der das sogenannte Sulfattreiben verursacht. Gips kommt z.B. im Abbruchmaterial von Mauerwerk in Mörtel und Putz vor.

Recyclingmaterialien, die im Hochbau eingesetzt werden, sollten möglichst nicht mehr als 1 % Störstoffe wie z. B. Holz und Kunststoffe enthalten. Damit wird die Notwendigkeit verstärkt, die anfallenden Reststoffe bereits beim Abbruch getrennt zu halten.

Eine bereits seit langem bekannte Verwertungsmöglichkeit stellt die Herstellung von Ziegelsplittbeton dar, der in der Nachkriegszeit aus Trümmerschutt hergestellt wurde. Der Einsatz von Ziegelsplitt als Zuschlagstoff für die Betonherstellung ist nach DIN 4226 zulässig. Der Ziegelsplitt darf z.B. keine Mörtel- oder Putzanteile enthalten. Der gewonnene Ziegelsplittbeton kann für nicht-konstruktive Zwecke, z.B. nichttragende Wände im Innenausbau, verwendet werden. Weiterhin besteht die Möglichkeit, Ziegelsplitt als Tennensand für Tennisanlagen oder als Substratzusatz bei der Dachbegrünung einzusetzen (Palinkas 1996).

Weitere Verwertungsmöglichkeiten für mineralische Bauabfälle bestehen in der Verwendung als Zuschlagstoff bei der Betonsteinherstellung. In der Schweiz wird ein Verfahren angewandt, bei dem Mauerwerkssteine aus 74 % Mauerwerksbruch, Kalk und Sand nach einem ähnlichen Verfahren wie Kalksandsteine hergestellt werden.

Mineralische Bindemittel wie Gips und Kalk (Mörtel, Putze) können, sofern man sie beim kontrollierten Rückbau rein gewinnen kann, gemahlen, gebrannt und wieder eingesetzt werden.

12.4 Verwertung von Holzabfällen

Abbruchholz besteht aus Türen, Fenstern, Treppen, Dachstühlen, Bodendielen, Vertäfelungen, Fassadenelementen, Konstruktionsbalken und ist zum großen Teil mit Anstrichen, Lackierungen oder Beschichtungen versehen bzw. mit Holzschutzmitteln behandelt (vgl. Kap. 6).

Untersuchungen an Alt- und Neuholz haben ergeben, daß kein signifikanter Unterschied bezüglich der Festigkeitseigenschaften und des Schwind-/Quellverhaltens zu verzeichnen ist, so daß eine *Wiederverwendung* von Bauholz aus Abbruchobjekten durch z. B. neues Zuschneiden aus technologischer Sicht möglich ist.

Eine *stoffliche Verwertung* ist möglich in der Spanplatten- und Faserplattenindustrie, als Strukturmaterial in der Kompostierung, zur Aktivkohleherstellung durch Verschwelung sowie zur Zellstoffherstellung in der Papierindustrie.

Einen bedeutenden stofflichen Verwertungspfad stellt die Weiterverarbeitung von unbehandeltem Holz in der *Spanplattenindustrie* dar. Der Altholzanteil in Spanplatten beträgt heute ca. 10 %. In der Spanplattenindustrie kann Massivholz aus Abbrüchen, das nicht vermischt oder behaftet mit Kunststoffen, Papier, Pappe, Folien oder PVC ist, angenommen werden. Das Holz muß sauber und darf nicht mit Holzschutzmitteln behandelt sein oder Holzfäule, Schimmelbefall, Verstockung o.ä. aufweisen. Das Altholz muß zunächst vorsortiert werden und wird schließlich im Recyclingunternehmen weiter sortiert und grobgeschreddert. Durch anschließendes Zerfasern, Häckseln oder Zerspanen werden die Grundstoffe für neue Bauteile wie z. B. Spanplatten gewonnen.

Auch die Rückgewinnung von Spänen und Fasern aus bereits gebrauchten Span- und Faserplatten ist möglich. Dabei können durch Dampf- oder andere Aufschlußverfahren ca. 80–90 % des Materials als Späne oder Fasern wiedergewonnen werden.

Tabelle 12.3 gibt für relevante Leitparameter Obergrenzen wieder, die in der Span- und Faserplattenherstellung toleriert werden können.

Tabelle 12.3. Leitwerte für die stoffliche Verwertung von Gebrauchtholz in der Span- und Faserplattenindustrie (Marutzky 1996)

Element/Verbindung	Oberflächenprobe [mg/kg TR]	Mischprobe (zerkleinertes Mat.) [mg/kg TR]
Blei	50	30
Chrom	50	30
PCP	5	3
Teeröl	nach Geruch/Verfärbung / Nachweis bei Verdacht	

Für *behandelte Holzchargen* (Fenster, Türen, Läden, Sockel, Holzbodendielen, Fassadenholz), die lackiert, imprägniert oder verleimt sind, ist ggf. ein Abschälen der behandelten Oberfläche möglich. Ansonsten sind diese behandelten Materialien der thermischen Verwertung zuzuführen.

Eine thermische Verwertung von nicht stofflich verwertbarem Holz ist möglich in Blockheizkraftwerken, Zementdrehrohröfen sowie in der Eisen- und Stahlindustrie. Als Problem der thermischen Verwertung von behandelten Hölzern ist die Anreicherung von Schadstoffen, z. B. Chrom-VI in der Asche, zu nennen.

Bezüglich der thermischen Verwertung werden *vier Gruppen* von Althölzern unterschieden:

- *Gruppe 1:* Naturbelassene stückige und nicht stückige Hölzer, z.B. Holzbalken, für die eine thermische Verwertung in allen Feststoffeuerungen, die nach 1., 4., 13. oder 17. BImSchV genehmigt sind, möglich ist.
- *Gruppe 2:* Lackierte, angestrichene und beschichtete (nicht mit PVC) Hölzer sowie Sperrholz, Span- und Faserplatten und sonstige verklebte/verleimte Hölzer ohne Holzschutzmittel, für die eine thermische Verwertung nur in nach 1. oder 4. BImSchV genehmigten Feuerungsanlagen > 50 kW und nur in Betrieben der Holzbe- und -verarbeitung möglich ist. Blei, Titan und Stickstoff gelten für diese Gruppe als Indikatoren.
- *Gruppe 3:* Hölzer mit chlororganischer Beschichtung (PVC) ohne Holzschutzmittel, für die eine thermische Verwertung nur in genehmigungsbedürftigen Anlagen nach 4., 13. oder 17. BImSchV möglich ist. Als Indikator ist Chlor zu nennen.
- *Gruppe 4:* Holzschutzmittel-behandelte Hölzer, für die eine thermische Verwertung nur in genehmigungsbedürftigen Anlagen nach 17. BImSchV möglich ist. Pentachlorphenol, Teeröl, Kupfer, Fluor und Quecksilber sind die für diese Gruppe entscheidenden Indikatoren.

Chrom ist aufgrund des vielseitigen Einsatzes nicht als Indikator für die Unterscheidung der Gruppen 2 bis 4 geeignet.

Zur Ermöglichung der Zuordnung zu einer der Gruppen ist bei Hölzern des Innenausbaus auf organische Holzschutzmittel, bei Balken und Bauholz auf organische und anorganische Holzschutzmittel zu untersuchen (Orientierungsanalysen).

Bei lackierten Hölzern sowie bei beschichteten Fenstern und Außentüren ist keine orientierende Untersuchung erforderlich, da aufgrund dieser Oberflächenbehandlung bereits von einer Belastung des Holzes ausgegangen werden kann.

Tabelle 12.4 gibt die vom *Fraunhofer Institut für Holzforschung in Braunschweig* ausgesprochenen Empfehlungen für Richtwerte zur Einteilung der verschiedenen Holzbrennstoffe für Feststoffeuerungsanlagen wieder. Die in dieser Tabelle angegebenen Werte gelten für eine Mischprobe aus mindestens fünf Einzelproben oder einen Mittelwert von mindestens fünf Einzelanalysen. Die Analytik von Stickstoff und Eisen ist nur bei feinem Material zur Feststellung einer Fremdstoffbelastung notwendig. Beim Geruch nach Teeröl wird als Indikatorsubstanz für die Schadstoffgruppe PAK Benzo(a)pyren empfohlen.

Maßnahmen zur *Qualitätssicherung* sind beim kontrollierten Rückbau die selektierte Sammlung der verschiedenen Altholzqualitäten am Anfallort für die fraktionelle Altholzverwertung, eine Vorsortierung, Orientierungsanalysen sowie die Kennzeichnung nach Herkunft und Anwendung.

Für den Verwertungsschritt „Zwischenlagerung und Transport" sind die strikte Getrennthaltung der Altholzqualitäten, Deklarationsbögen, die Vermeidung von Vermischung und Verunreinigungen sowie eine Transportdokumentation erforderlich.

Die eindeutige Festlegung von Qualitätsstufen und Grenzwerten, sowie die Entwicklung von RAL-Gütezeichen für aufbereitetes Gebrauchtholz werden angestrebt bzw. zur Zeit erarbeitet.

Tabelle 12.4. Richtwertempfehlungen zur Einteilung der verschiedenen Holzbrennstoffe für Feststoffeuerungsanlagen (Marutzky 1996)

Parameter	Gruppe 1	Gruppe 2	Gruppe 3	Gruppe 4
	[mg/kg]	[mg/kg]	[mg/kg]	[mg/kg]
Arsen	0,8	0,8 – 2		> 2
Bor	15	15 – 30		> 30
Cadmium	0,5	> 0,5		
Chrom	2	> 2		
Kupfer	5	5 – 20		> 20
Eisen	100	> 100		
Quecksilber	0,05	0,05 – 0,4		> 0,4
Blei	3	> 3		
Titan	5	> 5		
Zink	50	> 50		
Chlor	100	100 – 300	> 300	
Fluor	10	10 – 30		> 30
Stickstoff	0,5	> 0,5		
Pentachlorphenol	1	1 – 2		> 2
Lindan	0,25	0,25 – 0,5		> 0,5
Teeröl (Indikator Benz(a)pyren)	0,05	0,05 – 0,1		> 0,1

12.5 Sonstige Abfälle

12.5.1 Kunststoffabfälle

Beim kontrollierten Rückbau fallen eine große Anzahl von unterschiedlichen Kunststoffabfällen an, die im wesentlichen den Innenausbau des Gebäudes betreffen:

- Schäume (Polyurethan),
- Dämmaterial (Polystyrol),
- Abwasser- und sonstige Rohre (Polyethylen/Polypropylen, PVC),
- Fenster (PVC),
- Fußbodenbeläge (PVC),
- Elektrokabel (PVC),
- Dachbahnen (PVC).

Für einige dieser Materialien, z.B. Fenster aus PVC, gibt es bereits Rücknahmesysteme durch Verwertungsgemeinschaften der Hersteller.

Es sind grundsätzlich zwei *stoffliche Verwertungswege* gegeben.

Durch das Schreddern von *sortenrein erfaßten Kunststoffen*, die nicht vermischt sind mit anderen Materialien, anschließendes Granulieren und den Einsatz des erzeugten Granulats in Extrudern können neue Kunststoffprodukte (z. B. Rohre) hergestellt werden. Um die sortenreine Erfassung von Kunststoffen zu ermöglichen bzw. zu optimieren, ist eine Standardisierung und Kennzeichnung der verwendeten Kunststoffarten sinnvoll.

Eine weitere Möglichkeit der stofflichen Verwertung besteht in der Aufbereitung von *gemischten Kunststoffabfällen* zu Parkbänken, Blumenkästen oder Schallschutzwänden. Dabei ist jedoch eine Herstellung von anspruchsvollen Recyclingprodukten nicht möglich.

Energetisch sehr ungünstig ist die Rückführung der Kunststoffe in ihre Ausgangsprodukte (Öle, Monomere) z. B. durch Hydrierung *(rohstoffliche Verwertung)*. Dabei können aus den gewonnenen Monomeren wieder Polymerisationsprodukte hergestellt werden.

12.5.2 Metallabfälle

Grundsätzlich wird bei den Metallabfällen zwischen Eisenmetallabfällen (Eisenschrott) und Nicht-Eisen-Metallabfällen unterschieden .

Eisenmetalle sind z. B.:

- Rohre aus Gußeisen,
- Armierungen/Betonstahl ,
- Stahlträger,
- Heizungskörper.

Nichteisenmetalle sind z. B.:

- Elektrokabel (Kupfer),
- Dachrinnen (Zink),
- Rohrleitungen (Blei),
- nichttragende Konstruktionen (Aluminium).

Das Einschmelzen von Eisenmetall- und NE-Metall-Schrott wird seit langem praktiziert (Einsatz in der Sekundärmetallurgie) und führt zu einer erheblichen Reduzierung des Energiebedarfs. In der Regel können 100 % der anfallenden Metalle über den Altstoffhandel verwertet werden.

12.5.3 Glasabfälle

Der bedeutendste Glasabfall beim kontrollierten Rückbau ist das Fensterglas (Flachglas). Dieses kann in der Glasfaserproduktion, z. B. zur Herstellung von Glasfaserdämmstoffen eingesetzt werden. Dazu muß das Glas äußerst sauber sein. Flachglas ist wertvoller als Hohlglas und kann außer zu Glasfaserprodukten, bei entsprechender Sauberkeit, auch wieder zu neuem Flachglas verarbeitet werden.

Auch beim kontrollierten Rückbau getrennt ausgebaute, gebrauchte Glas- und Mineralwolle kann, wenn nicht starke Verschmutzungen anhaften, wiedereingesetzt werden.

12.5.4 Sonstige Materialien

Asbesthaltige Materialien müssen unter Einhaltung von Arbeitsschutzmaßnahmen kontrolliert ausgebaut werden (vgl. Kap. 6). Zusätzlich zu der bisher in der Regel durchgeführten Deponierung besteht die Möglichkeit, die Asbestabfälle einer thermischen Verwertung in Drehrohröfen zuzuführen. Bei entsprechend hohen Temperaturen werden die Mineralfasern zerstört. Die entstehenden Reststoffe können als Zuschlagstoff in der Bauindustrie genutzt werden. Die erste stationäre Anlage zur thermischen Behandlung von Asbest wurde in Mecklenburg-Vorpommern genehmigt.

Bitumenhaltige Materialien wie z.B. Dachbahnen und Dichtmassen, die im Bauschutt stören, konnten in einer Pilotanlage durch Zerfasern, Pulverisieren und anschließendem Erhitzen zu einer zähelastischen Masse für eine Wiederverwertung aufbereitet werden.

Gummiabfälle können z.B. zu Granulat und Schrot für Tragschichten im Straßenbau, zu Wärmedämmungszwecken oder zu Mehl für modifizierte Bitumina aufbereitet werden.

12.6 Marketing/Vermarktung

Die Vermarktung der für eine Verwertung vorgesehenen und ggf. aufbereiteten Materialien ist eine originäre Aufgabe des Recyclingunternehmens.

Die Vermarktung beeinflussende Faktoren sind:

- Qualität und Preis der Sekundärbaustoffe,
- Verfügbarkeit und Preis von Deponiekapazitäten,
- Verfügbarkeit und Preis von Primärbaustoffen,
- Akzeptanz für Sekundär(Recycling)baustoffe.

Marktrelevante Vorgaben werden sowohl im Abschlußbericht der eingangs erwähnten EU-Projektgruppe, als auch in den Zielfestlegungen der Bundesregierung und in der TA-Siedlungsabfall gemacht. Mit Hilfe dieser Vorgaben wird bezweckt, daß durch die Förderung von bestimmten Maßnahmen unter Einhaltung der Umweltschutzanforderungen eine möglichst hohe Recyclingquote für Baustoffe erzielt wird.

Die Maßnahmen, die die Vermarktbarkeit von Recycling-Baustoffen fördern sollen und die z. T. schon Beachtung finden, sind:

- die Entwicklung eines Marktes für Recyclingbaustoffe durch Erhöhung der Akzeptanz und Förderung der Wettbewerbsfähigkeit gegenüber Primärrohstoffen,
- die vorrangige Berücksichtigung von Sekundärbaustoffen, z. B. bei der Vergabe von Bauprojekten durch die öffentliche Hand, unter Beachtung der Qualitätsanforderungen und Umweltverträglichkeit bei sonst gleichen Bedingungen,
- die Aufnahme von Recyclingbaustoffen in örtliche Bau- und Lieferverträge auf kommunaler Ebene,
- ein verstärkter Einsatz von Recyclingmaterial (Bauschutt) für Straßen- und Wegebau, Bauwerkshinterfüllungen und als Zuschlagstoff
- die Förderung von Recyclingtechnologien,
- eine Verteuerung von Baurohstoffen und Deponiegebühren,
- Restriktionen für die Beseitigung eigentlich wiederverwertbarer Materialien z.B. durch den Ausschluß von der Deponierung und
- die Überprüfung von Standards und Normen hinsichtlich der Diskriminierung von Recycling-Produkten.

Ein weiterer positiver Ansatz zur Förderung der Vermarktung von Bauabfällen ist die *Boden- und Bauschuttbörse* in Nordrhein-Westfalen.

Diese Boden- und Bauschuttbörse dient der überregionalen Vermittlung zwischen Anbietern und Nachfragern für unbelasteten Bodenaushub, nicht aufbereiteten Bauschutt, pechfreien Straßenaufbruch, mineralische Recycling-Baustoffe und ausgewählte weitere, verwertbare Bauabfälle wie z. B. Holz, Metall und Dämmaterial.

Betreut wird die Börse vor Ort von Kreisen und kreisfreien Städten, wobei in einer Pilotphase ausgewählte entsorgungspflichtige Körperschaften beteiligt waren. Die Vermittlung geschieht mit Hilfe eines online-Systems über Bildschirmtext, so daß ein PC und ein Telefonanschluß für eine Beteiligung ausreichen.

Berlin hat zu Beginn 1996 eine entsprechende Börse eingerichtet. In den Ländern Brandenburg, Mecklenburg-Vorpommern, Niedersachsen, Sachsen und Thüringen ist die Einführung vorgesehen.

12.7 Baustellen- und Abfallmanagement

Grundvoraussetzung für eine optimale *Verwertungsstrategie* ist die möglichst sortenreine und saubere Erfassung von verwertbaren Abfallstoffen beim kontrollierten Rückbau.

Oft wird die Verwertungsmöglichkeit von Bauabfällen durch Vermischung beeinträchtigt. Daher ist die Getrennthaltung von kontaminierten, verwertbaren und nicht verwertbaren Abfällen von Bedeutung. Dazu ist eine Trennung der verschiedenen Materialien zur Wiederverwertung bereits an der Abbruchstelle im Rahmen eines

Abfall- und Baustellenmanagements sinnvoll. Es müssen verwertbare Anteile des Bauschutts (z.B. mineralische Stofffraktion, Holz) und nicht verwertbare Materialien (Verbundstoffe, Dachpappen) von vorne herein so weit wie möglich getrennt werden.

Eine nachträgliche Separierung erfordert einen erheblichen Mehraufwand und führt zu einer Qualitätseinbuße beim Sekundärprodukt. Die verschiedenen Abfallarten (Bauschutt, Holz, Schrott, Kunststoffe, Verbundstoffe, Glas) sollten daher durch die Art der Demontage getrennt gehalten werden.

Ein optimales Recycling wird durch die Kontamination von großen Mengen unbelasteter Materialien mit schadstoffhaltigen Bauabfällen (Chemikalien, Teer, Asbest, PCB-haltige Dichtungsmassen, vgl. Kap. 6) erschwert. Diese müssen durch Dekontaminationsmaßnahmen der Bausubstanz bzw. eine gesonderte Erfassung beim Aus- und Rückbau entfernt und einer geordneten Beseitigung zugeführt werden. Entsprechende Dekontaminationsmaßnahmen sind in Kap. 7 beschrieben.

Für die *Planung* des recyclinggerechten kontrollierten Rückbaus ist eine solide Datenbasis wichtig, wobei Art, Menge, Zusammensetzung und der Zeitpunkt des Anfalls für die verschiedenen Baustoffe im Vorfeld zu prüfen sind (vgl. Kap. 4).

Da die Zielhierarchie des KrW/AbfG der Vermeidung Vorrang vor der Verwertung und Beseitigung gibt, ist die Werterhaltung von Bauten, Bauteilen und Baustoffen zu berücksichtigen (vgl. Kap. 13).

Für die *Verwertungsplanung* ist in einem ersten Schritt die Ermittlung von möglichen Verwertungs- und Entsorgungswegen auch im Hinblick auf die Transportkosten durchzuführen. Dabei sollte die regionale Infrastruktur (Deponien, Aufbereitungsanlagen, Entsorgungsbetriebe, Recyclinghöfe für Kleinmengen) vor Beginn des kontrollierten Rückbaus bekannt sein.

Auch die Deponiegebühren sowie die örtlichen Baustoffpreise sollten im Vorfeld recherchiert werden.

Abgeleitet von den ermittelten Verwertungsmöglichkeiten kann die Trennung der Fraktionen beim kontrollierten Rückbau erfolgen, wobei nach Abfällen für eine stoffliche (mit oder ohne Aufbereitung, Behandlung), für eine thermische Verwertung oder für eine Beseitigung unterschieden wird. Für alle Abfälle, die nicht während des kontrollierten Rückbaus durch getrennten Ausbau erfaßt werden können, ist zu prüfen, ob eine Gewinnung von verwertbaren Materialien nachträglich durch Vorsortierung vor der Aufbereitung bzw. durch Separierung während der Aufbereitung möglich ist. Bei gemischten Abfällen ist zum Beispiel auch eine Aussortierung verwertbarer Materialien in einer Baustellenabfall-Sortieranlage denkbar.

Weiterhin sollte geprüft werden, welche Bauteile nach dem Ausbau wieder- oder weiterverwendet (vgl. Kap. 13) werden können. Geländer, Sandsteine, Holzbalken etc. können nach Ausbau in ursprünglicher (Wiederverwendung) oder ähnlicher Funktion (Weiterverwendung) wieder eingesetzt werden.

Für die mineralische Stofffraktion ist vorab zu prüfen, welche Aufbereitungs-/Recyclinganlagen im Umfeld des Abbruchprojektes in welcher Entfernung existieren und welche Annahmebedingungen hinsichtlich des Reinheitsgrades gelten. Außerdem ist zu prüfen, ob ggf. eine mobile Anlage vor Ort sinnvoll ist, z.B. bei zu weiter

Entfernung der nächsten stationären Anlage oder bei geplantem Einbau größerer Mengen aufbereiteten Bauschutts vor Ort.

Der Einbau vor Ort und andere Entsorgungswege sollten frühzeitig mit den zuständigen Ämtern abgeklärt werden. Dabei sind sämtliche gesetzlich relevante Vorgaben (Landesverordnungen, Verwaltungsvorschriften, kommunale Regelungen) zu berücksichtigen.

Für einen *recyclinggerechten Baustellenbetrieb* ist der Einsatz von qualifizierten Mitarbeitern, die über Arbeitsanweisungen, Handzettel etc. Informationen erhalten, von großer Bedeutung.

Für die Getrennthaltung der unterschiedlichen, einer Verwertung zugedachten Abfälle, empfiehlt es sich, ein Farbleitsystem unter Verwendung von Piktogrammen und Beschriftungen für Container/Mulden und alle anderen zentralen oder dezentralen Sammelsysteme einschließlich aller Halden einzurichten. Alle Container/Mulden und Halden sollten einer ständigen Kontrolle hinsichtlich Fehlbefüllungen, Verschmutzungen etc. unterliegen.

Mit Hilfe eines Begleitscheinverfahrens können Art, Menge und Verbleib der Abfälle bilanziert werden. Sinnvoll ist die Führung eines Abfallhandbuches im Rahmen eines Abfall- und Umweltmanagementsystems (DIN ISO 14001), in dem die Ziele, Leitlinien, sowie organisatorische und technische Regeln festgeschrieben sind.

Qualitätssicherung. Der *Kreislaufwirtschaftsträger Bau (KWB)* hat sich zur Aufgabe gemacht, Anforderungen zu definieren, um ein qualitäts- und umweltgerechtes Recycling bei sämtlichen Baumaßnahmen zu erreichen.

Der KWB strebt an, eine Kontrollfunktion zu übernehmen, um im Bereich der Aufbereitung, Behandlung, Verwertung und Dekontamination bei Baumaßnahmen den Einsatz von qualifizierten und zertifizierten Fachbetrieben (z.B. Rückbauunternehmen) zu gewährleisten. Der Nachweis über die Sicherstellung eines kontrollierten Rückbaus soll durch Rückbauplanungen, Stoffstromkonzepte, die Sicherstellung von Verwertungsmaßnahmen und Massenverwertungsmeldungen erreicht werden. Der KWB hat sich u.a. die Aufgaben der Zertifizierung von Fachbetrieben, die Entwicklung von Güte- und Prüfbestimmungen und die Übernahme von Verwertungsgarantien zum Ziel gesetzt.

12.8 Ausblick

Die Gefahr bei allen stofflichen Recyclingaktivitäten besteht in einer Verminderung der Qualität des Baustoffes durch die Art der Verwertungsmaßnahme. So kann zum Beispiel Holz nicht beliebig oft ohne Qualitätseinbußen im Kreislauf geführt werden. Ein weiteres Beispiel für das sogenannte Down-Cycling ist die nur einmalige Verwertung, z.B. die Verwertung von Bauschutt aus dem Hochbau für Verfüllzwecke. Dabei kann von Kreislaufführung offensichtlich keine Rede sein. Es ist daher in Zukunft verstärkt darauf zu achten, daß die stoffliche Verwertung auf einem möglichst hohen Niveau stattfindet. Dies wird insbesondere durch die einschlägigen rechtlichen Bestimmungen vorgegeben.

Der vermehrte Einsatz von Recyclingbaustoffen aus aufbereitetem Bauschutt für Hochbauzwecke, also die Führung von Baustoffen im eigenen Kreislauf, ist aus diesem Blickwinkel sehr zu begrüßen. Dazu müßten die Qualitätsanforderungen, die heute für Baumaßnahmen und Baustoffe gelten, im Hinblick auf einen verstärkten Einsatz von Recyclingbaustoffen überdacht werden. Erst an zweiter Stelle sollte zukünftig der Einsatz von Baustoffen in fremden Kreisläufen stehen, z. B. der heute oft praktizierte Einsatz von aufbereitetem Bauschutt aus dem Hochbau für Straßenbauzwecke.

Weiterhin sollte zukünftig verstärkt recyclinggerecht gebaut werden, um eine möglichst weitgehende Wiederverwertung und -verwendung von Bauteilen und -stoffen zu ermöglichen. Einen Ansatzpunkt bietet die Bauweise der Vergangenheit. Da in älteren Gebäuden oftmals nur wenige unterschiedliche Materialien verbaut wurden, sind sie für einen kontrollierten Rückbau und eine anschließende Verwertung von Materialien oft günstiger konstruiert als heutige Bauten.

Eine zukunftsweisende Maßnahme, die in den Zielfestlegungen der Bundesregierung genannt wird, ist die Entwicklung neuer Baustoffe, Bauprodukte und Bauweisen, womit einer späteren Abfallvermeidung, stofflichen Verwertung und umweltfreundlichen Entsorgung Vorschub geleistet werden soll. Es sollen beim Bau wiederverwertbare Materialien eingesetzt werden und durch eine recyclinggerechte Baukonstruktion, z.B. durch den Verzicht auf Verbundstoffe oder das Verkleben von Dämmstoffen, eine zukünftige Verwertung der Baustoffe durch Separierung erleichtert werden. Schließlich ist bei allen heutigen Baumaßnahmen auf eine optimale Demontagefähigkeit der Konstruktion zu achten.

12.9 Literatur

ANDRÄ, H.-P., SCHNEIDER, R., WICKBOLD, T. (1994): Baustoff-Recycling – Arten, Mengen und Qualitäten der im Hochbau eingesetzten Baustoffe – Lösungsansätze für einen Materialkreislauf. Ecomed, Landsberg.

BILITEWSKI, B. (1993): Recycling von Baureststoffen. EF-Verlag, Berlin.

BILITEWSKI, B., GEWIESE, A., HÄRDTLE, G., MAREK, K. (1995): Vermeidung und Verwertung von Reststoffen in der Bauwirtschaft. Beiheft zu MÜLL und ABFALL, 30, Erich Schmidt Verlag, Berlin.

GORZAWSKI, B., KOSS, K-D. (1996): Boden- und Bauschuttbörse im Online-Betrieb, In: „Wasser, Luft und Boden", Heft 4/96, Vereinigte Fachverlage GmbH, Mainz.

HAEBERLIN, N. (1995): Recyclinggerechter Baustellenbetrieb – Strategien zur Vermeidung und Verwertung von Abfällen aus Baustellen. In: Tagungsband des 8. Aachener Kolloquiums Abfallwirtschaft, Institut für Siedl.wasserwirtschaft der RWTH Aachen.

KOHLER, G. (1995): Verwertung von Altholz. In: Baustoffrecycling (BR), Heft 9/95.

MARUTZKY, R.: Qualitätsanforderungen an die stoffliche und thermische Verwertung von Rest- und Gebrauchthölzern. In: Handbuch KrW-/AbfG, TA-Siedungsabfall „Alt- und Restholz", VDI-Seminar am 20./21.05.1996 in Düsseldorf.

MAYDL, P. (1996): Recycling von Hochbaurestmassen. In: Baustoffrecycling (BR) Heft 7–8/96.

LAGA (1996): Mitteilung der Länderarbeitsgemeinschaft Abfall, Anforderungen an die stoffliche Verwertung von mineralischen Reststoffen/Abfällen – Technische Regeln, Stand 05.09.1995. Erich Schmidt Verlag, Berlin 1996.

MÜLLER, A. (1995): Wiederverwertung von Mauerwerksbaustoffen in Mörteln und Betonen. In: Baustoffrecycling (BR) Heft 11/95.

PALINKAS, T. (1996): Qualitätssicherungssysteme, technische Möglichkeiten und Grenzen des Einsatzes von Recyclingmaterial. In: Vermeidung und Verwertung von Baurestmassen und Wiederverwendung von Bauteilen. UZD-Verlag, Dortmund.

PLAUMANN, M. (1996): Baustoffrecycling ja, aber – Expertendiskussion am 14.05.1996 in Böblingen. In: Baustoffrecycling (BR) Heft 7-8/96.

RENTZ, O. et al. (1994): Selektiver Rückbau und Recycling von Gebäuden – Dargestellt am Beispiel des Hotel Post in Dobel, Landkreis Calw. Ecomed, Landsberg.

RICHTER, H. (1996): Kreislaufwirtschaft in der Baubranche. In: Baustoffrecycling (BR) Heft 7-8/96.

SCHOPPMANN, P. (1995): Rechtliche Vorgaben bei der Entsorgung von Bauabfällen auf Europa-/Bundes- und Landesebene. In: Tagungsband des 8. Aachener Kolloquiums Abfallwirtschaft, Institut für Siedlungswasserwirtschaft der RWTH Aachen.

STAATSANZEIGER DES LANDES HESSEN (1993): Hessisches Ministerium für Umwelt, Energie und Bundesangelegenheiten, Entsorgung von belasteten Böden, Seite 331, IV A 4-100 g 08.19-122/92-Gült.-Verz. 89, 891-, Wiesbaden, 21. Dezember 1992, Stand der Orientierungswerte: 10. Dezember 1992 – Bezug: Erlaß vom 14. Februar 1991 IV B1-79 n 06.03. 4.2-122/122

WALKER, I., REGENER, D. (1995): Verwertung von Bauabfällen im Erd-, Straßen- und Hochbau. In: Tagungsband des 8. Aachener Kolloquiums Abfallwirtschaft, Institut für Siedlungswasserwirtschaft der RWTH Aachen.

WINKLER, H.-D. (1995): Problematik der Altholzentsorgung. In: Tagungsband des 8. Aachener Kolloqu. Abfallwirtschaft, Inst. für Siedl.wasserwirtschaft der RWTH Aachen.

WÖRHEIDE, R.J., RÜDIGER, U. (1996): Verwertung von Mauerwerksabbruch. In: Baustoffrecycling (BR), Heft 6/96.

13 Produktrecycling im Bauwesen – Bauteilorientierter Rückbau von Gebäuden

Dipl.-Ing. Jochen Holzkamp
Graduiertenkolleg „Interdisziplinäre Strategien zum Schutz der Umwelt",
RWTH Aachen, c/o Institut für Siedlungswasserwirtschaft der RWTH Aachen,
Templergraben 55, 52056 Aachen

13.1 Einführung

Ein Produkt-Recycling[13.1] von Bauteilen[13.2] aus rückgebauten Gebäuden bezeichnet deren erneute Nutzung nach Demontage für den ursprünglich vorgesehenen Verwendungszweck. Bei einem werterhaltenden höherwertigen Produktrecycling läßt sich gegenüber einem Materialrecycling ein „Downcycling" weitestgehend vermeiden. Gleichzeitig ergeben sich im Vergleich zur Neuteilherstellung deutliche Einsparungen an Fertigungsenergie und endlichen Ressourcen. Das Produkt-Recycling von Bauteilen, beginnend bei Rückbauten, Umbauten oder Sanierungen bis hin zur Neuerstellung von Gebäuden, stellt somit einen integralen Bestandteil einer Kreislaufwirtschaft im Bauwesen dar.

Neben der Forderung nach Kreislaufführung und Kreislauffähigkeit von Bauteilen müssen im Sinne des „Sustainable Development"-Konzeptes weitere Aspekte in eine ganzheitliche Produktbetrachtung integriert werden. Ein „Stoffstrom-Management Bauwesen" sieht dabei die Betrachtung des ganzen Lebenszyklus eines Gebäudes mit den Phasen Planung/Erstellung, Nutzung und Nach-Nutzung vor. Analysiert und bewertet werden jeweils die spezifischen Energie- und Materialintensitäten der einzelnen Lebensphasen und deren Vermeidungs- bzw. Verminderungspotential.

13.1 Die VDI-Norm 2243 definiert Produkt-Recycling als „Rückführung von gebrauchten Produkten nach oder ohne Durchlauf eines Behandlungsprozesses – z.B. eines Aufarbeitungsprozesses – in ein neues Gebrauchsstadium." Zu unterscheiden sind die Recyclingformen „Wiederverwendung für den gleichen Verwendungszweck" (bspw. Wiederverlegung von ausgebautem Stab-Parkett) und „Weiterverwendung für einen anderen Verwendungszweck" (bspw. Fenster als transparenter Innenraumteiler). Die hier gemachten Ausführungen favorisieren die Wiederverwendung, schließen die Weiterverwendung jedoch nicht aus.

13.2 Ein Bauteil im Sinne der Bauordnung für das Land Nordrhein-Westfalen (BauO NW 1996) ist „ein aus Baustoffen hergestelltes Teil, das dazu bestimmt ist, Bestandteil einer baulichen Anlage zu werden." (Beispiele s. Abb. 13.2).

Für ein Produktrecycling im Bauwesen sind die drei Lebensphasen gleichermaßen relevant. Die Determinanten des Produktrecyclings finden sich dabei sowohl in der Ablauf- und Demontageplanung von Rückbaumaßnahmen, im Einfluß des Nutzerverhaltens auf Instandhaltungszyklen als auch durch Herstell- und Verarbeitungstechniken bei der Gebäudeerstellung oder der Bauteilproduktion.

Letztendlich liegen in allen drei Lebensphasen aber auch die Chancen zu einer vermehrten Anwendung des Produktrecycling. Besonderes Augenmerk gilt dabei der Konzipierung modularer Langzeitgebäude und -bauteile und deren recyclinggerechte Konstruktion bereits in der Planungs- und Entwurfsphase von Gebäuden und Bauteilen. Die Einbeziehung der Gebäudenutzer sowie der am Bau beteiligten Akteure zielt ebenso auf die Unterstützung des Produktrecyclings ab wie die gezielte Ausschreibung und Durchführung eines bauteilorientierten Gebäuderückbaus im Vergleich zu konventionellen Abrißtechniken.

Abbildung 13.1. verdeutlicht die Stellung der Bauteilwiederverwendung im Kontext einer ganzheitlichen Stoffflußbetrachtung des Gebäudes.

Neben der technischen Effizienzverbesserung müssen die Suffizienzkriterien in Zukunft deutlich stärker berücksichtigt werden (BUND/Misereor 1996, S. 13). Das Spektrum reicht hier vom Überdenken architektonischer Vielfalt über die Entwicklung alternativer Wohnformen bis hin zur Akzeptanzschaffung für die Wiederverwendung aufgearbeiteter Bauteile.

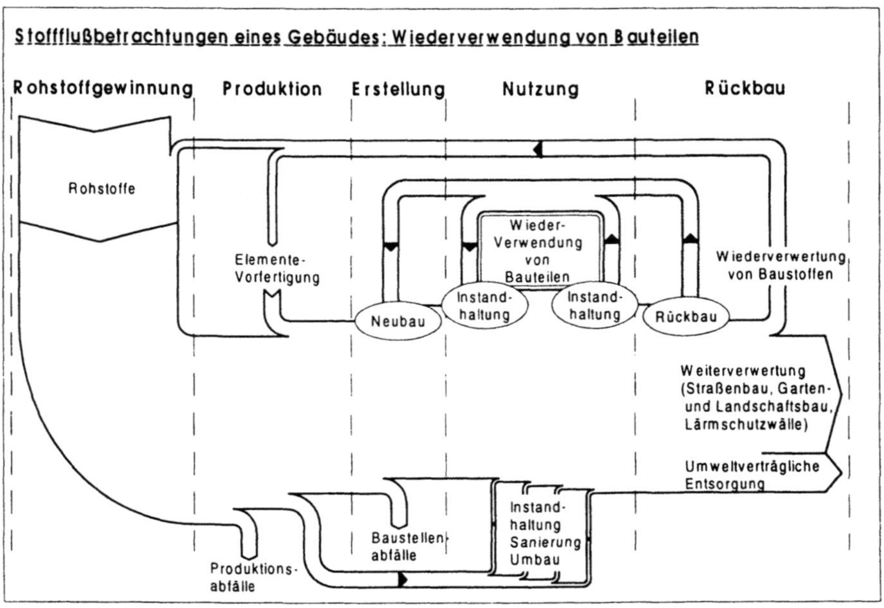

Abb. 13.1. Stoffflußbetrachtungen eines Gebäudes: Wiederverwendung von Bauteilen

13.2 Strategien zur Abfallvermeidung im Bauwesen

Grundsätzlich ist in allen Phasen des Bauwerk-Lebenszyklus – Rohstofferschließung, Vorproduktion, Erstellung, Distribution, Nutzungsphase, Entsorgungsphase – die Zielhierarchie

Vermeiden vor
⇒ Vermindern vor
⇒ Verwenden vor
⇒ Verwerten vor
⇒ emissionsarmer Beseitigung

unter Beachtung einer Bilanz anzuwenden (vgl. Kreislaufwirtschafts- und Abfallgesetz – KrW-/AbfG 1994).

Die wichtigsten ökologischen Ziele für alle Lebenszyklus-Phasen eines Bauwerks sind zweifellos die Vermeidung und die Verminderung eines hohen Stoff- und Energieeinsatzes und die Vermeidung einer großen Anzahl verschiedener Baustoffe sowie vieler und kritischer Schadstoffe. Grundsätzlich läßt sich von der einfachen Logik ausgehen, daß jede nicht eingesetzte Stoff- und Energiemenge, jede Verringerung von Vielfältigkeit der Stoffarten sowie von Schadstoffen Ressourcen schont und die Ökosysteme weniger belastet. In dieser Hinsicht sind auch Strategien der Wiederverwendung und Weiterverwendung von Bauteilen hoch zu bewerten. Die in der Gestaltungshierarchie von Bauwerken nachgeordneten Ziele Wiederverwertung und Weiterverwertung sollten unter der Vorgabe der Minimierung des Entropieanstiegs im gesamten Lebenszyklus sowie der Annäherung des Stoffflusses an eine Kreislaufführung ausgeführt werden. Erst wenn die technischen, organisatorischen, ökonomischen und sozialen Möglichkeiten und Innovationen ausgeschöpft sind, ist die Gestaltung der Bauwerke auf die schadstoffarme Beseitigung der Reststoffe zu konzentrieren.

Um der Zielhierarchie entsprechen zu können, muß eine ökologische Gestaltung von Bauwerken deren abgeschätzte Umweltauswirkungen schon in der Vorplanung, Entwurfs- und Ausführungsplanung mit einbeziehen. Das gilt insbesondere auch in bezug auf die Nach-Nutzungs-Phase. Der Architekt und die am Bau beteiligten Unternehmen müssen sich somit bewußt werden, daß ökologische Bauwerksgestaltung grundlegende Änderungen der Konzeptionen und Verfahrensabläufe bedingt. Bei Wahrung funktionaler, gebrauchsorientierter, sicherheitstechnischer, ästhetischer und ökonomischer Standards müssen in Zukunft die ökologischen Anforderungen vorrangig berücksichtigt werden.

Bei der Betrachtung des gesamten Material- und Energieflusses im Baukreislauf zeigen sich einige Schlüsselstellen, an denen gezielt eingegriffen werden kann, um ein umweltentlastendes Bauen zu fördern. Als entscheidende Schlüsselstelle für den langfristig orientierten Recycling-Kreislauf muß die Art der Konstruktion und des Bauprozesses selbst genannt werden. Um die dargestellte Zielhierarchie für die verwendungs- und verwertungsorientierte Bauwerks- und Bauteilgestaltung operationalisierbar zu machen, sind Handlungs- und technische Konstruktionsprinzipien aufzustellen und bei der Neu- und Umkonstruktion anzuwenden.

Diese allgemein formulierten abfallwirtschaftlichen Zielsetzungen lassen sich konkretisieren in einem Bündel von Maßnahmen zur Abfallvermeidung und -verminderung, die ihre Anwendung im Lebenszyklus eines Gebäudes finden (s. Tabelle 13.1., a und b).

Tabelle 13.1.a. Maßnahmen zur Abfallvermeidung und -verminderung im Bauwesen

Lebenszyklus eines Gebäudes	Maßnahmen der Abfallvermeidung und -verminderung
Planungsphase	recyclinggerechtes Konstruieren, Auswahl umweltfreundlicher, recycelbarer Bauteile und Baustoffe
Herstellungsphase	reststoffarme Produktion von Bauteilen und Baustoffen, recyclinggerechter abfallarmer Baustellenbetrieb
Nutzungsphase	Gebäude(um-)nutzung, recyclinggerechte Sanierung sowie recyclinggerechter Um- und Ausbau

Die Durchsetzung des Vermeidungs- und Verwertungsgrundsatzes nach Kreislaufwirtschaftsgesetz (KrW-/AbfG) ist durch die nachfolgende Recyclinghierarchie denkbar (in Anlehnung an Stahel 1991, S. 53):

Tabelle 13.1.b. Maßnahmen zur Abfallvermeidung und -verminderung im Bauwesen

Lebenszyklus eines Gebäudes	Maßnahmen der Abfallvermeidung
Entsorgungsphase	1. Erhalt, Um- oder Weiternutzung von Bauwerken am Standort 2. Translozierung (Fachwerk, Parkhäuser, Messestände) 3. Wiederverwendung von Bauteilen 4. Wiederverwertung von Abbruchmassen (Gebäude und Bauteile) 5. energetische oder stoffliche Verwertung nach Maßgabe der umweltverträglicheren Verwertungsart

Für den existierenden Gebäudebestand bedeutet dies neben Erhaltungs- und Umnutzungsmaßnahmen zur Optimierung der Lebensdauer von Gebäuden insbesondere die Entwicklung neuer Verfahren und Technologien des Gebäuderückbaus, die auf gebäudespezifische Gegebenheiten (Bauteile und Baustoffe) und eine qualitätsorientierte Erzeugung von Sekundärbauteilen und -rohstoffen abgestimmt sind.

Für die zukünftige Generation von Gebäuden müssen jedoch präventive Maßnahmen, die bereits in der Planungs- und Konstruktionsphase Berücksichtigung finden, eine Schlüsselposition für die Abfallvermeidung und für ein umfassendes Recycling einnehmen.

13.3 Produktrecycling im Bauwesen

Ein Produktrecycling von Bauteilen dient der Bewahrung oder Wiederherstellung der Produktgestalt zur erneuten Verwendung und erfolgt durch eine Aufarbeitung bzw. Instandsetzung (VDI 1993, S. 5). Aufarbeitungsprozesse sind in der Regel fertigungstechnische Prozesse, durchgeführt von Handwerksbetrieben oder Aufarbeitungsbetrieben. Im Gegensatz zu den verfahrenstechnischen Prozessen der Bauschuttverwertung bleibt im Falle des Produktrecyclings von Bauteilen die einmal erfolgte Wertschöpfung weitestgehend erhalten (anfallende Bauteile gelten als „gebraucht", aber im physikalischen Sinne nicht als „verbraucht"), der Aufwand sowohl vergegenständlichter als auch lebendiger Arbeit wird vermindert, es kommt zu einer deutlichen Reduzierung des Energie- und Fertigungsaufwandes sowie der Ressourceneinsparung im Vergleich zur Neuteileherstellung (vgl. Brinkmann/Ehrenstein/Steinhilper 1995). Umweltökonomische Gesamtrechnungen im Auftrage der Enquête-Kommission „Schutz des Menschen und der Umwelt" weisen darüber hinaus auch einen erheblichen volkswirtschaftlichen Nutzen des Produktrecyclings aus (vgl. Enquête-Kommission 1994). Die Abb. 13.2 zeigt die Elementgruppen und Bauteile eines Gebäudes, für die ein Produktrecycling eine sinnvolle Alternative zur Baustoffverwertung darstellt.

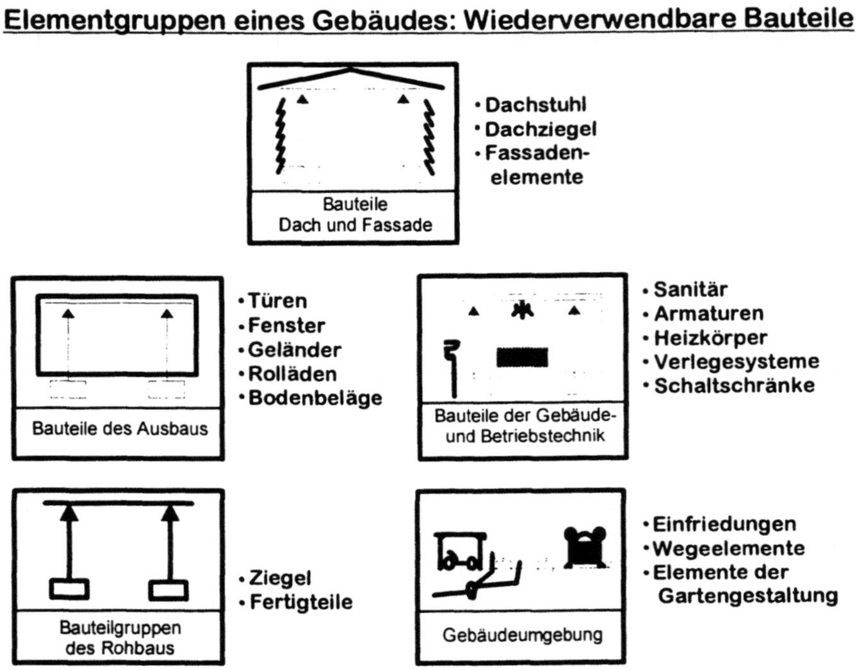

Abb. 13.2. Wiederverwendbare Bauteile eines Gebäudes (Auswahl)

Das Prinzip des Produktrecyclings beruht auf der Tatsache des divergierenden Lebens- und Nutzungsdauerverhaltens. Zu nennen sind insbesondere drei Aspekte:

- Unterschiedliches Lebens- und Nutzungsdauerverhalten einer langlebigen Grundkonstruktion (bauliche Gebäudehülle) einerseits und der kurzlebigen Reparatur- und Verschleißkomponenten bzw. -bauteile andererseits. So wird die Nutzungsdauer von Wohn- und Verwaltungsbauten in Massivbauweise in der Wertermittlung mit ca. 80-100 Jahren angegeben[13.3], während für Bauteile eine weitaus geringere Nutzungsdauer zu veranschlagen ist (s. Tabelle 13.2). Wird eine geplante Instandhaltungsstrategie[13.4] unterstellt, ergeben sich während der Nutzungsdauer

[13.3] Die technische Lebensdauer der tragenden Bauteile (überwiegend Rohbauteile) eines Gebäudes kann dabei mehr als 200 Jahre betragen.

[13.4] In der DIN 31 051 wird der Begriff „Instandhaltung" als Oberbegriff verwendet und als „Gesamtheit aller Maßnahmen zur Bewahrung und Wiederherstellung des Soll-Zustandes sowie zur Feststellung und Beurteilung des Ist-Zustandes" definiert. Untergliedert wird die Instandhaltung in die Komplexe Wartung („Maßnahmen zur Bewahrung des Soll-Zustandes"), Inspektion („Maßnahmen zur Feststellung und Beurteilung des Ist-Zustandes") und Instandsetzung („Maßnahmen zur Wiederherstellung des Soll-Zustandes"). Dabei wird zwischen geplanten und störungs- bzw. ausfallbedingten Instandsetzungsmaßnahmen unterschieden. Eine den hier gemachten Ausführungen unterstellte planmäßige In-

eines Gebäudes 4–6 Wartungszyklen sowie 2–3 Instandsetzungszyklen (vgl. Abb. 13.2).

Tabelle 13.2. Nutzungsdauer ausgewählter Gebäude und Bauteile (Schmitz et al. 1991, S. 222)

Element-gruppe	Bauteil	Ausführung	Nutzungsdauer in Jahren A	B	C
	Primär-konstruktion	einfache Ausführung	80-100	80	80
		städtische Ausführung	100	80	80
		gehobene Ausführung	100-120	80	80
Dach und Fassade	Dachhaut	Ziegel, Schiefer	100	26	25-30
	Dachstuhl	Stahl und Holz	80-200	80	80
	Dachrinne	Kupferblech	100	26	40
		Zinkblech	40	20	30
		Stahl verzinkt	15-20	16	20
Ausbau	Fußböden	Hartholz	80-100	26	25-40
		Weichholz	40-60	26	30
	Fenster	Hartholz	50-80	40	50
		Weichholz	30-50	26	30
Gebäude-/ Betriebs-technik	Heizkörper	Grauguß	60-80	26	30
	Heizthermen	Gas	15-20	12	15

A Wertermittlungsrichtlinie des Bundes 1991 (WertR 91)
B Häufigkeitskatalog des Gesamtverbandes Gemeinnütziger Wohnungsunternehmen e.V., Köln
C Werte aufgrund eigener Berechnungen nach Schmitz et al.

standhaltung im Sinne eines Instandhaltungsmanagements (Kuhne 1991, S. 249) legt insbesondere bauteilspezifische Inspektions- und Wartungszyklen fest und ermöglicht die Optimierung des Ersatzzeitpunktes eines Bauteils bei gleichzeitiger Minimierung der Instandhaltungskosten. Typische Beispiele für eine Wartung sind Anstriche an Fenster-Wetterschenkeln, Boilerentkalkung oder eine Öltankrevision (alle 5 Jahre), Anstriche an Fenstern und Fensterläden, Wand- und Dekkenanstriche im Innenraumbereich (alle 10 Jahre), für Instandsetzungsmaßnahmen der Ersatz von Teppichbelägen und Tapeten (alle 10 Jahre), Heizkessel (alle 20 Jahre) sowie Fenster, Dacheindeckung, Innenausbau, Sanitär und Fassaden (alle 25-30 Jahre) (Bundesamt für Konjunkturfragen 1994, S. 70).

Demzufolge sind für einen planmäßig zu unterhaltenden Wohnungsbau zusätzlich zu den Erstellungskosten etwa das 2,5-fache der Erstellungskosten für Instandhaltungsmaßnahmen zu veranschlagen (Bundesamt für Konjunkturfragen 1994, S. 18; Steiger 1989, S. 160). Die im Zuge von Instandsetzungsmaßnahmen oder nach Beendigung der Nutzungsdauer des Gesamtgebäudes durch einen selektiven Rückbau gewonnenen Bauteile stellen den Grundstock für eine Bauteilwiederverwendung dar.

- Die Nutzungsdauer von Bauteilen ist jedoch weitaus geringer als die technische Lebensdauervorgabe, während der eine vollständige Funktionserfüllung garantiert wird (zur weiteren Diskussion vgl. Rössler et al. 1986). So führen öknomische, ökologische sowie ästhetische oder konsumbeeinflußte Faktoren zu einer Verschiebung des Ersatzzeitpunktes hin zu kürzeren Instandhaltungszyklen. Die Begründung dafür ist sehr vielfältig: Anpassung der Gebäude und Bauteile an veränderte Nutzungsansprüche, kürzer werdende Innovationszyklen, städtebauliche oder raumplanerische Vorgaben ebenso wie veränderte gesetzliche Rahmenbedingungen, steuerrechtliche oder konjunkturelle Einflüsse auf Instandhaltungsinvestitionen oder Boden- und Immobilienspekulation. In einer Untersuchung des schweizerischen Bundesamt für Konjunkturfragen (Bundesamt für Konjunkturfragen 1994) zum Alterungsverhalten von Bauteilen wurde der ideale Instandsetzungszeitpunkt eines Bauteils bei ca. 55% der durchschnittlichen Nutzungsdauer angegeben (s. Abb. 13.3).

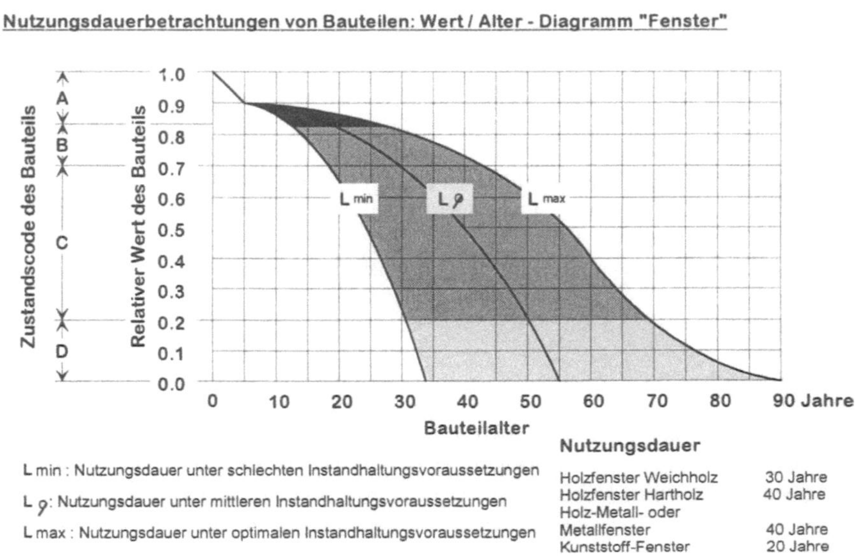

Abb. 13.3. Nutzungsdauerbetrachtungen von Bauteilen: Wert/Alter-Diagramm am Beispiel des Bauteils „Fenster" (Bundesamt für Konjunkturfragen 1994, S. 46)

- Stetige Verkürzung der Verweilzeit eines Bauteils im Gebäude. So verblieben Fenster in Gebäuden der Baualtersklasse 1928–1938 durchschnittlich 55 Jahre bis zu ihrem Ersatz, in der Baualtersklasse 1958–1968 jedoch nur noch 35 Jahre (Bundesamt für Konjunkturfragen 1994, S. 18). Die Autoren führen insbesondere ästhetische, zustandsunabhängige Präferenzen als Gründe für einen sich stetig verkürzenden Ersatzrhythmus an. Aspekte wie die geringere Lebensdauer der eingesetzten Materialien, reparaturanfälligere Konstruktionen, ein hoher Verschleiß durch intensivere Nutzung und aggressivere Umwelteinflüsse spielen eine eher untergeordnete Rolle.

Für die Wiederverwendung von Bauteilen sind die Bewertung der Restnutzungseigenschaften („Bauteile sind gebraucht, aber nicht verbraucht") zum Zeitpunkt der Demontage sowie die Prognose der Restnutzungsdauer ausschlaggebend. Die Beurteilung erfolgt dabei nach baustofflichen, konstruktivstatischen, fertigungs- und verfahrenstechnischen, wirtschaftlichen sowie insbesondere ökologischen Gesichtspunkten (Mettke 1995, S. 73 ff).

13.4 Bergung von Bauelementen durch bauteilorientierten Gebäuderückbau

Dem Gebäuderückbau kommt in Zukunft eine Schlüsselrolle zur Realisierung einer Kreislaufwirtschaft im Bauwesen zu. Durch eine optimale Wiederverwendung der durch Rückbaumaßnahmen[13.5] gewonnenen Bauteile und Baustoffe (im Sinne einer Kreislaufwirtschaft) kann ein entscheidender Beitrag zur Minimierung von Bauabfällen und zur Ressourcenschonung durch Einsparungen bei der Neuprodukteherstellung erreicht werden.

Es lassen sich folgende graduelle Unterscheidungen von Rückbaumaßnahmen treffen:

- Elimination von Schadstoffen im Gebäude (Schwerpunkt: Dekontaminierung von Bauteilen und Baustoffen): die Erfassung und die Separierung kontaminierter Bauteile oder Baustoffe stellt eine wesentliche Voraussetzung für die Verwendbarkeit bzw. Verwertbarkeit der nicht kontaminierten Bauteile oder Baustoffe dar.
- Wiederverwendung von demontierten Bauteilen, Fertigteilen und Baukomponenten (Schwerpunkt: Produktrecycling): Bauteile der Gebäude-Elementgruppen (vgl. Abb. 13.2) können durch eine selektive Demontage geborgen und in Neu- und Umbauvorhaben sowie Instandsetzungsmaßnahmen wiederverwendet werden.
- Gewinnung sortenreiner Materialfraktionen entsprechend ihren Verwertungsmöglichkeiten (Schwerpunkt: Materialrecycling). Durch einen sinnvoll gegliederten

---

[13.5] Gleiches gilt für Instandhaltungsmaßnahmen am bestehenden Gebäudebestand.

Rückbau in differenzierte Demontageschritte lassen sich gemäß der Getrennthaltungspflicht von zu verwertenden Abfällen unvermischte, sortenrein vorliegende Sekundärrohstofffraktionen gewinnen. Eine spätere Sortierung der gemischten Baustellenabfälle vor dem Aufbereitungsprozeß ergibt in der Regel eine schlechtere Qualität der gewonnenen Fraktionen, da sich eine saubere Trennung einzelner Stoffgruppen ohne Verunreinigungen weder technisch noch ökonomisch zufriedenstellend durchführen läßt.

Die dargelegten Ziele beeinflussen entscheidend die Auswahl der Vorgehensweise eines Rückbauvorhabens. Ein vollständiger Rückbau ermöglicht die Demontage aller wiederverwendungswürdigen Bauteile sowie der wiederverwertbaren Materialfraktionen. Das Vorgehen im Rahmen eines selektiven Rückbaus zielt hingegen nur auf die Teildemontage eines Gebäudes zur Vermeidung besonders nachteiliger Vermischungen in den zu entsorgenden Materialfraktionen hin. Ein Bauteilrecycling ist in der Demontageplanung eines selektiven Rückbaus nur unvollständig vorgesehen und wird lediglich in geringem Umfang als Vor-Ort-Entscheidung bereits praktiziert. Der Totalabbruch eines Gebäudes ohne vorherige Demontage erscheint unter den Gesichtspunkten der Deponieraumverknappung und der Schonung natürlicher Ressourcen als eine nicht mehr vertretbare Alternative.

Ein bauteilorientierter Gebäuderückbau versteht sich als Kombination der beschriebenen Anforderungen und Zielvorstellungen der genannten Rückbauverfahren. Durch die strikte Beachtung der Recycling-Kaskade (vgl. Abschn. 13.1, Tabelle 13.1b) wird dem Produktrecycling oberste Priorität eingeräumt. Durch diese Vorgehensweise kann ein bauteil- und baustoffspezifisches Recycling-Optimum erreicht werden. Die langlebige Primärstruktur eines Gebäudes (Elementgruppe Rohbau) mit hohem Anteil mineralischer Baustoffe wird überwiegend einer Baustoffaufbereitung zugeführt, während die kurzlebigeren und veränderbaren Bauteile der Sekundärstruktur eines Gebäudes (Elementgruppen Ausbau, Dach und Fassade, Gebäude- und Betriebstechnik sowie Gebäudeumgebung, vgl. Abb. 13.2) nach Aufarbeitung und Austausch der Verschleißteile oder -flächen wiederverwendet werden (ähnliches bei Willkomm 1995, S. 134). Den hervorzuhebenden Vorteilen der Werterhaltung und Wertschöpfung sowie geringeren Entsorgungskosten in Relation zu nicht sortiertem Bauschutt stehen im Vergleich zu konventionellen Abbruchtechniken erhöhte Aufwendungen für Demontage, Aufarbeitung bzw. Aufbereitung und Lagerung sowie Transport gegenüber. Der positiven volkswirtschaftlichen Nutzenbilanz steht allerdings eine stark durch das Gebäudeumfeld beeinflußte betriebswirtschaftliche Bilanz gegenüber.

Abb. 13.4. zeigt den schematischen Ablauf eines bauteilorientierten Rückbaus.

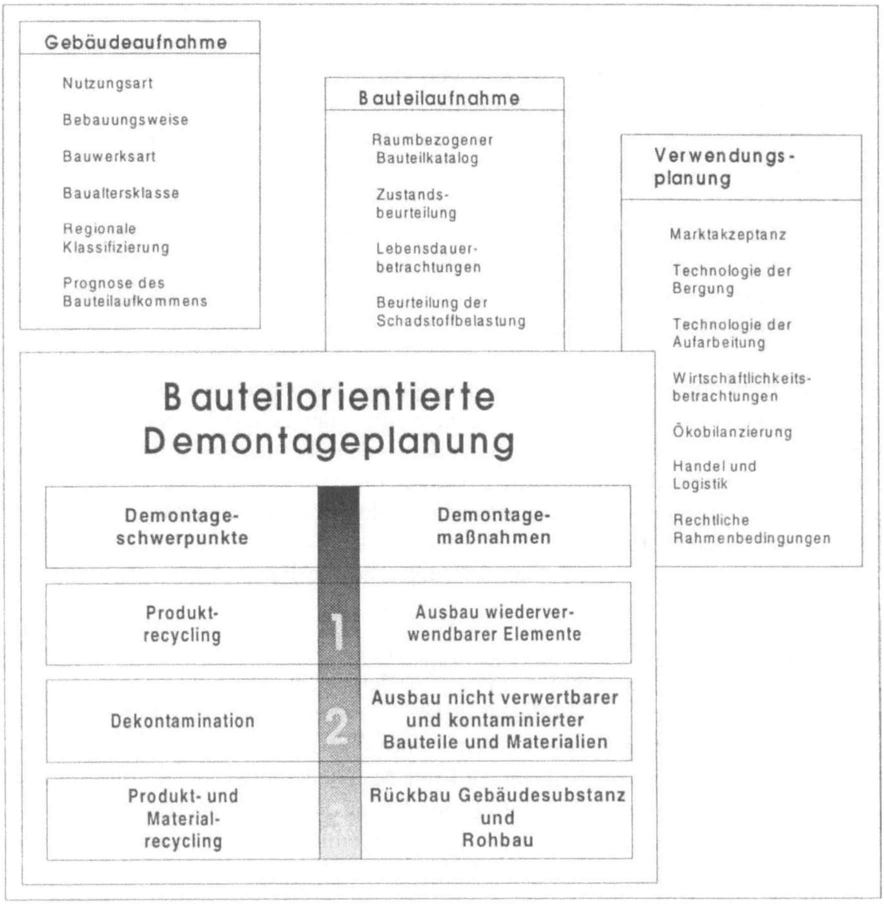

Abb. 13.4. Bauteilorientierte Demontageplanung

Ausgehend von vorhandenen Gebäudeunterlagen (Gebäudeaufnahme anhand eines Gebäude- und Bauteilkatalogs) und durchgeführten Gebäudebegehungen (Dokumentation mittels Gebäude- und Raumbüchern) erfolgt eine Aufstellung der Bauteilarten und -mengen, die als Rückbaupotential zu erwarten sind. Die Aufstellung wird durch eine als mobiler Datenträger zur Vor-Ort-Aufnahme konzipierte Datenbank unterstützt. Mittels einer Zuweisung eines Zustandscodes werden die Bauteile in vier Zustandsklassen eingeteilt und bewertet („A" = neuwertig bis „D" = irreparabel, vgl. Abb. 13.3).

Aus diesen Angaben lassen sich Resteigenschaften, Restnutzungsdauer und Aufarbeitungsaufwand überschlägig berechnen. Die Dateneinträge dienen darüber hinaus gleichzeitig als Grundlage zur Erstellung von Leistungsverzeichnissen zur Ausschreibung des bauteilorientierten Rückbaus. Neben der direkten Ermittlung können auch Prognose- und Modellrechnungen zur indirekten Erfassung des Bauteilaufkommens genutzt werden. Anhand der Parameter Nutzungsart (Wohn- und Nicht-Wohn-Gebäude), Bebauungsweise (Einzel-, Zeilen- und Blockbebauung), Bauwerksart (Massiv-, Fachwerk-, Skelett-, Fertigteil- und Plattenbauweise), Baualtersklassen (Bauepochen lassen sich bestimmte, allgemein übliche Konstruktionsweisen und Ausbaustandards zuordnen) sowie unter Beachtung regionaler Besonderheiten kann eine Prognose des Aufkommens an Bauteilen aus Rückbaumaßnahmen erstellt werden (Ansätze finden sich bei Görg; Jager 1995).

Des weiteren erfolgt im Vorfeld eine Aufnahme der Verwendungs-, Verwertungs- und Entsorgungssituation im Umfeld des Rückbauvorhabens. Von besonderem Interesse sind dabei Wirtschaftlichkeitsbetrachtungen sowie Markt- und Akzeptanzanalysen für Sekundärbauteile. Durch Vergleich von Verwendungspotential und bestehenden Verwertungs- und Entsorgungsmöglichkeiten werden die Rückbaumethodik und der meist mehrstufige Demontageablauf festgelegt. Besonders zu beachten ist dabei eine weitgehend zerstörungsfreie Demontage sowie der Schutz benachbarter, zu erhaltender Bauteile. Die geborgenen Bauteile werden über die Zwischenstufen Lagerung und Transport den spezifischen Aufarbeitungswerkstätten zugeführt. Für die sortenrein vorliegenden Materialfraktionen erfolgt eine aufbereitende Weiterverarbeitung (vgl. Tränkler 1990).

Wiederverwendungsmöglichkeiten für aufgearbeitete Bauteile bestehen beispielsweise

- bei Neubau- und Umbaumaßnahmen als Ersatz für Neu-Bauteile,
- bei Instandsetzungsmaßnahmen am bestehenden Gebäudebestand,
- im Falle von Umbauten und Sanierungen, bei denen komplette Bauteile im gleichen Projekt wiederverwendet werden können (vgl. Dechantsreiter 1992),
- besonders bei Selbsthilfemaßnahmen kann die Wiederverwendung von Bauteilen eine sehr kostengünstige Alternative zum Erwerb von Neumaterialien darstellen, da der notwendige Zeitaufwand für die Aufarbeitung dann finanziell nicht direkt zu Buche schlägt (vgl. Bredenbals; Willkomm 1995).

13.5 Instrumente

Zur weiteren Unterstützung und Etablierung des Produktrecyclings im Bauwesen sind eine Vielzahl von Umsetzungsinstrumenten denkbar und notwendig. Im Sinne eines integrierten Ansatzes müssen dabei sowohl die Erstellung von Bauteilen und Gebäuden, deren Instandhaltung und Rückbau, die verfügbaren Verwendungs- und Verwertungsmöglichkeiten sowie die am Bau beteiligten Akteure mit einbezogen werden. Forschungsbedarf besteht insbesondere in der Weiterentwicklung bestehender Rückbau-Verfahren, der Entwicklung transparenter Qualitätsstandards sowie von Maßnahmen zur Akzeptanzverbesserung aufgearbeiteter Bauteile seitens der Bauherren und Baufrauen sowie Architekten. Die nachfolgende Aufstellung gibt einen kurzen Überblick über die abfallwirtschaftlichen Instrumente. Die Instrumente lassen sich den folgenden Kategorien zuordnen (Rat von Sachverständigen 1990, S. 266):

Ordnungsrecht. Ordnungsrechtliche Maßnahmen wie Ge- und Verbote sind die „klassischen" Instrumente zur staatlichen Verhaltenslenkung im Bereich der Abfallvermeidung und -verwendung.

Die im Kreislaufwirtschaftsgesetz (KrW-/AbfG) festgeschriebene Produktverantwortung des Herstellers (§§ 22 bis 26 KrW-/AbfG) fördert langlebige und somit abfallarme Bauteile: „Die Produktverantwortung umfaßt insbesondere die Entwicklung, Herstellung und das Inverkehrbringen von Erzeugnissen, die mehrfach verwendbar, technisch langlebig und nach Gebrauch zur ordnungsgemäßen und schadlosen Verwertung und umweltverträglichen Beseitigung geeignet sind".

Angebot und Nachfrage von Sekundärbauteilen orientiert sich stark an der Nachfragemacht der öffentlichen Bauträger. Dieser wird in Zukunft durch die Ausführungen im Kreislaufwirtschaftsgesetz (§ 37 KrW-/AbfG: Absatzförderung von Sekundärmaterialien und -bauteilen seitens der öffentlichen Hand) vermehrt Bedeutung zukommen.

Zur Umsetzung des Kreislaufwirtschaftsgesetzes sieht dieses den Erlaß von konkreten Verordnungen vor. Eine zukünftige Rückbau-Verordnung sowie eine festgelegte Bauteil-Rücknahme durch den Hersteller könnte die Prüfung der Wiederverwendungsfähigkeit von Bauteilen ordnungsrechtlich unterstützen.

Vergleichbares findet sich bereits in der im Entwurf vorliegenden DIN-Norm „Umweltschonender Rückbau von Bauwerken" (DIN 1994, S. 14). Unter der Rubrik Reststoffverwendung heißt es: „Die Wiederverwendungsmöglichkeiten für die anfallenden Reststoffe und Bauteile sind in jedem Einzelfall zu prüfen. Dabei ist – wenn irgend möglich – einer Verwendung in der bisherigen Form und Funktion der Vorzug zu geben (z.B. bei Fenstern, Türen, Sanitärteilen o.ä.)".

In bezug auf die Landesbauordnungen (beispielsweise die Bauordnung für das Land Nordrhein-Westfalen (BauO NW 1996)) kann die Wiederverwendung von Bauteilen rechtlich unsicher sein. Eine Wiederverwendung wird untersagt, wenn eine Gefährdung der Sicherheit, Nutzung und Gesundheit der Nutzer nicht auszuschließen ist. Diesen Forderungen werden i.d.R. Bauteile gerecht, die bestimmten, meist in Normen festgelegten Merkmalen entsprechen. Aufgearbeitete Bauteile können aber u.U. nicht den Vorgaben aktueller Normen genügen. Ein Einzelnachweis, wie er beispielsweise bei der Einzelprüfung von bauaufsichtlich relevanten, jedoch nicht genormten Neu-Bauteilen und Baustoffen durch das Deutsche Institut für Bautechnik in Berlin durchgeführt wird, ist wirtschaftlich kaum vertretbar. Hier ist die Klärung von Sonderregelungen für den Einsatz von gebrauchten Bauteilen notwendig.

Die Verdingungsordnung für Bauleistungen (VOB) legt in ihrem Teil C die allgemeinen technischen Vertragsbedingungen für Bauleistungen fest. Der Einsatz von aufgearbeiteten Bauteilen ist nach VOB, Teil C, 2.3.1 grundsätzlich möglich: „Wiederaufbereitete Stoffe [und Bauteile] gelten als ungebraucht, wenn sie für den jeweiligen Verwendungszweck geeignet und aufeinander abgestimmt sind".

Leistungsverzeichnisse und Vergabeverordnungen sind gemäß des Wiedereinsatzes von Sekundärbauteilen zu modifizieren (Willkomm 1988, S. 154).

Bei der Ausschreibung von Rückbauobjekten empfiehlt sich eine Aufteilung in Teillose, um konkurrierende Interessenlagen durch eine eindeutige Verantwortungstrennung möglichst zu vermeiden. Bauteil- und Anlagen-Demontage, Freischaltung des Gebäudes, Abbruchleistung, Verwerter- und Entsorgerdienstleistungen werden getrennt ausgeschrieben und ausgeführt. Die Wahrnehmung einer gegenseitigen Kontrollfunktion erfordert eine sinnvolle und exakte Festlegung der Schnittstellen und ist mit einem erhöhten dirigistischen Aufwand verbunden.

Das Anzeigen von Rückbauarbeiten bei der Baugenehmigungsbehörde bzw. der Bauaufsicht (analog dem bewährten Baustellen-Meldeverfahren) ermöglicht eine umfassende Erfassung wiederverwendbarer Bauteile beispielsweise durch Bauteilbörsen (s. Abschn. 13.6).

Baurestmassen müssen aus der öffentlichen Entsorgung ausgeschlossen und Trenn- und Verwertungspflichten in den kommunalen Satzungen festgeschrieben werden. Einzelne Kommunen (beispielsweise kommunale Rückbauverordnungen der Städte Aachen und Düsseldorf) gehen heute noch einen Schritt weiter und geben einer Wiederverwendung von Bauteilen den Vorzug.

Hilfreiche Instrumente stellen recyclingbezogene Baubestandspläne („Gebäudepaß") dar, die eine langfristige Nachvollziehbarkeit der stofflichen und montagetechnischen Zusammensetzung eines Bauwerkes ermöglichen. Die zusätzlichen Kosten dieser Planungsleistung rentieren sich langfristig vor allem für öffentliche Bauauftraggeber und Wohnungsbaugesellschaften, die damit Kosten bei Instandhaltung, Umbauten und Rückbaumaßnahmen einsparen (vgl. Bredenbals 1993).

Im Gegensatz zu den öffentlich-rechtlichen Regelungen können privatrechtliche Fragen beim Einsatz von gebrauchten Teilen und Stoffen vertragsrechtlich zwischen den Parteien gelöst werden (Stapelfeld 1990, S. 113). Gewährleistungs-, Qualitäts- und Haftungsforderungen zwischen Bauunternehmer, Architekt, Bauteilverkäufer und Bauherr und Baufrau müssen schriftlich fixiert werden. Eine gewisse technische und rechtliche Unsicherheit verbleibt, die letztendlich der Bauherr und die Baufrau als Auftraggeber übernehmen müssen (Stapelfeld 1990, S. 123). Abhilfe schaffen kann hier die Erarbeitung von Musterverträgen, welche die Risikoverteilung aller am Bau Beteiligten regeln hilft.

Ökonomische und fiskalische Instrumente. Ökonomische Anreizsysteme können in der Festlegung der Entsorgungsgebühren insbesondere für unsortierte Baurestmassen auf einem hohen Niveau, aber auch in der Förderung wiederverwendbarer Bauteile im öffentlichen Beschaffungs- und Bauwesen (wie im Falle des Neubaus der Bundesumweltstiftung in Osnabrück 1995 geschehen) geschaffen werden. Eine ökologische Steuerreform kann als flankierende Maßnahme durch Besteuerung von Energie- und Rohstoffeinsatz zugunsten der Verbilligung menschlicher Arbeitskraft zu einer Reduzierung des hohen Kostenanteils manueller Tätigkeiten bei der Demontage führen.

Kooperation. Eine abgestimmte freiwillige Kooperation in Form von Branchenvereinbarungen des Bauhaupt- und Baunebengewerbes sowie der Bauteilhersteller stellt eine wichtige Voraussetzung hinsichtlich einer recyclinggerechten Bauteilgestaltung und Rücknahme demontierter Bauteile dar.

Information und Beratung. Die Wirksamkeit gewählter Instrumente hängt entscheidend von der Verfügbarkeit von Informationen für alle Beteiligten ab. Zu nennen sind die Einführung von Gütesiegelsystemen bei der Bergung der Bauteile, deren Aufarbeitung und Wiedereinsatz zur Wahrung eines qualitativ hochwertigen Sekundärbauteils (vergleichbar dem Konformitätszertifikat/CE-Zeichen gemäß § 9 Bauproduktengesetz), die Einführung von Bauberatungs- und Datenbanksystemen für Bauherren und Baufrauen sowie Architekten und der Aufbau und die Stärkung von Bauteilbörsen zur Bauteilvermittlung (s. Abschn. 13.6).

Die Bewertung der ausgewählten Instrumente muß die Kriterien Reduzierung der Abfallmenge bzw. Werterhaltung der Bauteile, die durch die einzelnen Maßnahmen verursachten Kosten, die zeitliche Wirksamkeit sowie die Akzeptanz der getroffenen Maßnahmen zur Realisierung des Bauteilrecyclings mit einschließen. Als besonders effizient haben sich dabei Branchenvereinbarungen im Kontext mit ordnungsrechtlichen Maßnahmen zur schnellen Realisierung umweltpolitischer Ziele erwiesen.

13.6 Aufbau von logistischen, insbesondere informatorischen Netzwerken

Die Errichtung einer Kreislaufwirtschaft für Bauteile mit weitgehend geschlossenen Produktkreisläufen stellt eine Vielzahl von neuen Herausforderungen. Aus (entsorgungs-)logistischer Sicht gilt es in diesem Zusammenhang, geeignete Redistributionsstrategien und Vermarktungswege zu entwickeln, um eine effektive Rückführung der im Zuge von Rückbau- und Instandhaltungsmaßnahmen geborgenen Bauteile zum Zwecke ihres Wiedereinsatzes zu gewährleisten (Jünemann 1995, S. 73).

Das Hauptziel bei der Entwicklung einer ganzheitlichen Entsorgungslogistik für Bauteile aus dem Bauwesen liegt in der Schaffung eines geschlossenen logistischen Prozeßkreislaufes. Hierdurch wird es möglich, die linearen Material- und Informationsströme – bisher ausgehend von der Beschaffung über die Produktion bis hin zur Distribution einzelner Bauteile – in einen Kreislauf unter Einbeziehung der Entsorgung zu überführen. Somit ist eine Rückkopplung der Entsorgungslogistik von Rückbaumaßnahmen auf die gesamte Versorgungslogistik einer Gebäude-Neuerstellung gewährleistet (Stölzle 1993, S. 107).

Daraus läßt sich folgern, daß die für die Versorgungslogistik entscheidenden Parameter Servicegrad (Versorgungs- und Lieferservice), Zeit (kurze und flexible Lieferzeiten) und Lieferqualität ebenso übertragbar sind auf entsorgungslogistische Prozesse. Zu erweitern ist diese Sichtweise um ein möglichst umweltverträgliches Transport- und Verwendungsmanagement durch Wahl entsprechender Transport- und Informationsmittel. Die derzeit vorherrschende Akzentuierung der Minimierung von Entsorgungskosten und -aufwand als entsorgungstechnischer Gradmesser muß sich zugunsten der Erzeugung und dem Vertrieb von qualitativ hochwertigen Sekundärbauteilen (und Sekundärbaustoffen) als primäre Aufgabe einer modernen Entsorgungslogistik verschieben (Holzkamp 1995, S. 94).

Als effektives Instrument zur Überbrückung und Harmonisierung der Schnittstellen zwischen Entsorgung einer Rückbaumaßnahme und Versorgung einer Instandhaltungs- oder Neubaumaßnahme mit aufgearbeiteten Bauteilen bieten sich Bauteilbörsen im Verbund an.

Betrachtet werden sollen die art- und mengenmäßige, räumliche und zeitliche Struktur des Anfallprofils und des Einsatzprofils von Bauteilen anhand der logistischen Dimensionen Qualität, Quantität, Raum, Zeit und Information (Tabelle 13.3.). Ein Bauteilrecycling läßt sich erst effizient gestalten bei einer Mindestmenge an zu vermittelnden Bauteilen (quantitative Dimension). Des weiteren ist ein bestimmter stetiger Mindestdurchsatz erforderlich (zeitliche Dimension), der ein hohes Maß an Verfügbarkeit an Bauteilen gewährleistet (hoher logistischer Servicegrad). Die Verfügbarkeit und damit die verläßliche Planbarkeit mit Sekundär-Bauteilen ist Grundvoraussetzung für eine breite Akzeptanz und Berücksichtigung seitens des Bauherrns/der Baufrau und des Architekten.

Eine wirtschaftlich und technisch vertretbare Wiederverwendung von Sekundär-Bauteilen ist bei einer Harmonisierung des Anfall- und Einsatz- bzw. Bedarfsprofils durchführbar. Bauteilbörsen können dabei folgende Funktionen übernehmen (vgl. Abb. 13.5):

- reine (informatorische) Vermittlungsfunktionen: Angebot und Nachfrage werden über eine Bauteildatenbank koordiniert. Die angebotenen Bauteile verbleiben bis zur erfolgreichen Vermittlung beim Anbieter.
- Zwischenlagerfunktion: Bei der Mehrzahl der Vermittlungen werden jedoch quantitative und qualitative Umgruppierungen (Sammlung, Sortierung) und räumliche wie zeitliche Ausgleichsmaßnahmen (Pufferlagerung und Transport) erforderlich. Die Zwischenlagerung kann sowohl im aufgearbeiteten oder unaufgearbeiteten Zustand zur späteren Anpassung an sekundäre Gebrauchseigenschaftsanforderungen erfolgen. Gewerkeunspezifische Bauteile werden von Bauteilbörsen vorgehalten, dagegen sind entsprechende Läger bei Handwerksunternehmen praktisch nur gewerkespezifisch sinnvoll.
- direkter Verkauf: Der Zwischenlagerbestand kann über einen Bauteilladen im freien Verkauf abgegeben werden.
- Aufarbeitungsfunktion: Angegliedert an eine Bauteilbörse können Handwerksbetriebe oder eigene Werkstätten die Aufarbeitung der Bauteile und somit werterhaltende oder wertschaffende Arbeiten übernehmen.
- Bergungsfunktion: Bauteilbörsen können sich als Rückbau- oder Bergungsunternehmen betätigen.

- „Komplett-Dienstleister“: Die Bauteilbörse bietet Architekturleistungen mit Sekundär-Bauteilen bei der Neuerstellung oder bei Umbau- und Instandhaltungsmaßnahmen von Gebäuden an.
- Vermarktungsfunktion zur Schließung des Recyclingkreislaufes: Annoncen, monatlicher Infobrief, Beilage zu Ausschreibungen, Anschreiben an die Industrie- und Handelskammern sowie die gewerkespezifischen Handwerksbetriebe, Bauteilmobil, Online-System über Bildschirmtext (Datex-J, früher Btx), Internet.
- Dokumentation, Erstellung eines Verwendungskatasters, Gutachtertätigkeit, individuelle Beratung, Öffentlichkeitsarbeit.

Tabelle 13.3. Divergierendes Anfall- und Einsatzprofil von Sekundär-Bauteilen

Dimension	Anfallprofil der Bauteile	Einsatzprofil der Bauteile
Qualität	Unbestimmbarkeit der Produktqualität	Homogenität, Transparenz
Quantität	Unbestimmbarkeit der Produktmengen, hohe Variantenvielzahl, geringe Stückzahl je Variante	Mindestmaß je nach Bedarf
Raum	verstreut	erfaßbar
Zeit	Unbestimmbarkeit des Anfalltermins, divergierendes Lebensdauerverhalten	planbar, stetig
Information	unvollständig, schwer rekonstruierbar	eindeutige Produktidentifizierung

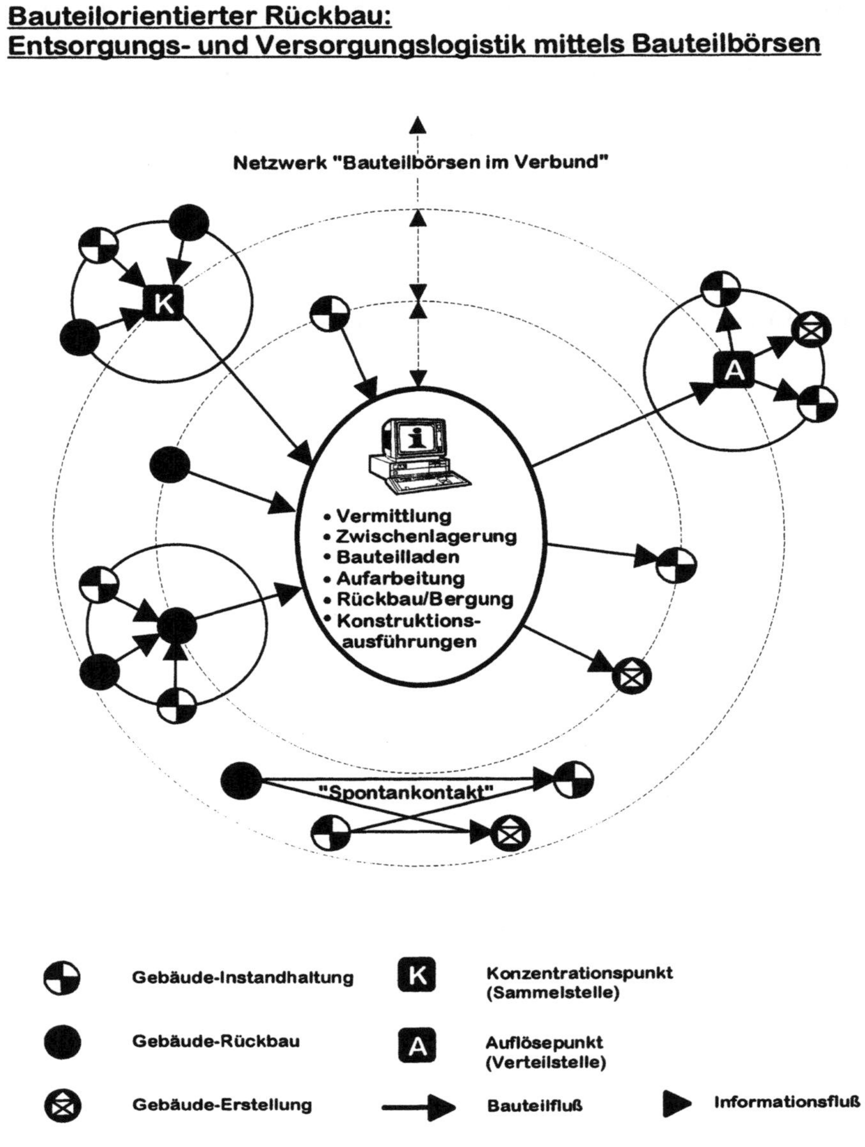

Abb. 13.5. Entsorgungs- und Versorgungslogistik mittels Bauteilbörsen

Über die regionale Orientierung einer einzelnen Bauteilbörse hinaus ist eine unternehmenübergreifende Kooperation in Form eines Netzwerkes oder Verbundes anzustreben.

Netzwerke dienen zum Austausch von Bauteilen sowie begleitenden Informationen. Ziel derartiger Netzwerke ist es, durch einen verbesserten Informationstransfer Vorteile wie Kostenreduktion, Senkung des Risikos aufgrund einer stabilen Entsorgungs- oder Versorgungssituation oder auch einen Abbau von kapitalbindenden Beständen zu erreichen. Des weiteren lassen sich Rationalisierungspotentiale durch Vermeidung von redundanten Logistikleistungen, Synergiepotentiale durch Größen- und Verbundeffekte als Folge von Kostensubaddition und Kostenkomplementarität bei den zusammengefaßten Aktivitäten nennen. Neben Kostengründen kann eine Kooperation auch aus Leistungsgründen eingegangen werden. Eine Verkürzung der Lieferzeit (Beschaffungszeit) von Sekundärbauteilen bedingt eine Verbesserung des Liefer- bzw. Versorgungsservice. Gleichzeitig soll jedoch die wirtschaftliche Selbständigkeit der kooperierenden Unternehmen (Autonomie der Entscheidung) beibehalten werden. Tendenziell sind Maßnahmen zur Verbesserung der Wirtschaftlichkeit arbeitsteiliger Systeme immer mit einem erhöhten Regelungs-, d.h. Informationsbedarf verbunden.

Die kooperativen Aufgabenfelder der Bauteilwiederverwendung umfassen vornehmlich den Austausch von Informationen und Bauteilen sowie Logistik-, Sortier- und Aufarbeitungsaufgaben. Als indirekte Auswirkungen einer Zusammenarbeit sind die gemeinsame Entwicklung von innovativen fertigungstechnischen Aufarbeitungstechnologien, von recyclinggerecht konstruierten Bauteilen oder vereinheitlichende (Qualitäts-) Standards des Recyclings in Form von Gütesiegeln zu nennen. In der Schweiz befindet sich ein derartiges Netzwerk momentan im Aufbau.

Zur ideellen, aber auch personellen und finanziellen Unterstützung von Bauteilbörsen sind insbesondere die kommunalen Umweltbehörden und die entsorgungspflichtigen Körperschaften, ggf. in Form einer kreisübergreifenden Kooperation, gefordert.

13.7 Produktrecycling im Bauwesen: Praxisbeispiele

Die nachfolgenden ausgewählten Beispiele geben einen Überblick über den Stand des Produkt-Recyclings im Bauwesen.

Historischer Gebäudebestand. Anknüpfend an die jahrhundertealte Tradition des Umgangs mit Altmaterialien steht im historischen Baubestand neben Ressourcenschonung und Deponieraumeinsparung besonders die Bewahrung von Kulturgut im Mittelpunkt der Bestrebungen. Ihren Wiedereinsatz finden die Bauteile vor allem im Bereich der Denkmalpflege und der Sanierung historischer Gebäude. Die Wiederverwendung historischer Baumaterialien und Bauteile ermöglicht in diesem Zusammenhang häufig auch den Erhalt größerer Abschnitte der originalen Bausubstanz. Darüber hinaus ergeben sich auch Wiederverwendungsmöglichkeiten im Bereich des Neubaus und der Kombination verschiedener Konstruktionsstilrichtungen (umfangreiche Dokumentation in Schrader 1995).

Landschaftsplanerische Vorgaben. Durch ein stetiges Vorrücken des Braunkohletagebaus und einer Neuerschließung von Abbauflächen kommt es immer wieder zu Umsiedlungsmaßnahmen von Ansiedlungen und Dörfern. 1989 mußten im Bereich des Aachen-Dürener Tagebaus mehrere Gebäude abgerissen werden, deren wiederzuverwendende Bauteile per Zeitungsannonce kostenlos an Privatpersonen und Selbsthilfegruppen abgegeben wurden.

Wiederverwendung von Bauelementen des Fertigteilbaus. Fertigteilgebäude in Stahlbetonskelettbauweise, ab Anfang der 50er bis Mitte/Ende der 80er Jahre über einen relativ langen Zeitraum in den neuen Bundesländern errichtet, eignen sich aufgrund der einfachen Verbindungselemente („offene Bausysteme") sowie der standardisierten Massenfertigung von Bauelementen zur Wiederverwendung. Die zurückgewonnenen Bauelemente sind insbesondere für Modernisierungsmaßnahmen am bestehenden Gebäudebestand (Auswechslungen), bei Gebäudeumsetzungen sowie bei Total- oder partiellen Demontagen zur Errichtung neuer Gebäude wiederverwendbar. Von Interesse sind insbesondere Wandplatten, Stützen, Riegel, Dachkassettenplatten und Flachdachtragwerke (vgl. Mettke 1995).

Industrie- und Gewerbebau. Die Nutzungsdauer von Industrie- und Gewerbebauten wird allgemein mit ca. 40-50 Jahren angesetzt (Ross 1989, S. 212). Als Gründe lassen sich ein verändertes Nutzungsprofil insbesondere durch neue Anforderungen aus dem Fertigungsprozeß nennen. Gebäude mit tragender Stahlskelettkonstruktion sind ein Idealbeispiel für die Verwirklichung einer demontagegerechten Konstruktion. Verwendete Formschlußverbindungen lassen sich leicht zerstörungsarm oder zerstörungsfrei demontieren, nach einem Nachweis der Trag- und Nutzungsfähigkeit ist eine Wiederverwendung möglich (Mettke 1995a, S. 9–3).

Beschäftigung und Qualifizierung im Bereich Bauteil-Recycling. Im Rahmen von sozialen Zielsetzungen (Integration von (Langzeit-) Arbeitslosen, Schaffung zusätzlicher Beschäftigungspotentiale in der Bau- und Recyclingwirtschaft) nach Arbeitsförderungsgesetz (AFG) ist in Berlin das BauElementeLager (BEL) initiiert worden. Tätigkeitsbereiche sind der behutsame Rückbau, die sachgerechte Separierung, die handwerkliche Aufarbeitung, die Lagerhaltung und der Vertrieb von Bauelementen und Baumaterialien. Neben den diversen Holzprodukten (u.a. Türen, Fenster, Gebälk, Parkett) werden aber auch komplette Funktionselemente aus den Bereichen Sanitär-, Lüftungs- und Wärmetechnik aus Gebäuden geborgen und einer Wiederverwendung zugeführt (vgl. G.I.B. 1993).

Aufbau regionaler Bauteilbörsen. Auf lokaler Ebene im Großraum Basel (CH) ist im Frühjahr 1995 die Bauteilbörse Basel gegründet worden. Als Vermittlungsstelle zwischen Anbieter und Abnehmer sollen so verschiedene (Bau-) Produkte wie Ziegel, Massivholztreppen, Parkettböden, Türen, Fenster, Sanitärapparate, aber auch Mobilien wie Öfen und Kücheneinrichtungen vor der Verwertung bewahrt und einer (Zweit-) Verwendung zugeführt werden. Nach erfolgreicher Einführung ist inzwischen ein Bauteilladen gegründet worden, für das Jahr 1996 ist die Ausdehnung in Form eines in der Schweiz flächendeckend operierenden Franchise-Systems bereits vorbereitet. Vergleichbare Systeme sind in England und den Niederlanden bereits seit mehreren Jahren am Markt tätig.

13.8 Ausblick

Die Wiederverwendung von Bauteilen stellt oftmals eine überlegenswerte Alternative zur Verwendung von Primärbauteilen dar. Das Produktrecycling im Bauwesen kann somit einen Beitrag zum ökologischen Bauen, verstanden als den Teilaspekt des ressourcenorientierten, d.h. material- und energieextensiven Bauens, leisten.

Die Recycling-Hierarchie „Vermeidung vor Verwendung vor Verwertung" (vgl. Tabelle 13.1b) soll jedoch nicht darüber hinweg täuschen, daß das Recycling immer nur eine sinnvolle Ergänzungmaßnahme sein kann. Die übergeordnete Strategie muß die Werterhaltung von Bauten, Bauteilen und Baustoffen berücksichtigen (Bilitewski 1995, S. 24; Steiger 1989, S. 159), die insbesondere durch eine recyclinggerechte Konstruktion gewährleistet werden kann. Für die Entwicklung von Gebäuden und Bauteilen unter dem Gesichtspunkt einer optimierten Nutzungsdauer gelten die folgenden Forderungen (Weller 1988, S. 112; vgl. auch VDI 1993):

- anpaßbare und veränderliche Grundrisse,
- variable Nutzung der Wohnfläche durch leicht demontierbare Innenwände (Die Wiederverwendung von Innenwänden ist in der DIN 4103 explizit vorgesehen),
- Trennung von langlebiger Tragkonstruktion und kurzlebigem raumbildenden und technischen Ausbau,
- Nutzungsdauer der Tragkonstruktion mindestens 100 bis 120 Jahre,
- Bauteile gleicher Funktion sollen eine einheitliche Nutzungsdauer und somit einen einheitlichen Ersatzzeitpunkt aufweisen,
- Schutz der Bauteile vor vorzeitiger Zerstörung aufgrund mechanischer und bauphysikalischer Beanspruchung,
- Verwendung standardisierter Anschlußelemente und Beachtung von Standardmaßen und Normreihen, um eine Anpassungs- und Ergänzungsfähigkeit von Bauteilen zu gewährleisten (Baukastensysteme vergleichbar dem Katalogwesen und der Musterbücher des 19. Jahrhunderts),
- Verwendung lösbarer Verbindungen von Subsystemen untereinander und von Bauteilen zum zerstörungsfreien Ausbau und Austausch,
- einfache Instandhaltung der Bauteile, d.h. Entwicklung instandhaltungsfreundlicher Bauteile, zu deren Wartung und Instandsetzung keine Spezialwerkzeuge und nur geringe Fachkenntnisse erforderlich sind, um Selbsthilfemaßnahmen der Nutzer zu fördern,
- eine effektive Abfallvermeidung im Bauwesen fordert die Prinzipien „Elementierung" und „Trockenbauweise": „Der absolut trocken, montierbare und demon-

tierbare Bau aus standardisierten, wiederverwendbaren Elementen“ (Moewes 1995, S. 74).

Für die langen Nutzungszyklen des Wohnbaus kann nicht die vollständige Demontierbarkeit des gesamten Bauwerks ein realistisches Ziel recyclingfähiger Konstruktion sein. Vielmehr ist eine angemessene Wechselwirkung von sehr langlebigen Rohbaustrukturen aus recyclingfähigen Materialien und ergänzenden Montagekonstruktionen aus wiederverwendbaren Bauteilen, die auch dem Ziel von Nutzungsanpassung und -veränderung entgegenkommt, anzustreben (Willkomm 1995, S. 132).

Abbildung 13.6. gibt eine Zusammenfassung der Anforderungen an den bauteilorientierten Gebäuderückbau mit dem Ziel der Nutzungsdaueroptimierung von Gebäuden und Bauteilen.

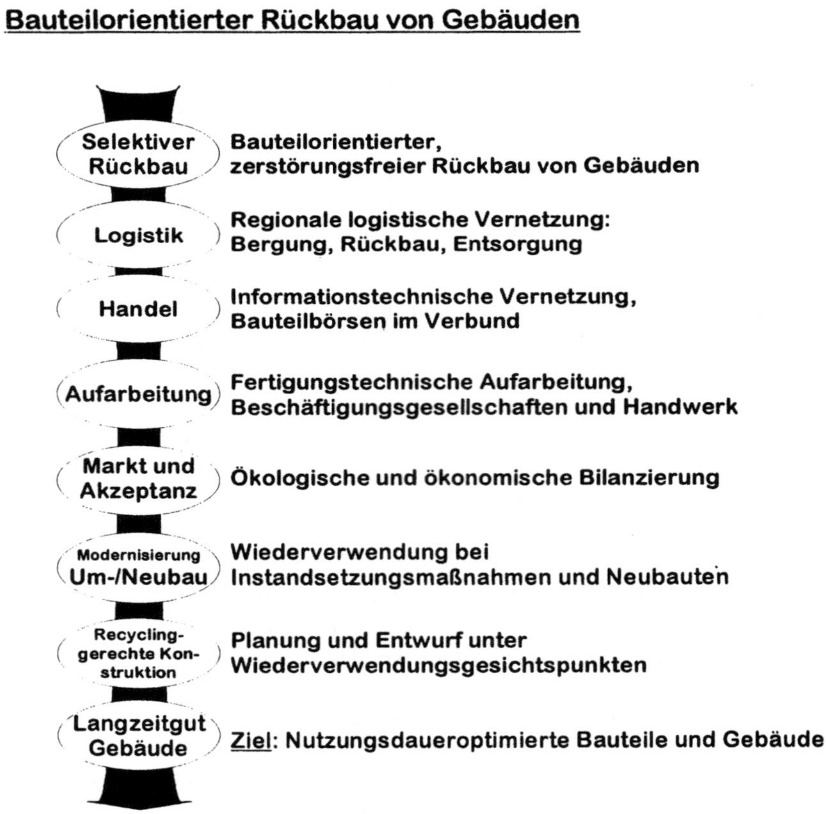

Abb. 13.6. Anforderungen an den bauteilorientierten Gebäuderückbau

13.9 Literatur

BILITEWSKI, B. (1995): Vermeidung und Verwertung von Reststoffen aus der Bauwirtschaft. Müll und Abfall, Beiheft Nr. 30. Berlin.

BREDENBALS, B. (1995): Abfallvermeidung durch recyclingorientiertes Konstruieren. In: 3. Weimarer Fachtagung über Abfall- und Sekundärstoffwirtschaft an der Hochschule für Architektur und Bauwesen Weimar. S. 10-1 – 10-7. Weimar.

BREDENBALS, B; WILLKOMM, W. (1993): Kontaminierte Bauteile im Hochbau – Vermeidung, Erkennung, Behandlung. Eschborn.

BRINKMANN, T.; Ehrenstein, G.W.; Steinhilper, R. (1995): Umwelt- und recyclinggerechte Produktentwicklung. Augsburg.

BUND/MISEREOR (1996) (Hrsg.): Zukunftsfähiges Deutschland: ein Beitrag zu einer global nachhaltigen Entwicklung. Basel.

BUNDESAMT FÜR KONJUNKTURFRAGEN (1994) (Hrsg.): Alterungsverhalten von Bauteilen und Unterhaltskosten. Impulsprogramm IP Bau. Bern.

DECHANTSREITER, U. (1992): Sanierung Heinrichstraße. Projektbericht. Bremen.

DIN (1994): DIN-Norm „Umweltschonender Rückbau von Bauwerken", Entwurf, 5. Fassung, Stand 12.08.1994. Berlin.

ENQUETE-KOMMISSION „Schutz des Menschen und der Umwelt" (1994): Die Industriegesellschaft gestalten. Bonn.

GESELLSCHAFT zur Information und Beratung örtlicher Beschäftigungsinitiativen und Selbsthilfegruppen gGmbH (G.I.B.) (1993) (Hrsg.): Baubezogenes Recycling in der Stadterneuerung, Bottroper Dokumente 14/92. Bottrop.

GÖRG, H; JAGER, J. (1995): Prognosemodell zur Substanzbewertung. In: Dohmann, M. (Hrsg.): Bauabfallentsorgung. Von der Deponierung zur Verwertung und Vermarktung. 8. Aachener Kolloquium Abfallwirtschaft 1995. S. 3/1 – 3/28. Aachen.

HOLZKAMP, J. (1995): Logistische Netzwerke als Beitrag zum Automobilrecycling. In: Kurth, H.W. (Hrsg.): Automobilverwertung und -beseitigung. Tagungsbericht zum 1. Kreislaufwirtschaftssymposium in Gießen. Herborn.

JÜNEMANN, R. (1995) (Hrsg.): Entsorgungslogistik. Band 3. Berlin.

Kreislaufwirtschafts- und Abfallgesetz – Krw-/AbfG (1994): Gesetz zur Förderung der Kreislaufwirtschaft und Sicherung der umweltverträglichen Beseitigung von Abfällen. In: Umwelt Nr. 9/94 – Eine Information des Bundesumweltministeriums. Bonn.

KUHNE, V. (1991): Ein Instandhaltungsmodell für Hochbauten. In: Schweizer Ingenieur und Architekt Nr 11, 14.3.1991.

METTKE, A. (1995): Wiederverwendung von Bauelementen des Fertigteilbaus. Taunusstein.

METTKE, A. (1995a): Bauteilwiederverwendung – Neue Entwicklungen für das bauliche Recycling. In: 3. Weimarer Fachtagung über Abfall- und Sekundärstoffwirtschaft an der Hochschule für Architektur und Bauwesen Weimar. S. 9-1 – 9-10. Weimar.

MOEWES, G. (1995): Weder Hütten noch Paläste. Architektur und Ökologie in der Arbeitsgesellschaft. Basel.

RAT VON SACHVERSTÄNDIGEN IN UMWELTFRAGEN (1990): Abfallwirtschaft. Sondergutachten 1990. Stuttgart.

RÖSSLER, W; LANGNER, O; SIMON, P (1986): Schätzung und Ermittlung von Grundstückswerten. Neuwied.

ROSS, F. W. (1989): Ermittlung des Bauwertes von Gebäuden und des Verkehrswertes von Grundstücken. Hannover.

SCHMITZ, H.; BÖHNING, R.; KRINGS, V. (1991): Konstruktionsempfehlungen. Altbaumodernisierung im Detail. Köln.

SCHRADER, M. (1995) (Hrsg.): Auf der Suche nach historischen Baumaterialien. Suderburg-Hösseringen.

STAHEL, W. (1991): Langlebigkeit und Materialrecycling. Strategien zur Vermeidung von Abfällen im Bereich der Produkte. Essen.

STAPELFELD, A. (1990): Die Probleme im Bereich des öffentlichen und privaten Baurechts bei der Verwendung von wiederaufbereiteten, recycelten Baustoffen. Bremen.

STEIGER, P. (1989): Recycling – ein falscher Trost. In: Der Architekt 3/1989.

STÖLZLE, W. (1993): Umweltschutz und Entsorgungslogistik. Berlin.

TRÄNKLER, J. (1990): Bauschuttentsorgung – Entwicklung und künftige Bedeutung unter besonderer Berücksichtigung von Umweltbeeinträchtigungen. Aachen.

VDI-Verein Deutscher Ingenieure (Hrsg.) (1993): Richtlinie VDI 2243 – Konstruieren recyclinggerechter technischer Produkte . Blatt 1. Düsseldorf.

VOB (1992): VOB Teil C: Allgemeine Technische Vertragsbedingungen für Bauleistungen (ATV), Allgemeine Regelungen für Bauarbeiten jeder Art – DIN 18299. Berlin.

WELLER, K. (1988): Integration des industriellen und umweltbewußten Bauens. In: Wissenschaftliche Zeitschrift der Hochschule für Architektur und Bauwesen, Weimar, 34/1988, Ausgabe 1/2.

WILLKOMM, W. (1988): Baustoffrecycling. Lengerich.

WILLKOMM, W. (1995): Recyclinggerecht planen und bauen. In: Deutsche Bauzeitschrift 2/95, S. 131–134.

14 Nutzwertanalytische Betrachtung von Rückbauverfahren

Dipl.-Ing. Klaus Appel, Dipl.-Ing. Michael Müller, Dipl.-Ing. Martin Thiel
Alt-Moabit 96c, 10559 Berlin

14.1 Einleitung

In der Bundesrepublik entstehen durch Abbrüche, Teilabbrüche sowie Entkernungen von Gebäuden jährlich ca. 143.098.000 t Bauabfälle (Statistisches Bundesamt 1993). Bei knappem Deponieraum und dem daraus resultierenden Entsorgungsdruck stellt sich die Frage nach Alternativen zur Deponierung immer dringlicher. Um die bisher entwickelten Varianten, mit denen die Bauwirtschaft die Anforderungen an eine Kreislaufwirtschaft zu erfüllen plant, wie z. B. Bauabfallsortierung in stationären Anlagen, Sortierung auf der Baustelle (maschinell und manuell) nach konventionellem Abbruch, Planung und Durchführung kontrollierter (geordneter, selektiver) Rückbauvorhaben hinsichtlich ihrer Effektivität miteinander sinnvoll vergleichen zu können, wird in diesem Kapitel ein Bewertungsschema entwickelt und vorgestellt. Das Schema umfaßt im wesentlichen die Bereiche Umwelteinwirkungen und Wirtschaftlichkeit, mit Schwerpunkten bei der Analyse der Verwertungs- und Entsorgungswege sowie der Kosten.

Zur Bewertung wurde eine Form der Kosten-Effektivitäts-Analyse, die Nutzwertanalyse (NWA) nach Zangemeister (1976), herangezogen. Mit ihr kann ein komplexes, multidimensionales Zielsystem transparent dargestellt und einer Bewertung auf kardinalen oder ordinalen Skalen unterzogen werden. Die Bewertungsfunktionen hierzu können weitestgehend frei gewählt werden. Als Ergebnis bildet sich an Hand der Gewichtung (Präferenzen), die aus den Vorgaben des Bewertenden oder der Befragung einer unabhängigen Expertengruppe stammt, eine Rangfolge der Alternativen, die anschließend mittels Sensitivitätsanalyse hinsichtlich ihrer Konsistenz getestet wird. Durch die Ermittlung der Nutzwerte entsteht ein erheblicher Informationsverlust. Deshalb werden die Quelldaten und die Nutzwerte jeweils parallel betrachtet und gemeinsam diskutiert.

Zunächst erfolgt eine kurze Einführung in die Nutzwertanalyse am Beispiel von Rückbauverfahren. Die Erstellung eines Kriterienkataloges bildet den ersten Schritt der Nutzwertanalyse. Die hierzu gesammelten Kriterien werden in einem Zielbaum dargestellt. Im Anschluß werden die einzelnen Kriterien erläutert und deren Teilnutzen ermittelt. Aus diesen ergeben sich unter Berücksichtigung der Gewichtungsfaktoren der jeweiligen Kriterien die Gesamtnutzwerte der Alternativen.

14.2 Einführung in die Nutzwertanalyse (NWA) am Beispiel von Rückbauvorhaben

Die Nutzwertanalyse (NWA) wird seit den 70er Jahren vielfach in Großunternehmen und von Behörden zur Entscheidungsfindung eingesetzt. Sie ist eine Art der Kosten – Nutzen – Rechnung, mit der sich aus mehreren möglichen Handlungsalternativen die optimale Problemlösung herausarbeiten läßt. Die Einzelschritte dieses systemanalytischen Verfahrens sind in Abb. 14.1 dargestellt.

Dies kann für die vergleichende Untersuchung unterschiedlicher Abbruch- und Rückbauverfahren z. B. die Ermittlung des wirtschaftlichsten, des abfallärmsten oder des Verfahrens mit der effektivsten Verwertung bedeuten, je nachdem, welchem dieser Kriterien bei der Analyse große Bedeutung (= großes Gewicht) beigemessen wurde.

Da während der einzelnen Schritte vor der eigentlichen Nutzwertanalyse, insbesondere bei der Konzeptanalyse, das betrachtete Problem in seine Teilaspekte zerlegt wird, kann so gleichzeitig ein hohes Maß an Transparenz gewonnen werden.

Die NWA stützt sich auf zwei grundlegende Modellannahmen :

- Die erste Annahme ist die Meßbarkeit des Nutzens an sich.
- Die zweite Annahme ist, daß sich der Gesamtnutzen eines komplexen Systems (z.B. eines Rückbaus) aus der Summe der Nutzen der Teilaspekte (Teilnutzen) bilden läßt, in die das System zerlegt wurde. Es wird angenommen, daß sich ein geringer Teilnutzen in einem der Teilaspekte durch einen größeren Teilnutzen in einem anderen Teilaspekt ausgleichen läßt. Dies wird auch die Substituierbarkeit der Teilnutzen genannt. Damit diese Annahme erfüllt ist, müssen die Zielerträge unabhängig voneinander sein, dürfen also nicht in Konkurrenz zueinander stehen oder komplementär sein.

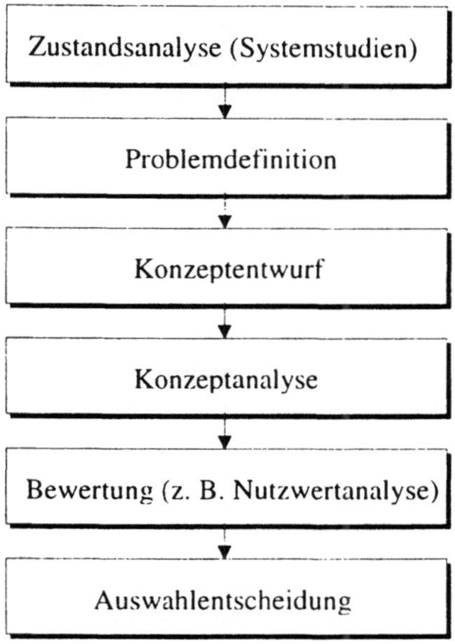

Abb. 14.1. Makrologik der Systemtechnik

Durch diese Annahmen eignet sich die NWA besonders für multidimensionale Entscheidungsprobleme, deren Teilaspekte sich einer einheitlichen Bewertung, z.B. monetär in DM, entziehen. Siehe hierzu auch Zangemeister (1976).

Zu Beginn wird das Problem so weit in Teilaspekte zerlegt, bis jedem eine Meßgröße, im folgenden Zielertrag genannt, zugeordnet werden kann. Zielerträge können bei der Untersuchung von Rückbau- (Abbruch)-Verfahren beispielsweise in folgenden Dimensionen anfallen:

- spezifische Abbruchkosten in DM/m³ umbauter Raum,
- spezifische Entsorgungskosten in DM/m³ umbauter Raum,
- Verwertbarkeit der Reststoffe von sehr gut bis sehr schlecht,
- Wiederverwendbarkeit der Reststoffe von sehr gut bis sehr schlecht.

In der resultierenden Zielertragsmatrix werden Zielerträge für alle Alternativen und alle Teilaspekte aufgetragen. Um von den Zielwerten zu den Teilnutzen in einer einheitlichen Dimension (in dieser Arbeit z. B. in Punkten auf einer Skala von 1 bis 10) zu gelangen, müssen diese mit Hilfe geeigneter Funktionen transformiert werden.

Jedem der Kriterien wird nach der Transformation ein Kriteriengewicht zugeordnet (s. Abschn. 14.6). Diese sind nach Möglichkeit von unabhängigen Experten festzulegen und spiegeln die Bedeutung eines jeden Teilaspektes im Rahmen des gesamten Systems wider.

Zur Ermittlung des Nutzwertes einer Alternative wird für alle Teilaspekte an Hand der Bewertungsfunktion der jeweilige Teilnutzen bestimmt und anschließend mit dem zugehörigen Gewichtungsfaktor multiplikativ verknüpft. Die Summe der Produkte ergibt den Nutzwert. Sind auf diese Weise die Nutzwerte aller Alternativen berechnet, so ergibt der Vergleich der Nutzwerte deren Rangfolge.

Interessant ist häufig auch der Vergleich der Alternativen hinsichtlich nur eines oder einiger ausgewählter Teilaspekte.

14.3 Kriterienkatalog

Zu Beginn der Systemanalyse wurden sämtliche in Frage kommenden Kriterien gesammelt, die die Entscheidungsfindung zwischen den möglichen Alternativen

- Totalabbruch nach Entfernung von Kontaminationen (Alternative A),
- Abbruch nach Teilentkernung (Alternative B),
- kontrollierter Rückbau (Alternative C)

beeinflussen können. Grundlegende Vorarbeiten hierzu, insbesondere zu Fragen der Kosten und der Abfallbilanzierung, finden sich in den Veröffentlichungen von Thiel (1996) und Appel (1996).

Für sämtliche Kriterien gilt:

- Die Kriterien sollen für die verschiedenen Alternativen zu unterschiedlichen Bewertungen führen.
- Die Kriterien dürfen keine ko-Kriterien sein (diese würden bei Über-/Unterschreitung eines Schwellenwertes sofort den Ausschluß des Kriteriums aus der Entscheidungsfindung bedeuten).
- Ein Kriterium darf nur einmal innerhalb des Systems auftreten.

Die ausgewählten Kriterien lassen sich nach den folgenden Teilaspekten gliedern

⇒ Aspekte der Entsorgung und Verwertung der Abbruchmassen
⇒ ökologische Aspekte
⇒ lokale Randbedingungen (u. a. Kosten)

Jedem der Teilaspekte sind dabei ein bzw. mehrere Kriterienkataloge zugeordnet. Das zur Nutzwertermittlung entwickelte Modell ist als Zielbaum in Abschn. 14.4 dargestellt.

14.4 Zielbaum und Rechenmodell

Abb. 14.2. Zielbaum der Nutzwertanalyse

Der Zielbaum (Abb. 14.1) enthält die zu bewertenden Kriterien. Für jede der Alternativen werden sämtliche Kriterien bewertet, mit ihren zugehörigen Gewichtungsfaktoren verknüpft und anschließend addiert. Der auf diesem Weg erhaltene Nutzwert einer Alternative wird mit den Nutzwerten der übrigen verglichen, um eine Rangfolge zu erhalten.

Da das System sehr stark auf Veränderungen der Gewichtung der einzelnen Kriterien reagiert, werden Tests auf die „Sensitivität" gegenüber solchen Veränderungen durchgeführt. Die Ergebnisse sind nachfolgend in Tabellen dargestellt.

14.5 Bewertung der Kriterien

In den nachfolgenden Abschnitten gehen die Erfahrungen aus mehreren Abbruchprojekten der letzten Jahre im Südosten Berlins ein. Vom Abbruch waren dabei folgende Gebäudetypen betroffen:

⇒ *Baracken*: Gebäude mit einem leichten Holzfachwerk mit verbretterter Außenhaut oder ausgefüllten Gefachen.

⇒ *Konventionelle Mauerwerksbauten*: Gebäude mit Ziegelmauerwerk und Betondecken sowie teilweise mit einer die Konstruktion aussteifenden Stahlbetonkonstruktion.

⇒ *Stahlbetonskelettbauten*: Gebäude mit einer tragenden Stahlbetonkonstruktion aus Stützen, Unterzügen und Decken, sowie vorgehängten Fassadenelementen aus leichtbewehrtem Beton.

Bei der Ermittlung der Teilnutzen der Kriterien „Entsorgung/Verwertung" und „Ökologie" wird die dort vorgefundene Verteilung der o. g. Gebäudetypen zugrundegelegt. Darüber hinaus wird bei der Bewertung der „Kosten" der Einfluß der Gebäudetypen in einer Sensitivitätsanalyse bei der Nutzwertermittlung mit einbezogen.

14.5.1 Entsorgung/Verwertung

Quantität der Baurestmassen. Das Kriterium Quantität bildet den durch die Alternativen getrennt erfaßten Anteil der Baurestmassen ab. Im Rahmen des vorliegenden Kapitels können nur die wichtigsten Bauabfallfraktionen in die Vergleichsbetrachtung mit einbezogen werden. Die Bewertung gibt an, wieviel Prozent der verbauten Materialien im Mittel durch die drei unterschiedlichen Abbruchvarianten getrennt erfaßt werden und somit nicht in die Mischfraktionen (Bauschutt, Baumischabfall) gelangen. Dementsprechend erfolgt eine gute Bewertung dann, wenn beim Gebäuderückbau ein hoher Prozentsatz der jeweiligen Fraktionen separat gewonnen werden kann.

Der Verbleib der Baurestmassen (Verwertung oder Deponierung) wird in dem Kriterium „Qualität der Restmassen" berücksichtigt.
Um den Teilnutzen berechnen zu können, ist es erforderlich, die Bewertungen in Funktionswerte zu transformieren. Hierzu werden die Bewertungen in die Klassen 0–2, 2–5, 5–7, 7–8,5 und 8,5–10 unterteilt. Zugeordnet werden die Mittelwerte der jeweiligen Klassen (s. Abb. 14.3). Somit bedeutet eine gute Bewertung (+), daß sich 70–85 % einer Fraktion beim Abbruch getrennt erfassen lassen.

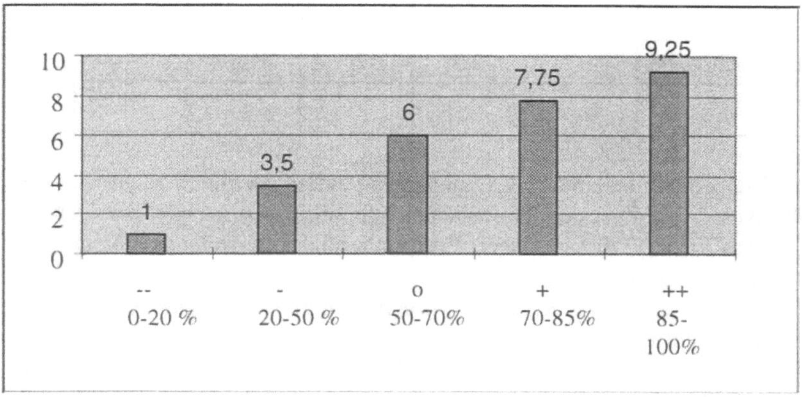

Abb. 14.3. Bewertungsskala und Funktionswerte zur Teilnutzwertberechnung

Zur Berechnung der Rangfolge ist es weiterhin erforderlich, die jeweiligen Kriterien zu gewichten. Die Festlegung der Gewichtungsfaktoren erfolgt unter Zugrundelegung der mengenmäßigen Verteilung der Bauabfälle bei Abbruchvorhaben. Zudem werden die Abfallgruppen weiter in die jeweiligen Bauelemente bzw. Produkte unterteilt und ebenfalls nach ihrem mengenmäßigen Vorkommen gewichtet. Insbesondere werden die gewonnenen Erkenntnisse des oben zitierten Rückbauprojekts im Südosten Berlins herangezogen. Dort wurden im ersten Bauabschnitt mehrere Gebäude unterschiedlicher Bauweisen (Stahlbeton-Skelett-Bauten, monolithische Bauwerke und Baracken) rückgebaut, die insgesamt ca. 110.000 m³ umbauten Raum miteinander vereinigten. In jedem anderen Fall kann auch die eigene Verteilung eingesetzt werden, soweit diese bekannt ist. Die volumenbezogene Zusammensetzung ist der Tabelle 14.1 zu entnehmen.

Die Berechnung des Teilnutzens wird anhand der Fraktion Dachpappe beispielhaft dargestellt. Die jeweiligen Bewertungen und Funktionswerte sind in Tabelle 14.2 aufgeführt.

Dachpappen werden in der Hauptsache zur Dacheindeckung, daneben auch als Sperrschicht in Fußböden unter den Naßbereichen und in Wänden eingesetzt. Insgesamt ist der Anfall dieses Materials bei Gebäudeabbrüchen im Verhältnis zu den restlichen Baumasssen sehr gering. Daher wird nur ein Gewichtungsfaktor G von 0,02 angesetzt.

Tabelle 14.1. Berechnung des Teilnutzens „Verwertung/Entsorgung" für die Dachpappenfraktion – Kriterium Quantität

G(i)	Stoff	Totalabbruch		Abbruch nach Teilentkernung		kontrollierter Rückbau	
		Bewertung	Funktionswert	Bewertung	Funktionswert	Bewertung	Funktionswert
......	....	....	....	....	....	....	....
0,02	Dachpappe	-	3,5	o	6	+	7,75
...	....	....	....	....	....	....	....

Beim Totalabbruch ist eine reine Dachpappenfraktion nur durch nachträgliches, manuelles Aussortieren aus dem entstandenen Mischhaufwerk zu erhalten. Dabei lassen sich nur ca. 20–50 % rückgewinnen. Entsprechend der Bewertungsskala in Abb. 14.3 wird demnach der Funktionswert 3,5 zugeordnet.

Die Dachkonstruktion wird beim Abbruch nach Teilentkernung vom Gebäude abgehoben und auf die Erde fallengelassen. Durch den Aufprall wird die Dachpappe von der Konstruktion zum größten Teil abgetrennt, größere Stücke lassen sich mit dem Greifer bis auf verbleibende Restanhaftungen abziehen. Aus Wänden und Fußböden werden nur die leicht erreichbaren Pappfraktionen erfaßt. Insgesamt wird die hierdurch erzielbare Erfassungsquote auf 50–70 % geschätzt (→ Funktionswert 6).

Beim kontrollierten Rückbau wird die Dachpappe vor dem Abtragen der Dachkonstruktion entfernt. Ebenso werden auch die mit der Betonfraktion fest verbundenen Pappmaterialien abgezogen. Eine hundertprozentige Erfassung ist jedoch auch durch diese Rückbaumethode nicht zu erzielen (→ Funktionswert 7,75).

Die Funktionswerte der drei Alternativen werden anschließend mit dem Gewichtungsfaktor G multipliziert und mit den Werten der übrigen Fraktionen addiert. Auf diese Weise erhält man die Teilnutzwerte der „Verwertung/Entsorgung" für jede Abbruchvariante, die der Tabelle 14.2 zu entnehmen sind.

Tabelle 14.2. Berechnung des Teilnutzens „Verwertung/Entsorgung" – Kriterium Quantität

Gewichtung (G)	Stoff	Totalabbruch		Abbruch nach Teilentkernung		Kontrollierter Rückbau	
		Bewertung	Funktionswerte	Bewertung	Funktionswerte	Bewertung	Funktionswerte
0,59	**Beton**						
0,3	Ortbeton (unbewehrt,leicht bew.)	o	6	+	7,75	++	9,25
0,3	Beton (bew., stark bew.)	o	6	+	7,75	++	9,25
0,1	Fertigteile	o	6	+	7,75	++	9,25
0,3	Fundamentbeton	++	9,25	++	9,25	++	9,25
0,14	**Ziegel/Klinker**						
0,1	Verklinkerung	o	6	+	7,75	++	9,25
0,8	verputzt	o	6	+	7,75	++	9,25
0,1	unverputzt	o	6	+	7,75	++	9,25
0,01	**Kalksandstein**	o	6	+	7,75	++	9,25
0,08	**Holz**						
0,6	Dach/Deckenbalken	+	7,75	+	7,75	++	9,25
0,2	Bauelemente	o	6	+	7,75	++	9,25
0,2	Bauholz	o	6	o	6	+	7,75
0,005	**Kunststoffe**						
0,45	PVC Bodenbeläge	o	6	+	7,75	++	9,25
0,1	Rohre	--	1	o	6	+	7,75
0,1	Folien	-	3,5	-	3,5	+	7,75
0,05	PE Rohre	--	1	o	6	+	7,75
0,05	Folien	-	3,5	-	3,5	+	7,75
0,05	PUR Schäume	--	1	-	3,5	+	7,75
0,2	PS Dämmaterial	--	1	--	1	+	7,75
0,01	**Asbesthaltige Materialien**						
0,6	Asbestzement Dächer u. Fassaden	++	9,25	++	9,25	++	9,25
0,25	Inneneinbauten	o	6	+	7,75	++	9,25
	Sonst. Asbestmat.						
0,05	Brandschutzflies, Asbestpappe, -tuch	-	3,5	o	6	++	9,25
0,1	Schwach geb. Asbest	+	7,75	++	9,25	++	9,25
0,09	**Fe-Metalle**						
0,85	Träger	+	7,75	++	9,25	++	9,25
0,15	Bauelemente	+	7,75	++	9,25	++	9,25
0,01	**NE-Metalle**						
0,6	Innen	+	7,75	+	7,75	++	9,25
0,4	Außen	+	7,75	+	7,75	++	9,25
0,02	**Dichtungssysteme**						
	Dachpappe (Bitumen, Teer)	-	3,5	o	6	+	7,75
0,03	**Mineral. Dämmstoffe**	-	3,5	o	6	+	7,75
0,01	**Kontaminierte Baureststoffe**	-	3,5	o	6	+	7,75
	Teilnutzwerte		**6,66**		**7,98**		**9,09**

Qualität der Baurestmassen. Unter dem Kriterium der Qualität wird das Potential der Verwendbar- und Verwertbarkeit in Abhängigkeit von vorhandenen Störstoffen der getrennt erfaßten Baurestmassen verstanden. Im Gegensatz zum Aspekt „Ökologie“, bei dem der in der Praxis übliche Verbleib bewertet wird, wird hier die Verwertbarkeit durch gegenwärtig vorhandene und zukünftige Verwertungstechnologien zugrunde gelegt.

Der Begriff der Verwendung grenzt sich dadurch von dem der Verwertung ab, daß hier die Produktgestalt bei der erneuten Nutzung des gebrauchten Produktes erhalten bleibt. So können beispielsweise ganze Betonfertigteile eines Gebäudes komplett demontiert und zum Wiederaufbau eines neues Bauwerkes wieder*verwendet* werden (vgl. Kap. 13). Dagegen spricht man bei dem Einsatz von Abbruchbeton im Straßenbau von einer *Verwertung*.

Die Bewertung ist unabhängig von den vorliegenden Mengen der jeweiligen Fraktionen. Eine sehr gute Bewertung erfolgt, wenn die Abfallfraktionen so „sauber“ vorliegen, daß sie einer hohen Verwertungsstufe zugeführt werden können. Dies wäre beispielsweise bei der Fraktion PVC-Bodenbeläge die Rückführung der Altbeläge in den Produktionsprozeß. Da hierfür das Sekundärmaterial in einer hohen Qualität (keine Fremdanteile, Sortenreinheit, etc.) vorliegen muß, kann in keinem Fall eine sehr gute Bewertung gegeben werden, da die Beläge meist mit Kleber und Fremdmaterialien (z.B. Textilvliese) behaftet sind. Der Verschmutzungsgrad der Bodenbeläge ist bei der Variante A so hoch, daß hier – im Gegensatz zu den anderen Varianten – eine schlechte (negative) Bewertung erfolgt.

Zur Beurteilung der Qualität wird das in Tabelle 14.3 aufgeführte Bewertungsschema angewendet.

Tabelle 14.3. Bewertungsschema und Funktionswerte zur Beurteilung der Qualität der Baurestmassen

Bewertungsschema		Funktionswerte
- -	sehr schlecht	1
-	schlecht	3
o	befriedigend	5
+	gut	7
+ +	sehr gut	9

Da die Wieder- bzw. Weiterverwendung nur bei sehr wenigen Bauabfällen möglich ist und in der Vergangenheit überwiegend nur in Pilotprojekten durchgeführt wurde, wird die Wiederverwendbarkeit der anfallenden Bauabfälle bei der Berechnung des Teilnutzens „Entsorgung/Verwertung“ – Kriterium Qualität nicht berücksichtigt. Daher wird der Gewichtungsfaktor für die Verwendung 0 und für die Verwertung 1 gesetzt. Der ermittelte Nutzwert bezieht sich somit ausschließlich auf die Bewertung der potentiellen Verwertbarkeit. Dennoch wird in nachfolgender Tabelle 14.4 die Bewertung für potentiell wiederverwendbare Bauabfälle durchgeführt, um vor dem Hintergrund zukünftig zu erwartender Märkte die Unterschiede der Abbruchvarianten hinsichtlich dieses Qualitätskriteriums deutlich zu machen.

Tabelle 14.4. Bewertung des Teilnutzens „Entsorgung/Verwertung“ – Kriterium Qualität

Gewichtung (G(i))	Stoff	Totalabbruch				Abbruch nach Teilentkernung				Kontrollierter Rückbau			
		Bewertung der Wieder- und Weiterverwendung	Bewertung der Wieder- und Weiterverwertung	Funktionswerte (Verwendung) x)	Funktionswerte (Verwertung)	Bewertung der Wieder- und Weiterverwendung	Bewertung der Wieder- und Weiterverwertung	Funktionswerte (Verwendung) x)	Funktionswerte (Verwertung)	Bewertung der Wieder- und Weiterverwendung	Bewertung der Wieder- und Weiterverwertung	Funktionswerte (Verwendung) x)	Funktionswerte (Verwertung)
0,59	**Beton**												
0,3	Ortbeton (unbewehrt, bew.)	/	o	(0)	5	/	+	(0)	7	/	+ +	(0)	9
0,3	Beton (bewehrt, stark bew.)	/	o	(0)	5	/	+	(0)	7	/	+ +	(0)	9
0,1	Fertigteile	- -	o	(1)	5	o	+	(5)	7	+ +	+	(9)	7
0,3	Fundamentbeton	/	+ +	(0)	9	/	+ +	(0)	9	/	+ +	(0)	9
0,16	**Ziegel/Klinker**												
0,1	Verklinkerung	/	o	(0)	5	/	+	(0)	7	/	+ +	(0)	9
0,8	verputzt	/	o	(0)	5	/	+	(0)	7	/	+	(0)	7
0,1	unverputzt	/	o	(0)	5	/	+	(0)	7	/	+ +	(0)	9
0,01	Kalksandstein	/	- -	(0)	1	/	- -	(0)	1	/	- -	(0)	1
0,08	**Holz**												
0,6	Dach/Deckenbalken	- -	o	(1)	5	- -	o	(1)	5	+	+	(7)	7
0,2	Bauelemente	- -	-	(1)	3	o	-	(5)	3	-	-	(3)	3
0,2	Bauholz	/	+	(0)	7	/	+	(0)	7	/	+	(0)	7
0,005	**Kunststoffe**												
0,45	Bodenbeläge PVC	/	-	(0)	3	/	+	(0)	7	/	+	(0)	7
0,1	Rohre PVC	/	-	(0)	3	/	o	(0)	5	/	+	(0)	7
0,1	Folien PVC	/	-	(0)	3	/	o	(0)	5	/	+	(0)	7
0,05	Rohre PE	/	-	(0)	3	/	o	(0)	5	/	+	(0)	7
0,05	Folien PE	/	-	(0)	3	/	o	(0)	5	/	+	(0)	7
0,05	Schäume PUR	/	-	(0)	3	/	o	(0)	5	/	+	(0)	7
0,2	Dämmaterial PS	/	-	(0)	3	/	o	(0)	5	/	+	(0)	7
0,09	**Fe-Metalle**												
0,85	Träger	- -	+ +	(1)	9	o	+ +	(5)	9	o	+ +	(5)	9
0,15	Bauelemente	- -	+ +	(1)	9	o	+ +	(5)	9	o	+ +	(5)	9
0,01	**NE-Metalle**												
0,6	Innen	- -	+ +	(1)	9	o	+ +	(5)	9	o	+ +	(5)	9
0,4	Außen	- -	+ +	(1)	9	o	+ +	(5)	9	o	+ +	(5)	9
0,02	**Dichtungssysteme**												
	Dachpappe (Bitumen, Teer)	/	- -	(0)	1	/	o	(0)	5	/	+	(0)	7
0,03	Mineral. Dämmstoffe	/	- -	(0)	1	/	o	(0)	5	/	+	(0)	7
	Teilnutzwerte				**5,83**				**7,19**				**8,17**

x) Die Funktionswerte für die Verwendung gehen nicht in die Bewertung ein und sind daher in Klammern gesetzt.

Diese Funktionswerte gehen nicht in die Gesamtbewertung ein.

Die Konsistenz der gewonnenen Ergebnisse läßt sich durch die Änderung der Variablen und der Transformationsfunktionen testen. Bezogen auf die Qualität können beispielsweise also

- die Gewichtungsfaktoren g(Verwendung/Verwertung)
- die Gewichtungsfaktoren g(Zusammensetzung der Fraktionen)
- das Bewertungsschema

variiert werden.

Nach Durchführung der Sensitivitätsanalyse stellt sich heraus, daß die Rangfolge der Alternativen unverändert bestehen bleibt. Der Nutzwert des kontrollierten Rückbaus ist unabhängig von der gewählten Veränderung immer am größten, der des Totalabbruchs am niedrigsten. Das Ergebnis der Qualitätsbewertung reagiert am unempfindlichsten auf die Veränderung der Abfallverteilung. Viel stärkeren Einfluß haben die Gewichtungsfaktoren der „Verwendung/Verwertung" und die Transformationsfunktionen, die zu einer Abweichung von +/- 29 % der ermittelten Teilnutzwertdifferenzen führen können.

14.5.2 Ökologie

Zur Ermittlung eines Teilnutzens für den Aspekt „Ökologie beim Abbruch/Rückbau" werden diejenigen Kriterien bewertet, aus denen sich ein direkter Nutzen/Schaden für die Umwelt und den Menschen ableiten läßt. Folgende Kriterien werden für die gewählten Alternativen bewertet:

- Das Schließen von Stoffkreisläufen. Eine gute Bewertung erfolgt nur dann, wenn die Materialien aus dem Abbruch auch im Stoffkreislauf verbleiben, beispielsweise Material aus dem Hochbau auch dort tatsächlich wieder zum Einsatz kommt.
- Negative Bewertungen ergeben sich, sofern bedeutende Anteile der Abbruchmassen auf Deponien abgelagert werden, da diese einen negativen Einfluß auf die Umweltqualität haben (Ressourcenverbrauch, Landschaftsverbrauch, Emissionen, potentielle Altlasten).
- Trennung und Recycling von Stoffgemischen (meist „Downcycling"). Eine gute Bewertung erfolgt, wenn die Abbruchmassen tatsächlich stationär oder mobil sortiert und zum Einsatz im Tiefbau aufbereitet werden.
- Die direkte Wiederverwendung von Bauelementen etc. als ökologisch sinnvollste Nachnutzung wird gesondert bewertet. Aufgrund der tatsächlich äußerst seltenen Durchführung kommt ihr jedoch z. Z. nur eine geringe Bedeutung (= geringes Gewicht) zu.

Zusätzlich betrachtet werden Risiken aus den Bereichen Emissionen, Abfallentsorgung, Altlasten sowie Arbeitsunfälle.

Der Kriterienkatalog mit einer Beispielrechnung sowie den gewählten Gewichtungen findet sich in Tabelle 14.5.

Spalte 1 enthält den Gewichtungsfaktor des zugehörigen Kriteriums aus Spalte 2. Die Spalte 3 enthält die Bewertung des Kriteriums bei Wahl der Alternative A (Totalabbruch), Spalte 4 enthält dessen Transformation in einen Funktionswert. Analog wird für die beiden übrigen Alternativen in den Spalten 5/6 sowie 7/8 verfahren.

Die Bewertung spiegelt die Erfahrung der Autoren aus den Bereichen Planung, Begleitung, Auswertung und Überwachung verschiedener Abbruch- und Rückbauverfahren wider.

Tabelle 14.5. Berechnung des Teilnutzens „Ökologie"

Gewichtung	Teilkriterien	Totalabbruch		Abbruch nach Teilentkernung		kontrollierter Rückbau	
		Bewertung	Funktionswert	Bewertung	Funktionswert	Bewertung	Funktionswert
0,50	**Kreislaufwirtschaft**						
0,25	Tatsächliches Schließen von Stoffkreisläufen	- -	1	- -	1	-	3
0,25	Tatsächlicher Anteil Deponie	-	1	o	5	+	7
0,25	Tatsächlicher Anteil Sortier-/ Recyclinganlage	o	5	o	5	+	7
0,25	direkte Wiederverwertung	- -	1	- -	1	-	3
0,50	**Umwelt- und Arbeitsschutz**						
0,15	Erkennen von Altlasten in der Planungsphase	o	5	o	5	+ +	9
0,15	Erkennen von sonstigen Gefahrenquellen	o	5	o	5	+ +	9
0,30	Umweltrisiken durch Abfallentsorgung	-	3	o	5	+	7
0,10	Umweltbelastung aus Emissionen	o	5	o	5	o	5
0,30	Unfallrisiken für Bauarbeiter	+	7	o	5	-	1
	Teilnutzwerte:		**2,45**		**3,25**		**5,15**

14.5.3 Kosten für Planung, Bauleitung, Abbruch und Entsorgung/ Verwertung

Beim Abbruch von Gebäuden entstehen Kosten in vielfältigen Bereichen. Hier werden die Kostenarten Planung, Bauleitung, Entsorgung/Verwertung und Abbruch in das Bewertungssystem eingeführt.

Die Planung beinhaltet alle Leistungen zur Vorbereitung eines Projekts. Das sind Abrißanträge und Behördenengineering, aber auch Datenerfassung/Mengenermittlung, Leistungsverzeichniserstellung mit Ausschreibung und Vergabevorschlag sowie das Erstellen von Entsorgungs- oder Sanierungskonzepten. Letztere sind im vorliegenden Fall nicht miteinbezogen, da Altlasten als lokale Randbedingungen sehr projektspezifisch sind und nicht standardisiert werden können.

Unter Bauleitung werden zusätzlich zu den üblichen Leistungen auch die Kostenkontrolle und Abrechnung mit einbezogen.

Mit den Kosten für Entsorgung/Verwertung bzw. Abbruch sind alle in diesen Bereichen direkt anfallenden Kosten enthalten.

Sämtliche in die Bewertung eingehende Kosten sind als spezifische Kosten (DM/m³ umbauten Raum), angegeben. Die hier genannten Zahlen sind errechnete Durchschnittswerte aus mehreren Abbruchprojekten, die in den letzten beiden Jahren in den neuen Ländern als kontrollierter Rückbau durchgeführt wurden. Die dabei rückgebaute Bausubstanz kann für gewerbliche Bauten in den neuen Ländern als repräsentativ gelten.

Die Kosten für Planung und Bauleitung der Alternativen „Totalabbruch" und „Abbruch nach Teilentkernung" sind identisch, da bei beiden eine pauschale Ausschreibung mit geringem Planungsaufwand und, daraus resultierend, ein geringerer Aufwand für die Leistungs- und Kostenkontrolle vorausgesetzt wird. Die Alternative „Kontrollierter Rückbau" setzt eine detaillierte Ausschreibung mit einem hohen Aufwand zur Daten- bzw. Mengenermittlung voraus. Da die Abbruch- und Entsorgungs-/Verwertungsleistungen detailliert gefordert werden, entsteht hier ein größerer Aufwand zur Leistungs- und Kostenkontrolle.

Zum Errechnen des Teilnutzens ist es zunächst erforderlich, die Transformation der Gesamtkosten zu minimalem und maximalem Teilnutzen festzulegen. Hier wurde der maximale Teilnutzen (10 Punkte) für Kostenneutralität und der minimale Teilnutzen (0 Punkte) für Rückbaukosten in Höhe von 50 DM/m³ umbauten Raum vergeben. Bei Rückbaukosten jenseits der Intervallgrenzen würde das Bewertungssystem versagen. Die gewählte Preisspanne spiegelt jedoch ausreichend die praktischen Erfahrungen wider. Ein kostenneutraler Rückbau ist heute bei Berücksichtigung der Gesamtkosten nur in den seltensten Fällen machbar. Gleichzeitig werden 50 DM/m³ Gesamtkosten nur selten überschritten. Zur Berechnung der Funktionswerte wurde eine lineare Transformation gewählt, die sich mathematisch mit einer einfachen Geradengleichung darstellen läßt:

$$\text{Teilnutzen}(x) = -0{,}2 * x + 10$$

x: spezifische Gesamtkosten

$$\text{Teilnutzen}(0) = 10$$

$$\text{Teilnutzen}(50) = 0$$

Sämtliche Kostenarten sind in ihrer Höhe von den abzubrechenden Gebäudetypen abhängig. So sind die Kosten zur Mengenermittlung als Teil der Planungskosten bei einem komplex aufgebauten Gebäude deutlich höher als beispielsweise bei einer einfachen Stahlbauhalle. In diesem Beitrag werden die folgenden Gebäudetypen bewertet (vgl. Kap. 14.5):

⇒ *Baracken*
⇒ *Konventionelle Mauerwerksbauten*
⇒ *Stahlbetonskelettbauten*

Der Anteil der o.g. Gebäudetypen an der gesamten Bausubstanz eines Projekts wurde in einer Sensitivitätsanalyse variiert. Über die Variationen ergeben sich verschiedene spezifische Gesamtkosten für Rückbauprojekte nach den drei betrachteten Alternativen. Tabelle 14.6 zeigt die Ergebnisse des Sensitivitätstests. Zur besseren Übersichtlichkeit sind die jeweils höchsten errechneten Teilnutzen hervorgehoben.

Die Ergebnisse der Berechnungen in Tabelle 14.6 zeigen, daß der „Totalabbruch" selbst unter ausschließlicher Bewertung der Gesamtkosten eines Rückbauprojekts nur für den Abbruch von Baracken die günstigste Alternative darstellt. Sind konventionelle Mauerwerksbauten und/oder Stahlbetonskelettbauten Teil der Bausubstanz, sind der „Abbruch nach Teilentkernung" oder der „kontrollierte Rückbau" die wirtschaftlicheren Lösungen.

Die Berechnung des Teilnutzwertes des Kriteriums „Kosten" wird in Tabelle 14.6 an einem Sonderfall verdeutlicht. Der Anteil von Baracken an der Bausubstanz ist mit 0 % und der der beiden übrigen Gebäudetypen mit 50 % angenommen.

Tabelle 14.6. Sensitivitätsanalyse in Abhängigkeit von der Gebäudesubstanz

	Totalabbruch			**Abbruch nach Teilentkernung**			**kontrollierter Rückbau**		
	Baracken	**Konv. Mauerwerksbauten**	**Stahlbetonskelettbauten**	**Baracken**	**Konv. Mauerwerksbauten**	**Stahlbetonskelettbauten**	**Baracken**	**Konv. Mauerwerksbauten**	**Stahlbetonskelettbauten**
Ant. an Bausubst.	100,0%	0,0%	0,0%	100,0%	0,0%	0,0%	100,0%	0,0%	0,0%
Teilnutzen	**3,64**			**3,43**			**2,81**		
Ant. an Bausubst.	75,0%	12,5%	12,5%	75,0%	12,5%	12,5%	75,0%	12,5%	12,5%
Teilnutzen	**3,42**			**3,53**			**3,14**		
Ant. an Bausubst.	50,0%	25,0%	25,0%	50,0%	25,0%	25,0%	50,0%	25,0%	25,0%
Teilnutzen	**3,21**			**3,64**			**3,47**		
Ant. an Bausubst.	25,0%	37,5%	37,5%	25,0%	37,5%	37,5%	25,0%	37,5%	37,5%
Teilnutzen	**3,00**			**3,75**			**3,81**		
Ant. an Bausubst.	0,0%	50,0%	50,0%	0,0%	50,0%	50,0%	0,0%	50,0%	50,0%
Teilnutzen	**2,79**			**3,85**			**4,14**		
Ant. an Bausubst.	0,0%	25,0%	75,0%	0,0%	25,0%	75,0%	0,0%	25,0%	75,0%
Teilnutzen	**2,33**			**3,65**			**4,03**		
Ant. an Bausubst.	0,0%	0,0%	100,0%	0,0%	0,0%	100,0%	0,0%	0,0%	100,0%
Teilnutzen	**1,88**			**3,46**			**3,92**		
Ant. an Bausubst.	0,0%	75,0%	25,0%	0,0%	75,0%	25,0%	0,0%	75,0%	25,0%
Teilnutzen	**3,24**			**4,05**			**4,25**		
Ant. an Bausubst.	0,0%	100,0%	0,0%	0,0%	100,0%	0,0%	0,0%	100,0%	0,0%
Teilnutzen	**3,70**			**4,25**			**4,35**		

Zur Berechnung der Gesamtnutzen der Abbruchalternativen in Abschn. 14.6 wird das Ergebnis von Tabelle 14.6 in die Berechnung eingesetzt. Mit der Gleichverteilung des Anteils an konventionellen Mauerwerksbauten und Stahlbetonskelettbauten wird eine realistische Basis des Vergleichs geschaffen. Die Teilnutzen in Tabelle 14.7 wurden abgebildet, um die Möglichkeit zu eröffnen, auch andere Verteilungen in den Vergleich einzubeziehen.

Tabelle 14.7. Teilnutzen in Abhängigkeit von den Gesamtkosten

Kostenarten	Totalabbruch	Abbruch nach Teilentkernung	kontrollierter Rückbau
Planung	0,26 DM/m³	0,26 DM/m³	0,97 DM/m³
Bauleitung	0,64 DM/m³	0,69 DM/m³	0,93 DM/m³
Entsorgung/Verwertung	24,54 DM/m³	17,21 DM/m³	11,99 DM/m³
Abbruch	10,62 DM/m³	12,58 DM/m³	15,42 DM/m³
Gesamtkosten	**36,06 DM/m³**	**30,74 DM/m³**	**29,31 DM/m³**
Teilnutzen	**2,79**	**3,85**	**4,14**

14.6 Berechnung des Gesamtnutzens

Die folgenden Berechnungen beziehen sich auf die bereits zitierten Rückbauvorhaben im Südosten Berlins 1994/95. Tabelle 14.8 bildet die in Abschn. 14.5 berechneten Teilnutzwerte ab und verknüpft diese über die Gewichtung der Kriterien zum Gesamtnutzen der Alternativen.

Tabelle 14.8. Berechnung des Gesamtnutzens (ohne Baracken)

g (Kriterien)	Kriterien	Totalabbruch	Abbruch nach Teilentkernung	kontrollierter Rückbau
0,25	Quantität	6,66	7,98	9,09
0,25	Qualität	5,83	7,19	8,17
0,2	Ökologie	2,45	3,25	5,15
0,3	Kosten	2,79	3,85	4,14
	Gesamtnutzwerte:	**4,45**	**5,60**	**6,59**

Abweichend von Tabelle 14.8 wird in Tabelle 14.9 ausschließlich der Abbruch von Baracken berücksichtigt. Dafür werden die in Abschn. 14.5.3 ermittelten Teilnutzen des Kriteriums „Kosten" in die Berechnung eingesetzt. Es ist an dieser Stelle anzumerken, daß hier auch die Teilnutzen der Kriterien „Entsorgung/Verwertung" und „Ökologie" neu bestimmt werden müßten. Im Rahmen des Kapitels wird dies jedoch nicht durchgeführt. Es ist davon auszugehen, daß sich in diesem Fall die Ergebnisse der Berechnung der Gesamtnutzen zugunsten der Alternativen „Totalabbruch" und „Abbruch nach Teilentkernung" verschieben würden.

Tabelle 14.9. Berechnung des Gesamtnutzens (Abbruch von Baracken)

g (Kriterien)	Kriterien	Totalabbruch	Abbruch nach Teilentkernung	kontrollierter Rückbau
0,25	Quantität	6,66	7,98	9,09
0,25	Qualität	5,83	7,19	8,17
0,2	Ökologie	2,45	3,25	5,15
0,3	Kosten	3,64	3,43	2,81
	Gesamtnutzwerte:	**4,70**	**5,47**	**6,19**

In Tabelle 14.10 werden darüber hinaus dem Kriterium *Kosten* höhere Bedeutung (= höheres Gewicht) beigemessen und die *ökologischen Aspekte* überhaupt nicht berücksichtigt.

Tabelle 14.10. Berechnung des Gesamtnutzens (Abbruch von Baracken, hohes Gewicht auf Kosten)

g (Kriterien)	Kriterien	Totalabbruch	Abbruch nach Teilentkernung	kontrollierter Rückbau
0,1	Quantität	6,66	7,98	9,09
0,1	Qualität	5,83	7,19	8,17
0	Ökologie	2,45	3,25	5,15
0,8	Kosten	3,64	3,43	2,81
	Gesamtnutzwerte:	**4,16**	**4,26**	**3,97**

Die Ergebnisse des nutzwertanalytischen Vergleichs der drei Abbruchverfahren zeigen, daß für die meisten Kriterien der kontrollierte Rückbau den größten Nutzwert aufweist. Ausnahmen gibt es, sofern spezielle Gebäude (Baracken) abzubrechen sind und dem Kriterium *Kosten* höheres Gewicht beigemessen wird. Baracken sind auf Grund ihrer heterogenen Zusammensetzung nur mit großem finanziellem Aufwand zu trennen. Daher sind für diesen Gebäudetyp fortschrittliche Rückbaumethoden oft ungeeignet.

14.7 Diskussion der Ergebnisse

Die Ergebnisse des vorliegenden Kapitels sind allgemeingültig in bezug auf die Kriterien *Ökologie*, *Kosten* für den Rückbau und die Planung sowie die Kriterien der erzielbaren „Reinheit" (*Qualität*) der rückgebauten Materialien und den jeweiligen Erfassungsgrad (*Quantität*). Lediglich die Preise für die Entsorgung sind regional sehr stark unterschiedlich, so daß hier ein deutlicher Einfluß spürbar wird, sobald ein Rückbauvorhaben in einer anderen Region oder einem anderen Bundesland betrachtet wird. Ferner spielen in anderen Bundesländern auch abweichende gesetzliche Regelungen (Landes-Bauordnungen etc.) eine Rolle. Gleichwohl ist eine gesetzliche

Regelung im Sinne eines Rückbaugebotes selbstverständlich als ko-Kriterium (vgl. Kap. 14.3) anzusehen.

Die Nutzwerte der Alternativen ergeben sich einerseits aus den Gewichtungen der verschiedenen Kriterien, andererseits aus den Bewertungen der jeweiligen Teilnutzen und deren „inneren" Gewichtungen. Die Wichtung der Kriterien kann je nach Interessenlage des Entscheidungsträgers aus subjektiven Erwägungen erfolgen. Schwieriger stellt sich die Ermittlung der jeweiligen Teilnutzen dar. Dies hat seine Ursache vor allem in den fehlenden Erfahrungen und dem zur Verfügung stehenden Datenmaterial bei Rückbauprojekten.

Es wurde deutlich, daß der rückzubauende Gebäudetyp erheblichen Einfluß auf die Teilnutzenbewertungen der Kosten hat. Ebenso wirkt sich dieser Aspekt auf die Teilnutzen der Kriterien „Verwertung/Entsorgung" und „Ökologie" aus. So hat sich bei kontrollierten Rückbauvorhaben der Vergangenheit gezeigt, daß sich eine in der Ausschreibung geforderte weitgehende Trennung der Bauabfälle nicht bei jedem Gebäudetyp realisieren ließ. Hier fehlt es an Erfahrungswerten hinsichtlich der zu erwartenden Zusammensetzung der Bauabfälle. Eine Kategorisierung der Daten (welche Gebäude lassen sich zu bestimmten Bautypen zusammenfassen, welche Abfallzusammensetzungen sind dadurch zu erwarten, in welcher Qualität liegen diese vor, etc.) wäre gerade bei der Bewertung der Quantität, Qualität und der Kosten sehr hilfreich. Ebenso wäre der Demontageaufwand beim kontrollierten Rückbau leichter kalkulierbar. Gegenwärtig werden Bauvorhaben, bei denen ein kontrollierter Rückbau gefordert wird, „herkömmlich" kalkuliert.

Es konnte gezeigt werden, daß sich kontrollierte Rückbauvorhaben bei einem weiten Spektrum von Abbruchvorhaben aus nutzwertanalytischer Sicht als die effektivste Abbruchvariante darstellen. Dies ist laut Ergebnis der Sensitivitätsanalyse selbst dann der Fall, wenn das Kriterium der Kosten mit einem großem Gewicht in die Berechnung eingeht.

Geordnete Rückbauvorhaben erweisen sich nur dann als unwirtschaftlich, wenn es sich bei den abzubrechenden Gebäuden um Baracken mit einer sehr inhomogenen Zusammensetzung handelt. In diesem Fall erweist sich der Abbruch mit Teilentkernung als die kostengünstigere Methode. Der Grund hierfür ist in den derzeit noch unzureichenden Recycling/Entsorgungsmöglichkeiten und den daraus resultierenden hohen Entsorgungskosten sowie dem überaus hohen Anteil an manueller Arbeit zu sehen. Gerade bei öffentlichen Bauvorhaben gewinnt dieser Aspekt in Anbetracht der vorhandenen „knappen" Kassen an Relevanz.

14.8 Zusammenfassung und Ausblick

Mit dem beschriebenen Element der Nutzwertanalyse wird versucht, bei der Auswahl unter verschiedenen Varianten des Abbruchs bzw. Rückbaus eine möglichst objektive und nachvollziehbare Entscheidung zu treffen. Mit Hilfe eines eigens entwickelten

Zielbaumes und Kriterienkataloges werden die Wege der Entscheidungsfindung transparent gemacht. Die Gewichtungen innerhalb dieses Kriterienkataloges werden anhand der Erfahrungen der Autoren festgelegt. Bei eigenen Berechnungen anhand des Kriterienkataloges können hier natürlich eigene Erfahrungswerte eingesetzt werden. Durch die Variation der Gewichtungen zu jedem einzelnen Kriterium kann das Instrument an die individuellen Anforderungen von Planern, Bauherren und anderen Entscheidungsträgern angepaßt werden.

Neben der Hilfestellung zur Auswahl eines geeigneten Verfahrens kann durch die Nutzwertanalyse eine Problemdiskussion initiiert werden, die zu einer Sensibilisierung der bei Rückbauvorhaben Beteiligten in Hinblick auf die ökologischen und ökonomischen Zusammenhänge führen kann. Dabei sind die ermittelten Ergebnisse nicht von alleiniger Bedeutung. Genauso entscheidend ist die durch die Diskussion hervorgerufene Auseinandersetzung mit den vielfältigen Problemen, die es im Zuge der geforderten Kreislaufwirtschaft im Baugewerbe zu bewältigen gilt.

Für die Zukunft ist dem kontrollierten Rückbau eine deutliche Ausweitung vorauszusagen, insbesondere dort, wo sich zeitgleich innovative Wiederverwertungsmöglichkeiten für die selektiv erhaltenen Baurestmassen bieten. In Gebieten mit einer vernachlässigten Entsorgungsinfrastruktur, in der zusätzlich Deponien mit günstigen Annahmepreisen existieren, wird der geordnete Rückbau ohne gesetzliche Regelungen sicher nach wie vor nicht zum Zuge kommen.

14.9 Literatur

APPEL, K. (1996): Selektiver Rückbau von Industriegebäuden – Untersuchung zum Materialverbleib, Technische Universität Berlin.

STATISTISCHES BUNDESAMT (1993): Vorläufiges Ergebnis der Abfallerhebung 1993, Hauptverband der Deutschen Bauindustrie e.V. 1996.

THIEL, M. (1996): Geordneter Rückbau von Industriegebäuden im Vergleich zu herkömmlichen Verfahren, Technische Universität Berlin.

ZANGEMEISTER, C. (1976): Nutzwertanalyse in der Systemtechnik, Wittemannsche Buchhandlung, München; 4. Auflage 1976.

15 Ausblick: Perspektiven des kontrollierten Rückbaus

Dr. Heinz Spittank
Quadriga GmbH, Merseburger Straße 4, 10823 Berlin

15.1 Einleitung und Begriffsbestimmung

Der Begriff des kontrollierten Rückbaus steht für eine Entwicklung, die vergleichsweise jung ist und ihre Dynamik noch nicht verloren hat.

In diesem dynamischen Prozeß werden rückblickend drei Entwicklungsstufen erkennbar, deren Betrachtung zum einen hilft, den kontrollierten Rückbau als wichtiges Instrument einer nachhaltigen Wirtschaft einordnen zu können. Zum anderen wird erkennbar, welche Randbedingungen diese Entwicklung forcierten und damit grundsätzlich zur Steuerung der weiteren Entwicklung geeignet sind.

Ausgangspunkt war die wirtschaftliche, soziale und ökologische Herausforderung im Zuge des strukturellen Umbaus alter Industrielandschaften an Rhein, Saar und Ruhr.

Der konventionelle Rückbau von durch langjährige Nutzung kontaminierten Industrieanlagen und -gebäuden führte zu abfallwirtschaftlichen Problemen von erheblicher ökonomischer Reichweite.

Neben der Lösung der Altlastenproblematik war der kostenminimierte Rückbau zu einem entscheidenden Faktor beim Flächenrecycling geworden.

Die positiven ökologischen Auswirkungen waren dabei nicht das eigentliche Ziel, sondern Folge ökonomischer Randbedingungen.

Ein Trennen in weitgehend unbelastete und hochbelastete Abfallfraktionen senkte Entsorgungskosten.

Ziel auf dieser Stufe ist somit das *Vermeiden von Problemabfällen.*

Infolge der zunehmenden Knappheit an Deponieraum und des geschärften Umweltbewußtseins wurden die Entsorgungsmöglichkeiten auch für nicht fremdkontaminierten Bauschutt zunehmend schwierig und damit kostenintensiv.

Das Bauschuttrecycling gewann an Bedeutung und damit war eine inhaltliche Erweiterung des kontrollierten Rückbaus verbunden.

Die Qualität des Bauschutts war nicht nur durch Fremdkontaminationen bestimmt, sondern in erheblichem Maße auch durch Bauzusatzstoffe, Bauhilfsstoffe, Installationen etc. sowie durch ein Minimum an Durchmischung verschiedener Fraktionen bestimmt. Damit erschloß sich der kontrollierte Rückbau über das Feld kontaminierter Altstandorte hinaus den Rückbau von Gebäuden schlechthin.

Auch hier waren ökonomische Randbedingungen, die wiederum von den regionalen abfallwirtschaftlichen Parametern abhingen, bestimmende Größe der Entwicklung.

Ziel des kontrollierten Rückbaus auf dieser Stufe ist ein *weitgehendes Materialrecycling.*

Wie in anderen Wirtschaftsbereichen zeigt sich auch beim Rückbau, daß die Möglichkeiten eines konsequenten Wiederverwertungsgedankens auf der Produktseite, hier also bei der Wahl und Zusammenstellung der Baustoffe und der Konstruktion beginnen muß. Überlegungen eines Produktrecyclings durch modulare Bauweise und recyclinggerechte Konstruktion erscheinen zur Zeit noch visionär, sind aber im Sinne einer nachhaltigen Wirtschaft erforderlich und konsequent weiter zu verfolgen.

Ziel auf dieser Ebene des kontrollierten Rückbaus ist ein *Stoffstrom-Management im Bauwesen einschließlich Produktrecycling.*

Die Entwicklung macht deutlich, daß eine Begriffsbestimmung des ökologischen Rückbaus nur schwer eine statische Definition zuläßt. Die Inhalte reichen von weitgehend eingeführten Praktiken beim Rückbau kontaminierter Gebäude mit dem Schwerpunkt Problemabfallvermeidung über Ansätze beim allgemeinen Rückbau mit dem Schwerpunkt des Materialrecyclings bis hin zu Visionen einer konsequenten Kreislaufwirtschaft, bei der Rückbau und Konstruktion Teile eines die natürlichen Ressourcen schonenden Zyklus, dem Stoffstrom-Management im Bauwesen sind.

15.2 Randbedingungen und Einflußgrößen

Abbildung 15.1 spiegelt einen Ausschnitt des komplexen Wirkkreises wider, in den der kontrollierte Rückbau eingebunden ist.

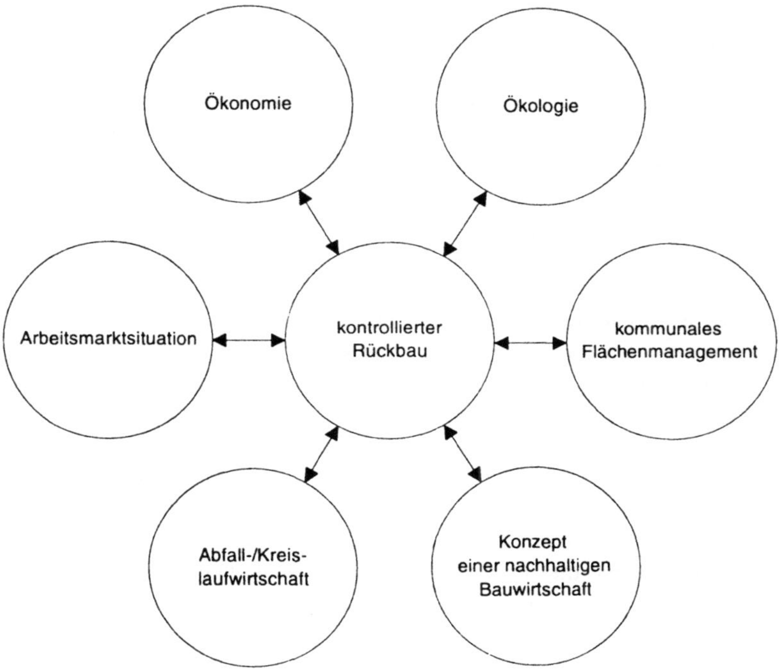

Abb. 15.1. Einflußgrößen Kontrollierter Rückbau

15.2.1 Einflußgröße Ökonomie

Wie in Kap. 9.9 dargelegt ist, können ökonomische Betrachtungen einerseits betriebswirtschaftlich unter Betrachtung kurzfristiger und lokaler Randbedingungen, andererseits volkswirtschaftlich unter Betrachtung langfristig und überregionaler Randbedingungen erfolgen. Aus wissenschaftlicher Sicht sind überregionale bis globale und vor allem langfristige Ansätze, wie Ökobilanzierung, von Interesse. Vor dem Hintergrund leerer Kassen kommen i.d.R. allerdings ausschließlich betriebswirtschaftliche Überlegungen zum tragen.

Das heißt dort, wo langfristige, überregionale Betrachtungen nicht direkt, sondern indirekt über erhöhte Entsorgungskosten Einfluß nehmen, wird ein ökonomischer Vergleich verschiedener Rückbauvarianten den kontrollierten Rückbau präferieren.

Dies wird insbesondere deutlich beim Rückbau kontaminierter Gebäude. Aufgrund der hohen Entsorgungskosten für schadstoffbelastete Abfälle wird hier in der Praxis – abgesehen von den abfallrechtlichen Erfordernissen – allein aus wirtschaftlichen Betrachtungen heraus dem kontrollierten Rückbau der Vorzug zu geben sein.

Beim Rückbau nicht kontaminierter Bausubstanz stellt es sich differenzierter dar. Dies zeigt der Vergleich von konventionellem und kontrolliertem Rückbau in Kap. 11. In einem wissenschaftlich begleiteten Versuch wurde ein Teil eines Reihenhauskomplexes selektiv rückgebaut, ein zweiter konventionell abgebrochen.

Im Ergebnis zeigte sich, daß bezüglich wirtschaftlicher Vorteilhaftigkeit neben den spezifischen Gebäudetypen die jeweiligen abfallwirtschaftlichen Rahmenbedingungen von entscheidender Bedeutung sind.

Mit anderen Worten, regional unterschiedliche abfallwirtschaftliche Faktoren wie sie zur Zeit bundesweit gegeben sind, bestimmen wesentlich die Einflußgröße Ökonomie beim Rückbau „normaler" Bausubstanz.

Strengere Anforderungen an die Umweltverträglichkeit von Recyclingbaustoffen werden zukünftig den kontrollierten Rückbau wirtschaftlich begünstigen.

Eine weitere ökonomische Größe, die eine breite Implementierung des kontrollierten Rückbaus erschwert, sind die Kosten für die intensiven Planungs- und Vorbereitungsarbeiten. Diese finden leider nicht immer die gebotene Akzeptanz. Dabei wird übersehen, daß eine umfassende Planung mit Abwägen verschiedener Rückbauvarianten und präziser Leistungsverzeichnisse als Grundlage für Ausschreibungen letztlich zu einer Minimierung der Gesamtkosten führt. Es wird weiterhin deutlich zu machen sein, daß sich die im Vergleich zum konventionellen Abbruch hohen Planungskosten beim kontrollierten Rückbau durch eine Minimierung der Gesamtkosten ökonomisch positiv auswirken.

15.2.2 Einflußgröße Ökologie

Wie die Vergangenheit lehrt, waren ökologische Zielstellungen selten unmittelbarer Ausgangspunkt für ein verändertes wirtschaftliches Handeln. Erst wenn ökologische Versäumnisse zu ökonomischen Konsequenzen führten, wurde das Handeln in Richtung eines nachhaltigen Umgangs mit unseren Lebensgrundlagen überdacht und Korrekturen vorgenommen.

So heißt es im Entwurf des Kreislaufwirtschaftsgesetzes vom 16.4.94 (Bundesrat-Drucksache 245/93): „Um einen Entsorgungsnotstand in naher Zukunft zu verhindern, müssen Rückstände möglichst weitgehend im Wirtschaftskreislauf gehalten und damit Abfälle mehr als bisher vermieden werden.... An diesen Zielen hat sich die staatliche Abfallpolitik auszurichten, um natürliche Ressourcen zu schonen und die Umwelt zu schützen." Unmittelbare Zielstellung ist das Verhindern eines Entsorgungsnotstandes. Der wiederum resultiert aus den ökonomisch spürbaren ökologischen Folgen der bisherigen „Entsorgungs"-Praxis.

Die im Bewußtsein von Öffentlichkeit, Politik und Wirtschaft erkennbare Abkehr von nachsorgendem in Richtung vorsorgendem Handeln resultiert aus der Erkenntnis, daß Nachsorge in der Regel aufwendiger ist. Damit wird die Vorsorge immer dann begünstigt, wenn die Verpflichtung zur Nachsorge den Handelnden trifft.

Die Regelung dieser Verpflichtung ist eine politische Aufgabe. Wenn eindeutige Bezüge zwischen dem Handeln und seinen Folgen bestehen, sind Gesetze zur Regelung öffentlich-rechtlicher Verpflichtungen hinreichend. Wenn die Folgen allgemeiner und globaler sind, greifen diese Instrumente nicht mehr. In diesen Fällen müssen Instrumente geschaffen werden, deren wirtschaftlicher Bezug nicht über die *Folgen* des Handelns, sondern *über das Handeln selbst*, z.B. durch das Besteuern von Verbrauch an Ressourcen, hergestellt wird.

In Übereinstimmung mit dem Gesagten nahm die Ökologie auf die Entwicklung des kontrollierten Rückbaus bislang nur indirekt über Erfordernisse einer Nachsorge ökologischen Fehlverhaltens in der Vergangenheit Einfluß.

Vereinfacht lassen sich folgende ökologischen Einflußgrößen nennen:

- Vermeiden des Eintrages von Schadstoffen in die Umwelt (Vermeiden von Problemabfällen),
- Vermeiden von Vermischungen bzw. Abtrennen von wiederverwertbarem Material und Problemstoffen (Vermeiden von Abfällen),
- Rückführung von Baumaterialien in den Stoffkreislauf (Materialrecycling),
- Berücksichtigung aller vorgenannten Kriterien in die konstruktive Bauplanung (Produktrecycling und Vermeidung nachteiliger Vermischungen),
- Integration der Bauwirtschaft in eine nachhaltige Wirtschaft (nachhaltige Bauwirtschaft).

Diese vereinfachte Darstellung weist den inhaltlichen Weg des kontrollierten Rückbaus von der Reaktion auf die allgemeine Abfallproblematik hin zu einer nachhaltigen Bauwirtschaft. Somit ist der kontrollierte Rückbau ein wesentliches Instrument zum Implementieren allgemein anerkannter ökologischer Grundsätze in die Bauwirtschaft.

15.2.3 Flächenmanagement

Konsequentes und geregeltes kommunales Flächenmanagement und -recycling bestimmen weitgehend die Attraktivität industrieller, im Strukturwandel befindlicher Regionen.

Die Kommunen stehen unter dem Druck, ehemals gewerblich genutzte innerstädtische Flächen wieder nutzbar zu machen. Flächenrecyclingstrategien werden damit zum Instrument städtebaulicher Planung.

Die abfallrechtlichen und abfallwirtschaftlichen Rahmenbedingungen führen dabei zwangsläufig zur Integration des kontrollierten Rückbaus in Flächenrecyclingstrategien.

Am Beispiel der Stadt Düsseldorf wird in Kap. 3 gezeigt, welche kommunalen Möglichkeiten bestehen, auf diese Herausforderung konstruktiv zu reagieren. Mit dem von ihr vorgelegten Konzept zum geordneten Rückbau und Abbruch von baulichen Anlagen nimmt die Stadt zum einen vorbildlich ihre kommunalen Aufgaben in den Bereichen Stadtentwicklung und Abfallwirtschaft wahr, zum anderen erzeugt sie durch ihr Konzept die erforderliche Planungssicherheit für Investoren.

Es verwundert daher nicht, daß die Resonanz bei Anwendern grundsätzlich positiv ist, da das Konzept Klarheit über Art und Umfang behördlicher Anforderungen schafft.

Es wäre zu wünschen, daß dieses Beispiel Schule macht. Es zeigt, welchen Spielraum die kommunale Selbstverwaltung zu nutzen im Stande ist, um ihren Aufgaben im Städtebau, in der Abfallwirtschaft, der Wirtschaftsförderung und im allgemeinen Umweltschutz nachzukommen.

15.2.4 Einflußgröße Arbeitsmarktsituation

Die Qualität der beim Rückbau anfallenden Materialien wird wesentlich dadurch bestimmt, daß wo möglich nachteilige Vermischungen vermieden und wo erforderlich Trennungen erfolgen.

Das Vermeiden von Vermischungen und das Trennen sind arbeitsaufwendiger als das herkömmliche Abreißen mit schwerem technischen Gerät.

Die dadurch verursachten Kosten haben sich in der Praxis an den Einsparungen bei der Entsorgung zu messen.

Anders war die Zielstellung der Novelle des Arbeitsförderungsgesetzes mit dem § 249 h durch eine direkte Verbindung von Arbeitsförderung und Umweltsanierung in den Neuen Bundesländern. Dadurch wurde die Möglichkeit geschaffen, Techniken des kontrollierten Rückbaus mit den Anforderungen einer gezielten Arbeitsförderung zu verbinden.

Die dabei gemachten positiven Erfahrungen sollten, nicht nur mit Blick einer kurzfristigen Entschärfung schwieriger Arbeitsmarktsituationen, einer umfassenden Analyse mit Blick auf die Schaffung von qualifizierten Dauerarbeitsplätzen unterzogen werden.

Der kontrollierte Rückbau bietet gerade unter dem Blickwinkel einer nachhaltigen Wirtschaft mittelfristig ein nicht zu unterschätzendes arbeitsmarktpolitisches Potential – auch unabhängig von öffentlichen Förderungen. Ein Aufarbeiten der umfangreichen Erfahrungen in den Neuen Bundesländern kann helfen, dieses Potential unter Berücksichtigung der positiven Effekte im Bereich der Abfallwirtschaft zu konkretisieren.

15.2.5 Einflußgröße Abfall-/Kreislaufwirtschaft

Die Grundzielstellungen des kontrollierten Rückbaus entsprechen den abfallrechtlichen Vorgaben.

Es ist daher abzusehen, daß mit Inkrafttreten des Kreislaufwirtschaftsgesetzes der kontrollierte Rückbau ein wichtiges Instrument zur Kreislaufwirtschaft werden wird.

Bereits vor Inkrafttreten des Kreislaufwirtschaftgesetzes wurden Instrumentarien zur weitgehenden Produktverantwortung und Planungsverantwortung geschaffen, eingeschränkt durch die Tatsache, daß Ausgangspunkt eben der Rückbau ist. Eine Produkt- und Planungsverantwortung, die bereits bei der Konstruktion beginnt, liegt nicht im unmittelbaren Einflußbereich des kontrollierten Rückbaus.

Die Erfahrungen beim kontrollierten Rückbau alter Industrieanlagen haben zur Schärfung des Problembewußtseins beigetragen. Sie haben geholfen, die bisherigen einfachen abfallwirtschaftlichen Strukturen (Erdaushub, Bauschutt, Hausmüll, Sonderabfall) zu überwinden und haben Ansätze für eine ganzheitliche Betrachtung geliefert.

Nunmehr bleibt zu hoffen, daß im Zuge der Umsetzung des Kreislaufwirtschaftgesetzes die Möglichkeiten des kontrollierten Rückbaus in nachgesetzlichen Regelungen Eingang finden und somit zu einer konsequenten Nutzung dieses Instrumentes führen.

15.2.6 Konzept einer nachhaltigen Bauwirtschaft

Der kontrollierte Rückbau hat bereits heute zu einer wesentlichen Vermeidung von Problemabfällen geführt. Er wird in Zukunft zunehmend zu einem Verwerten von Reststoffen in Form eines downcycling von Baustoffen führen.

Im Sinne eines „sustainable development"-Konzeptes ist dies erst der erste Schritt auf dem Wege zu einem „Stoffstrom-Management Bauwesen", das den ganzen Lebenszyklus eines Gebäudes mit den Phasen Planung, Nutzung und Nachnutzung vorsieht.

In Richtung der Vermeidung und Verminderung eines hohen Stoff- und Energieeinsatzes, der Vermeidung einer großen Anzahl verschiedener Baustoffe und der Vermeidung kritischer Schadstoffe hat der kontrollierte Rückbau bereits wichtige Impulse gegeben.

Eine ökologische Bauwerksgestaltung erfordert aber darüber hinaus eine grundlegende Änderungen der Konzeptionen und Verfahrensabläufe. Besonderes Augenmerk gilt dabei der Konzipierung modularer Langzeitgebäude und Bauteile sowie deren recyclinggerechte Konstruktion bereits in der Planungs- und Entwurfsphase.

Damit wird der kontrollierte Rückbau über die abfallwirtschaftlichen Belange hinaus ein Instrument zur Formulierung von Erfordernissen an eine zukünftige nachhaltige Bauwirtschaft.

Sachverzeichnis

Abbruchantrag 27, 30
Abbruchanweisung 155, 157
Abbruchgenehmigung 27
Abbürsten 100
Abfallbegriff 26, 182
Abfallgesetz, s. Kreislaufwirtschafts-/ Abfallgesetz
Abfallschlüsselnummer 32, 189
Abfallvermeidung 16, 181, 207–209
Abfallverwertung 26, 45, 181–202
Abfallwirtschaftskonzept 14
Abfräsen kontaminierter Bausubstanz 96, 101, 117, 137
Absaugen kontaminierter Stäube 96, 99, 117
Abschälen kontaminierter Bausubstanz 101
Abspitzen kontaminierter Bausubstanz 96, 100
Abstemmen kontaminierter Bausubstanz 41, 96, 100
Abtragsverfahren für kontaminierte Bausubstanz 96, 99–103
Altholz, s. Holzabfälle
Analytik 41, 136, 189, 192
arbeitsmedizinische Untersuchung 134, 162
Arbeitsschutz 96, 134, 151–165
Arbeitssicherheit 48, 134, 151–165
Arbeitszonen 161
Asbest 86–89, 111, 121, 199
Asbestzement 86–89, 111, 135, 142
Aufbereitung von Bauabfällen 184, 201
Ausbauverfahren 102–104
Auslaugen kontaminierter Bausubstanz 96, 100
Ausschreibung 49, 50, 115, 122, 134, 218, 242

Bauabfälle 4, 11, 17, 18, 181–204, 234, 238
Baugenehmigung 44
Bauoberleitung 50
Baurestabfallverordnung 11, 13
Baurestmassen, s. Bauabfälle
Bauschuttaufbereitungsanlagen, s. Aufbereitung von Bauabfällen
Bauschuttbörse 13, 200
Baustoff-Datenbank 57
Baustoffe 63, 64, 70, 76, 111
Bauteilbörsen 219–225
Bauteile 39, 55–58, 62, 102, 168, 169, 205–228
Bauteilrecycling 205–228
Begleitscheinverfahren 20, 21
Begriffsdefinitionen 2–4
Benzol, s. BTEX
Betriebsanweisung 155
BTEX 73–75, 125
Bundesregierung, Zielfestlegungen der 14, 16, 17, 182, 203

Chlorbenzole 83
Chlorkohlenwasserstoffe, s. CKW
CKW 82–84

Dachpappe, s. Teerpappe
Deklarationsanalytik 46, 136, 189
Dekontamination 99–102, 104, 105, 107, 116, 117, 137, 138
Demontage 55–61, 63–65, 97, 102, 118, 135, 168–171, 175
– Demontagegruppen 57–59, 169, 174
– Demontagekosten 65, 170, 171, 175
– Demontageplanung 55–61, 215
Detailphase 38
Dibenzodioxine, s. PCDD
Dibenzofurane, s. PCDF

Dioxine, s. PCDD

Einbauklassen für Bauschutt 187–191
Eindringtiefe von Schadstoffen 73, 79, 81, 102, 118
Eisengießerei 109, 125
Eisenschrott 141, 144, 198
Emissionsschutz 160
Entrümpelung 135
Entsorgungsfachbetrieb 18–20, 33
Entsorgungskonzepte 45–48
Entsorgungslogistik 219, 220
Entsorgungsnachweis 19, 20

fachgutachterliche Begleitung 50
Fallbeispiel 109, 149
Fertigteilgebäude 224
Fräsen, s. Abfräsen kontaminierter Bausubstanz
Furane, s. PCDF

Gasemissionen 160
Gebäudebegehung 55, 56, 112, 113
Gebäudeerfassung 55
Gebäudestückliste 57, 58, 168, 173
Gebäudetypen 234, 242
Gefährdungsabschätzung 38, 154, 158
Gefahrstoffe 41, 152–155
Genehmigungsverfahren 44
Gesundheitsgefahren 153, 154
Getrennthaltungspflicht 11, 25
Glasverwertung 198, 199
Grundlagenermittlung 37–41
Güteklasse 185
Güteüberwachung 186, 190, 192

Halogenkohlenwasserstoffe 76, 77
HCH 77, 81, 84
Hexachlorcyclohexan, s. HCH
historisch-deskriptive Untersuchung 37
HOAI 42, 43, 49, 50
Holzabfälle 194–197
Holzschutzmittel 76, 80, 81, 84–86, 196

Industriebauten 41
Inventarplan 114

Kabelverwertung 172, 197, 198
Klassierung 48
Kohlenwasserstoffverbindungen, aromatische 73–76
Kondensatoren 78, 143
Kontaminationen der Bausubstanz 69–85, 117
Koordinator, sicherheitstechnischer 159, 161
Kosten 122, 130, 146–148, 170–171, 176–180, 241–243, 247
– Kosten der Entsorgung 122, 147, 148
– Kosten der Verwertung 54, 172, 179
– Kostenplanung 63–66
– Kostenvergleich 147, 148, 179, 180
Kosten-Nutzen-Rechnung 230
Kreislaufwirtschaft 4, 5, 13, 205, 255
Kreislaufwirtschafts-/Abfallgesetz 10–16, 23, 181–183
Kunststoffabfälle 197, 198

LAGA-Richtlinien 187–193
Lärmemissionen 153, 160
Leistungsbeschreibung 49
Leistungsverzeichnis 49
Lindan, s. HCH

manuelle Aufnahme 99
Massenbilanz 121, 144, 145
Materialbilanz 173, 174
Metallabfälle 198
Mineralfasern 86, 89
mineralische Stofffraktion 184
Mineralölkohlenwasserstoffe 71–73

Nachweispflicht 11, 20, 21
Nachweisverordnung 19–21
Nutzungsrecherche 30
Nutzwertanalyse 229–248

ökologische Bauwerksgestaltung 207, 255
Orientierungsphase 38
Orientierungswerte 73–76, 187, 190–192

PAK 101, 103, 178
PCB 73, 77–80, 105, 117
PCDD 81, 82, 103
PCDF 81, 82
PCP 76, 80, 81, 196

PE, s. Kunststoffabfälle
Pentachlorphenol, s. PCP
Phenole 73–75, 80
Pilotprojekte 167–180
Planungssystem, edv-gestütztes 53–66
Planungsvarianten 42, 43
polychlorierte Biphenyle, s. PCB
Probenahme 136, 192, 193
Probenahmetechniken 41
Produktrecycling 205, 206, 209–213, 223–225
Produktverantwortung 14, 217
Projektstruktur 132–134
PVC 87, 197, 238

Qualitätsanforderungen 185
Qualitätssicherung 185, 186, 196, 202

RC-Beton 193, 194
rechtliche Grundlagen 9–23, 151–153, 182
Recyclingbaustoffe 184–194
Reihenhauskomplex 172
Reinigungsverfahren für kontaminierte Bausubstanz 99, 100
Ressourcenplanung 57–59
Richtlinien 152
Rückbaukonzept 26–31, 112–115
Rückbauplanung 112–115, 131, 132
Rückbauverfahren, Auswahl 105, 106

Sandstrahlen, s. Strahlen
Sanierungsverfahren, s. Dekontamination
Schadstoffe 69–90
Schutzausrüstung, persönliche 163
Schutzmaßnahmen 155, 161–164
- organisatorische 161–163
- technische 160, 161
Schwarz-Weiß-Anlage 161, 162
Schwermetalle 84–86
Sekundärbaustoffe 185, 186
Sekundärbauteile 216
Sensitivitätsanalysen 244
Separierung von Bauabfällen 47
Sicherheitsplan 49, 155, 158
Sonderabfälle, s. überwachungsbedürftige Abfälle
Sprengen von Gebäudeteilen 97, 104
Standsicherheit 134
statische Sicherung 96, 134
Strahlen, Oberflächenbehandlung durch 96, 99, 101, 137

Teer 74–76
- Teeröle 75, 76
- Teerpappe 120, 121, 124, 135, 136, 139
Teilabbruch 97, 102, 103
Toluol, s. BTEX
Transformatoren 78, 138
Transportgenehmigung 10, 15
Trennen 97, 103, 104
Trennungsgebot/Getrennthaltungspflicht 11–13, 25
Trennverordnung 10

Überlassungspflicht 14, 31
überwachungsbedürftige Abfälle 15, 20, 127, 132, 143
Unfallverhütungsvorschriften 88, 114, 151, 152
Untersuchungsprogramm 189
Unterweisung 161

Variantenprüfung 42–44, 129, 130
Verfahrensauswahl 105
Vermarktung von Bauabfällen 199, 200
Vermischungsverbot 11, 12, 191
Verwertung von Bauabfällen 181–204
- Verwertungskonzepte 45
- Verwertungsplanung 62, 63, 171, 201
- Verwertungsquoten 17, 62, 121, 144, 172, 178
- Verwertungswege 140–143, 183–199
VOB 49, 115, 134, 217

Wiederverwendung von Bauteilen 205–228
Wirtschaftlichkeitsbetrachtung 146, 179
Wohngebäude 58

Zeitplanung 60, 61
Zerkleinerung von Baureststoffen 48, 184
Ziegelverwertung 186, 187

Druck: Mercedesdruck, Berlin
Verarbeitung: Buchbinderei Lüderitz & Bauer, Berlin

MIX
Papier aus verantwortungsvollen Quellen
Paper from responsible sources
FSC® C105338

If you have any concerns about our products,
you can contact us on
ProductSafety@springernature.com

In case Publisher is established outside the EU,
the EU authorized representative is:
Springer Nature Customer Service Center GmbH
Europaplatz 3, 69115 Heidelberg, Germany

Printed by Libri Plureos GmbH
in Hamburg, Germany